持续交付图解

[美] 克里斯蒂·威尔逊(Christie Wilson) 著
姚 冬 高俊宁 胡 帅 刘志超 译

清華大学出版社
北 京

北京市版权局著作权合同登记号 图字：01-2024-0879
Grokking Continuous Delivery
Christie Wilson
EISBN: 978-1-61729-825-7

图书在版编目 (CIP) 数据
持续交付图解 / (美) 克里斯蒂·威尔逊 (Christie Wilson) 著 ; 姚冬等译 . -- 北京 : 清华大学出版社 , 2025. 2.
ISBN 978-7-302-67921-9
Ⅰ . TP311.5-64
中国国家版本馆 CIP 数据核字第 2025MZ9526 号

责任编辑：王　军
装帧设计：恒复文化
责任校对：马遥遥
责任印制：沈　露

出版发行：清华大学出版社
网　　址：https://www.tup.com.cn，https://www.wqxuetang.com
地　　址：北京清华大学学研大厦A座　　**邮　　编：**100084
社 总 机：010-83470000　　**邮　　购：**010-62786544
投稿与读者服务：010-62776969，c-service@tup.tsinghua.edu.cn
质 量 反 馈：010-62772015，zhiliang@tup.tsinghua.edu.cn
印 装 者：大厂回族自治县彩虹印刷有限公司
经　　销：全国新华书店
开　　本：170mm×240mm　　**印　　张：**26　　**字　　数：**509千字
版　　次：2025年3月第1版　　**印　　次：**2025年3月第1次印刷
定　　价：128.00元

产品编号：101246-01

业内专家推荐

大模型正在重新定义我们对软件工程的理解，而持续交付等工程理念日益成为研发团队与人工智能技术接轨的基石。尽管大模型在知识管理方面表现卓越，但对每个人来说，“一图胜千言”依然是快速掌握复杂概念的捷径。《持续交付图解》通过图形化展示关键工程理念，让学习变得轻松有趣，堪称研发团队的必备神器。

肖然　Thoughtworks 中国区总经理、中关村智联秘书长

研发型组织是国内诸多企业真正实现数字化转型的重要途径，而持续交付技术是能够让那些原创技术成为企业生产力的重要途径。《持续交付图解》汇聚了作者多年的实践经验，以清晰的结构深入浅出地讲解了持续交付理论到实践的全方位知识。书中不仅涵盖了版本控制、测试、代码变更管理等关键环节，还深入探讨了自动化流水线的构建与安全策略，是提升软件交付效率与质量不可多得的宝贵资源。得知国内几位软件工程领域的高手能将此宝书翻译成中文，我感到很惊喜，我想无论你是新手还是有经验的开发者，甚至是企业高级管理人员，本书都能够从概念诠释、方法落地，甚至企业排兵布阵的角度帮助你理解和实践持续交付相关技术，强烈推荐给每一位追求高效、稳定交付软件的从业者。

杨海明　博士 联通数字科技有限公司CTO

很高兴在2024年看到有关于持续交付的新书出版，我觉得《持续交付图解》真的非常出色。翻开书稿的那一刻，瞬间将我的思绪拉回到十多年前。与持续交付的缘分始于2011年，那时Jez Humble和David Fraley在Addison-Wesley出版的*Continuous Delivery*(中文版书名是《持续交付》)刚问世不久，一位技术同行兴高采烈地向我推荐。仔细学习了书中的内容后，我如发现了新大陆般兴奋——原来软件研发过程可以做到如此持续、高质量地交付有效的价值给用户！在随后的多年里，我也一直在企业里探索持续交付的实践，并帮助许多团队设计、建设和实现了CI/CD。正如书中所言，持续交付代表了现代专业软件工程的研发过程，是每一个致力于提升软件工程效能的实践者和管理者都应掌握的基本功。更难能可贵的是，《持续交付图解》非常易读，作者通过卡通形象、有趣的案例和对话，让持续交付这个“工程味儿”满满的学科变得平易近人，容易理解。最后，真心推荐大家阅读本书，在持续交付的路上有所成就！

张乐　腾讯研发效能资深技术专家、智能化软件工程团队技术对话产品负责人

《持续交付图解》是一本将复杂概念以图解方式生动展现的软件工程宝典。作者以其丰富的经验，将持续交付的理论与实践技巧融会贯通，为读者带来了深入浅出的指导。书中不仅涵盖了持续集成、自动化测试和部署等关键技术，更通过直观的图表和实例，帮助读者快速理解和掌握持续交付的精髓。

中文版的问世，得益于姚冬、高俊宁、胡帅、刘志超几位老师准确而流畅的翻译。我很喜欢他们的文字，以及从文字中读到的对软件行业发展的见解与智慧。无论是软件开发的新手还是资深工程师，都能从这本书中获得宝贵的知识，提升个人技能，优化团队流程，最终实现更高效、更可靠的软件交付。强烈推荐给每一位致力于提升软件开发和交付能力的专业人士。

万学凡　凯捷中国副总裁、清华大学EMBA

如今研发效能已经成为企业数字化时代的核心竞争力，持续交付作为研发效能的核心实践，使得软件能够更快、更可靠地投入使用。《持续交付图解》内容非常广泛，可以帮助读者全面了解持续交付背后的理论和所涉及的技术要素，比如持续集成、版本控制、静态代码检查、持续测试、度量指标等。

周纪海　汇丰科技证券技术服务部门DevSecOps负责人

《持续交付图解》通过生动的图解和实例，栩栩如生地讲解了实现持续交付能力所需要的所有实践。你可能已经读过一些有关持续交付的书或文章，如果依然不明觉厉，不妨试一下这种新颖的方式，看能否打通你的任督二脉。

刘华　汇丰科技云平台中国区总监 著有《猎豹行动：硝烟中的敏捷转型之旅》

第一眼看到书名，感觉这是一本很有意思的书。第一眼看到作者，感觉这应该是一本值得看的书。来自著名开源CI/CD引擎 Tekton项目负责人 Christie Wilson 的这本书让人读起来充满趣味，大量插图和漫画式的场景解读让各种枯燥的持续交付概念跃然纸上。非常喜欢这本书的风格，属于拿到就迫不及待去翻开的一本书。

徐磊　LEANSOFT首席架构师/CEO、微软MVP/Regional Director

正所谓“真佛只说家常话”，作者在本书中不仅通过丰富的场景和轻松可爱的配图，系统而全面地讲解了CI/CD的技术精髓，还巧妙地将朋友的名字赋予书中的人物角色，这些独特的安排不仅增加了书籍的趣味性，还让读者感受到作者的幽默与创意，为严肃的技术内容增添了一份活泼。几位译者对原著内容的精准传达，使得这本书颇具可读性，相信读者会在轻松愉快的氛围中获益良多。

吴非　资深企业架构师

在如今需求复杂多变的环境下，持续交付能力已经成为研发团队的必备技能。《持续交付图解》从理论到实践，全面且清晰地阐述了持续交付的各个方面。它不仅能够帮助团队迅速在理念上达成共识，更为提升团队整体交付效率提供了宝贵的实践指导。强烈推荐研发团队共同学习。

田恒源　AIDRIVEN PTY LIMITED联合创始人&CTO

推荐序一

在这个信息大规模爆发的时代，软件已深入各行各业，并成为行业核心竞争力的表现，而软件的竞争已经不仅仅是产品本身功能的竞争，更是软件的交付效率和质量的竞争。持续交付已经成为推动软件行业创新和效率提升的关键实践。它不仅代表着一种技术流程的优化，更是一种企业文化和管理理念的革新。

《持续交付图解》一书的问世，为广大软件开发者和企业管理者提供了一本全面、实用的指南。在此，我非常荣幸地为这本深入浅出、理论与实践并重的著作撰写推荐序，并借此机会分享华为在持续交付领域的丰富实践。

《持续交付图解》不仅详细阐述了持续交付的概念、原则和流程，而且通过直观的图解和详实的案例，让读者能够快速理解和掌握持续交付的核心要点。书中不仅介绍了持续交付的基本概念和方法，还通过生动的案例展示持续交付在实际操作中的巨大价值。值得一提的是，本书的译者凭借其深厚的专业背景，将原著的精神和内容准确无误地呈现给了中文读者。

在推荐此书的同时，我想特别提到华为在持续交付领域的实践。作为全球领先的ICT解决方案提供商，华为深刻认识到持续交付对于提升软件能力的重要性。在华为，持续交付不仅仅是软件实践的变化，更是一种文化和思维的转变。华为的持续交付实践体现在以下几个方面。

持续集成：华为的软件开发团队采用持续集成实践，确保了代码的频繁集成和问题的及时发现，提高了软件的可靠性。

自动化构建与部署流水线：华为通过自动化的构建和部署流水线，实现了从开发到测试再到生产环境的自动化部署，极大地提高了交付效率。大大缩短了从代码提交到产品发布的周期。

端到端自动化测试：华为建立了端到端的自动化测试体系，从软件到硬件，从系统到应用，全面保障了产品质量。这一体系的建立，使得华为产品在市场上的竞争力得到了显著提升。

DevOps文化：华为在推行持续交付的同时，也在积极培育DevOps文化，鼓励跨部门协作，打破传统壁垒，实现快速响应市场变化。这种文化的推广，为华为的软件开发和运维团队带来了更高效的协作模式。

《持续交付图解》中的许多理念和华为的实践不谋而合，书中不仅对这些实践进行了理论上的阐释，还提供了具体的操作指南和工具介绍，这对于希望深入了解和实践持续交付的读者来说，无疑是宝贵的资源。书中的内容与华为的实践相互印证，为读者提供了一个学习持续交付的绝佳窗口。

我相信，无论是对于软件初学者还是资深从业者，《持续交付图解》都是一本不可多得的佳作。《持续交付图解》将成为软件开发者、项目管理者和IT从业人员的宝贵参考资料。它不仅能够帮助个人提升技能，还能够为企业带来实际的业务价值。这本书无疑会成为推动企业持续交付和DevOps转型的重要力量。

在此，我诚挚地推荐《持续交付图解》给每一位追求卓越的软件开发者和企业管理者，愿这本书能成为你在持续交付道路上的良师益友，成为你在持续交付旅程中的指南针，助力你和你的团队在数字化时代乘风破浪，创造辉煌。

王谦　华为云PaaS服务产品部 DevSecOps产品线总监

推荐序二

如果你是从事软件行业的，一定知道，如今，持续交付几乎已经成为软件工程的代名词了。天下武功，唯快不破。过去，用软件实现一项业务，开发一款软件，动辄需要几年的时间，甚至开发一个功能，都要几个月的时间。但是敏捷、DevOps以及持续交付等理念的出现，不断刷新了软件和功能开发周期的“奥运会记录”，最“牛”的团队甚至可以做到每天上新几个功能。

很多人有疑问，为什么需要持续交付，客户也说不需要每天发布几个功能。持续交付其实是一种能力，对于客户来说，他们需要的是按需发布，也就是他们想要的特性能在他们所需要的期限内随时上线。

要具备这样的能力，在整个软件开发的生命周期，从需求到发布，需要系统性的改进。不管是在需求阶段通过敏捷的方法把用户故事拆小，在架构和软件设计阶段的解耦，还是自动化各种重复的过程，如集成、部署、执行测试等，都会涉及文化、组织架构、思维方式、协作方式、流程、工具等的方方面面。所以这个改进过程是复杂的。每家公司、每个团队的实际情况又不一样，这个过程又是高度定制化的。要完全掌握这个能力，是一个知易行难的过程。

《持续交付图解》通过生动的图解和实例，栩栩如生地讲解了实现持续交付能力所需要的所有实践。同样的知识，不同的讲述方式，听众或读者的消化和理解程度会大相径庭。你可能已经读过一些有关这方面的书或文章，如果依然不明觉厉，不妨试一下这种新颖的方式，看能否打通你的任督二脉。

感谢姚冬、高俊宁等译者为中文读者带来这本书的中文版。两位译者都长期活跃于国内的DevOps推广活动中，既有充分的领域知识和经验，也有热爱与激情，持续为中国软件业整体的DevOps和持续交付转型贡献力量。因此，两位也是本书翻译的最合适人选之一，是本书中文版翻译质量的保证。

如果你有兴趣了解持续交付所涉及的流程，同时也想了解其中涉及的一些技术，那么这本书一定会对你有所帮助。

刘华
汇丰科技云平台中国区总监
《猎豹行动：硝烟中的敏捷转型之旅》《软件交付那些事儿》
《软件研发行业创新实战案例解析》作者之一
《图数据库实战》《可解释AI实战》《机器学习大数据平台的构建、
任务实现与数据治理》译者之一

译者序

自从2016年我首次接触DevOps理念以来，这一领域的发展可谓日新月异。对我来说，Jez Humble的*Continuous Delivery*（中文版书名是《持续交付》）一书如同DevOps世界的引路人，它让我深刻理解到，没有持续交付的自动化，DevOps的愿景便难以落地。

在亲身参与的这场DevOps变革中，我见证了持续交付流水线自动化的不断演进。但令人不解的是，当前行业的焦点似乎逐渐转向了对各种持续交付工具的研究和比拼。市场上充斥着琳琅满目的持续集成与持续交付平台，但事实上，许多开发者仍然陷入繁琐低效的交付流程中，这些先进的工具并未如预期般减轻他们的工作负担。

就在我感到迷茫之时，中国DevOps社区的姚冬老师给予我一个宝贵的机会——翻译这本《持续交付图解》。当我深入研读英文稿时，顿觉豁然开朗。在这本书翻译的过程中，它提醒我回归持续交付的本质，从基础原理出发，重新审视如何构建卓越实践的持续交付流水线。此次翻译经历不仅让我实现了完成首部技术译作的小目标，更让我有机会将这些宝贵理念应用到实际工作中，显著提升了团队持续交付流水线的效率，也让我的同事们再次体会到了DevOps的非凡魅力。

在此，我要特别感谢我的妻子。作为双胞胎姐妹的母亲，她的坚定支持和鼓励，让我能在繁忙的工作之余顺利完成这部译作的翻译。家庭，永远是我精神的坚强后盾。

最后，我要再次感谢所有支持和帮助过我的人，是你们的陪伴和鼓励让我能够不断前行。同时，我也希望这本书能够为读者们带来实实在在的帮助，引领大家在DevOps的道路上不断探索和创新。

高俊宁

随着云原生、AI大模型等技术的加持，软件工程领域近些年在研发方法和工具方面都产生了翻天覆地的变化。行业从业者一直都被各种层出不穷的概念所牵引甚至“胁迫”。诸多流行著作也从各个角度对相关概念进行了诠释，但是大家似乎仍纠结一个核心的问题：如何让这些概念真正落地？

软件工程是一个复杂的工程学科，许多概念的诞生和落地实际上都有着诸多的上下文。研发实践的开展离不开团队文化、支撑工具，甚至管理方法的加持。我们容易被新概念、新方法所吸引，而忽视支撑这些概念落地的必要条件，这就是为什么新概念难以落地，新方法难以融会贯通的真正原因，所谓“一看就会，一练就废”！

《持续交付图解》是大型软件研发从业者经验传授的经典著作，Christie从MVP故事出发，利用敏捷迭代的方法将持续集成、持续构建、持续交付等复杂的概念融入全书的叙述中。难能可贵的是，这些方法均巧妙地集成到了一个创业公司不断升级打怪的故事中，作者的叙述让每位读者不仅知其然且知其所以然，我想这就是本书最难能可贵的价值。这些重要概念的上下文才是诸位看官决定是否采纳，以及如何采纳那些当下流行技术词汇的重要依据。

书籍的翻译是译者根据自己的从业经历和专业经验以本地化的描述将原书概念转述的过程，本书的翻译也跨越了一年多的时间。感谢我的妻子能支撑我在繁忙的工作之外有充裕的时间完成这本书的翻译工作。感谢参与这本书翻译的每一位老师，我们从初稿再到不断交叉审核，才让本书内容越来越准确、精确。与冬哥、俊宁、志超的团队作战是一段愉快又令人难忘的经历。

胡帅

在技术日新月异的今天，软件开发领域正经历着前所未有的变革，而持续交付作为提升开发效率、加速产品迭代的核心实践，其重要性不言而喻。《持续交付图解》正是这样一部深度剖析持续交付精髓，为开发者提供实操指南的宝贵资料。我有幸承担该书第4至第7章的翻译工作，这段翻译旅程，是对专业精神的致敬，也是对技术热情的颂歌。

第4章“有效使用静态代码检查”，深入探讨了如何运用这一利器确保代码质量。在Becky和超级游戏控制台的故事中，我们见证了静态代码检查如何帮助大型项目应对代码缺陷、错误及风格问题，实现从混乱到有序的转变。该章不仅强调了零问题目标的设定，也教会我们如何策略性地处理遗留代码库，平衡修复与新问题引入之间的微妙关系，体现了技术决策的艺术。

第5章“处理有噪声的测试”直面持续交付中的痛点——测试的可靠性。它不仅是对测试重要性的重申，更是提供了一套实战策略，帮助开发者从嘈杂的测试反馈中抽丝剥茧，识别并消除测试脆弱性，确保测试结果的准确无误，为持续交付奠定坚实基础。

速度与效率，在第6章“让那些缓慢的测试套件变得更快”中被赋予了新的含义。本章通过优化测试执行策略，如采用测试金字塔原则、并行与分片技术，不仅让测试套件的执行更加高效，也让开发反馈循环大大缩短，为持续集成与交付扫清了又一道障碍。

第7章“在正确的时间发出正确的信号”聚焦于代码变更管理的艺术。它不仅揭示了缺陷引入的关键时间点，还深入讨论了冲突处理技术的权衡，展示了如何通过精细的CI策略，在代码生命周期的每个阶段捕捉并修正缺陷，确保每一次提交都是向高质量软件迈进的坚实步伐。

翻译这4章内容的过程，是一次深刻的技术之旅，也是对持续交付理念的一次深刻理解。我力求在保留原著精髓的同时，以最贴近中文读者的语言和表达，将这些宝贵的知识与实践技巧传递给每一位中国开发者。愿这些篇章能成为你持续交付实践道路上的明灯，照亮你技术创新的征途。

在这段难忘的翻译旅途中，我有幸与3位才华横溢、专业敬业的伙伴——冬哥、胡帅、俊宁并肩作战，一同探索分享《持续交付图解》的奥秘。每当遇到晦涩难懂的专业术语或技术细节，灵活地展开探讨交流和查阅资料，甚至直接与相关专家沟通，确保我们的翻译既准确无误又贴近实际。印象最深刻的是flakes/flaky/flaking这些词的翻译当时还真是难到我了，不过好在大家一起讨论并且冬哥请教了领域专家，最终完成了准确、专业而又不失易于理解的翻译。这段经历，不仅是对技术知识的深度挖掘，更是一场团队协作与友谊的见证。

在此，我要感谢我的家人，特别感谢我的妻子和儿子，给我勇气和支持。感谢编辑团队和出版社的专业指导，使得这本书得以顺利面世。

这段难忘的旅程是技术传道路上的一次宝贵经历，我相信，这份共同努力的成果，定能为中文读者开启一扇通往持续交付实践的新窗口，激发更多创新与进步的火花。

刘志超

译者简介

姚冬，华为云PaaS产品部首席解决方案架构师，资深云计算、DevOps与精益敏捷专家。IDCF（国际DevOps教练联合会）社区联合发起人，中国DevOps社区21年度理事长，《敏捷无敌之DevOps时代》、《数字化时代研发效能跃升方法与实践》、《价值流动》、《DevOps业务视角》、《运维困境与DevOps破解之道》、《基础设施即代码》等书作（译）者。

高俊宁，汇丰科技敏捷教练，近20年软件行业经验，敏捷和DevOps践行者，近年主要负责企业和部门的敏捷转型和敏捷落地工作。中国DevOps社区核心组织者、精英译者，参与翻译出版《SRE工程师应知应会97件事》。

胡帅，中国联通集团技术专家，中国DevOps社区理事，精英译者。深耕于软件工程、软件供应链安全以及企业大型系统的研发设计工作。拥有多篇软件工程领域的发明专利，研发成果应用于多个中大型企业。

刘志超，华为云研发管理人员，云服务架构师、云原生布道者&专家，主导云服务微服务化架构、高性能分布式存储系统容器化架构设计及商用。中国DevOps社区核心组织者、精英译者，长期在系统工程、云原生、软件过程与管理、持续交付领域深耕，参与翻译出版《SRE工程师应知应会97件事》。华为开发者社区（深圳）筹备组核心成员。专注于最有价值的事情，坚信科技改变生活，秉持“高效工作，快乐生活”的理念，让研发更简单，让生活更美好。

序　　言

当我和David Farley合著*Continuous Delivery: Reliable Software Releases through Build, Test, and Deployment Automation* (Addison-Wesley，2010)一书时，我们认为书中描述的我们多年实践的原则“一种现代的、整体的软件交付方法”会为使用它的团队和组织带来巨大好处。多个研究项目(包括我参与的由Nicole Forsgren博士主导，并在本书第8章和第10章描述的项目)表明，它可以带来更高的质量和稳定性，以及更快的交付速度。

尽管持续集成和持续交付(Continuous Integration and Continuous Delivery，CI/CD)现在已成为行业标准的做法实践，但是仍然十分难以落地。仍有许多团队(还有客户)需要处理晚上或周末等休息时间偶发的、有风险的发布，计划内和计划外的停机、回滚，以及性能、可靠性、安全性等方面的问题。这些问题其实是可以避免的，但是要解决这些问题需要在团队、工具和组织文化方面持续投资。

至关重要的是，许多刚进入这个行业的人不熟悉基本的实践以及如何将这些做法落地。本书在解决这个问题上做了出色的工作。Christie Wilson是持续交付方面的专家，在Google领导开源Tekton CI/CD项目，曾撰写过一本全面、清晰且深入的书，描述了实现现代软件交付过程的相关技术与细节。她不仅讲述了理论和实践，还展示了它们为什么重要，并提供了步骤指南来解决那些大家正在努力攻关的难题，例如采用迭代方法，同时进行新特性开发和“遗留”代码处理。

我希望本书能作为入门读物出现在每个软件团队新初级员工的入职阅读书清单中。对于那些更有经验的软件工程师来说，采用不熟悉的工作方式时，这本书也将被证明是宝贵的详细指南。我很感谢Christie创建了这一优秀资源，我相信它将推动人们更好地理解如何实现一个现代软件的交付过程，从而使我们服务的行业和更广泛的公众从中受益。

—— Jez Humble

Continuous Delivery、*The DevOps Handbook*与*Accelerate*的合著者

软件的美妙之处在于一切都可随时间的推移而改进。但这也是软件的诅咒——因为我们可以改变它，所以我们几乎一直在改变。对新特性或其他特性进行改进的持续压力，使我们渴望以高效的方式集成代码变更、测试变更，并将其发布给用户。

Christie Wilson经历了这个过程，并从多个角度观察该问题。她写了一本如何让软件团队保持高效的书。如果一个团队能通过自动化实现高效研发，那么其产品就会具有一定的竞争优势。随着时间的推移，这些团队不仅获得了市场份额，而且士气更高，离职率更低。能成为高效团队的一员真是太棒了！

一个常见的误解是，速度较低的软件流程，可能因为有更多的部署障碍而更加安全。例如，许多团队反对变更，因此每个季度发布一次变更。这种方法存在两个严重的缺陷。首先，通常会将集成大量代码变更的困难任务推到最后，但是如果上一个版本遗留了大量的代码需要集成，就可能出现可怕的错误并导致严重的交付延迟。其次，慢交付过程会阻碍快速集成安全补丁，而这本是大多数团队的关键目标。本书中描述的方法都是关于持续的(小)集成的，这既能对问题进行快速反馈，又能为修补安全问题提供可行的机制。

在过去几年，围绕软件供应链进行的攻击，导致安全挑战急剧攀升，现代软件包含了许多三方组件——来自其他团队、其他公司和开源软件。需要将1000个组件集成在一起的事儿并不罕见。这需要不同程度的自动化：需要知道所有的组件来源，以及它们是如何集成在一起的。《持续交付图解》是第一本涵盖这些问题，并概括如何为系统提升安全性的书籍。

最后，虽然在这个领域中有大量的工具可供选择，但本书在涵盖关键概念和目标方面做得很好，同时通过例子和对替代方案的讨论帮助你实现目标。我发现这本书是复杂时空中的一股清风，我希望你也会喜欢它。

—— Eric Brewer

Google院士兼基础设施副总裁

前　言

自从我意识到编程是一件了不起的事后，它就让我着迷。我记得(许多年前)一个朋友告诉我他写了一个国际象棋程序，虽然当时我完全不知道他在说什么，但我同时在想：(a)我从未思考过计算机的工作原理；(b)我现在确实需要尽可能了解它们。接下来的事情或令人惊叹，或令人困惑(“变量就像一个邮箱”是一个在事后看来非常合理的类比，但当我第一次有这个想法时，它只是从我的脑中闪过)。自从我在高中的第一堂Turbo Pascal课和自学Java之后，我就迷上了编程。

尽管我发现编程本身很吸引人，但我对软件开发过程同样感兴趣。在我的职业生涯中，至少有一半时间都因这些过程得到的关注如此之少而失望。软件开发过程不仅对软件质量有影响，还会影响研发人员的心情和工作效率。不仅如此，每当遇到轻视这项工作的工程师和管理者时，我也会感到沮丧。这通常是被尽快写出代码才是对投资的最好回报的观点所驱使。

具有讽刺意味的是，时间和研究表明速度确实是成功的关键指标，但要真正让工程师的工作变得更快并且可持续，速度必须与安全保持平衡。同时最大化软件开发的速度和安全性才是持续交付的核心，这个概念和相关实践引起了我的共鸣。也可以这么说，直到最近我才意识到什么才是持续交付的本质。

首先吸引我的是测试和自动化。我仍然记得第一次接触测试驱动开发(Test-Driven Development，TDD)这个概念时，我体验到一种自由感，意识到居然在开发软件的同时还可以验证它。能够边开发边检查代码，就像卸下了肩上的一个巨大的重担——具体来说，我脑海中的声音有时说：我不知道我在做什么，我写的东西都无法正常工作。而工具和自动化能够帮助我在承担重要工作时保持自信：使用它们就像有一个朋友坐在我身边，指导我的工作。

持续交付作为一个概念，集测试和自动化的精华于一身，这些方法在职业生涯中让我获益良多。此外，持续交付将概念打包成一套实践，可以帮助大家改进开发软件的方式。我想帮助那些有时自我怀疑或与恐惧斗争的工程师(我猜大多数人至少有时会这样)——使他们能感受到我第一次编写测试用例时的那种自由、有力和自信。

感谢你花时间阅读本书。我希望你在看完本书后至少可以领悟到软件的大多数缺陷和错误与代码本身并没有什么关系(当然，也与代码编写者没有关系)。真正导致这些缺陷和错误的软件开发流程，需要一些TLC(Tender Love Care，温柔体贴的关怀)。

致　谢

首先，感谢我的丈夫Torin Sandall(严格来说我们现在都是华威(华威商学院)的一员，但我们还在适应！)无条件地支持我，他不仅在我写作的这几年里一直鼓励我，还承担了许多本应该我做的事情，以确保我能够在忙碌的生活中完成这本书。(可以说，从纽约搬到温哥华，结婚并在短短一年内生孩子，只是整个故事的一部分！)

感谢 Bert Bates永远改变了我对教学和表达想法的方式。我希望你能感受到本书很好地诠释了你真切有效的教学风格！我还有很长的路要走，但是我会在以后的生活中把你教给我的东西应用到每一篇文章和每一次会议演讲中。

感谢非技术界的朋友们，他们不断鼓励我(尽管我不确定是否真的能向他们说明白本书的作用)，甚至在我坚持不下去的时候一直陪伴我；特别是Sarah Taplin 和Sasha Burden，她们在第3章和第8章中作为初创企业的创始人体验着另一个世界的生活。

诚挚感谢我有幸遇到的老师们，他们给我的生活带来了如此大的变化：Stuart Gaitt，因为她鼓励了一个古怪的小女孩；Shannon Rodgers，谢谢他教会我真正思考；Aman Abdulla，感谢他教给我实用的工程技能，正是他的高标准要求，才使我能走到今天。

非常感谢Manning出版社的每个人给我机会写作本书；这令我梦想成真！感谢出版商Marjan Bace；感谢Mike Stephens联系了我并开始了这段奇妙的旅程；感谢Ian Hough一章一章地与我密切合作，耐心阅读本书；感谢Mark Elston审阅了不成熟的初稿(包括所有缺点)；感谢Ninoslav Cerkez进行仔细的技术审查；感谢评论编辑Aleksandar Dragosavljevic。还要感谢Sharon Wilkey，她帮我改正了大量的语法(和其他)错误；感谢Kathleen Rossland耐心地指导我完成出版过程；还要感谢许多帮我出版本书的幕后工作者。感谢所有评审专家：Andrea C. Granata、Barnaby Norman、Billy O’Callaghan、Brent Honadel、Chris Viner、Clifford Thurber、Craig Smith、

Daniel Vasquez、Javid Asgarov、John Guthrie、Jorge Bo、Kamesh Ganesan、Mike Haller、Ninoslav Cerkez、Oliver Korten、Prabhuti Prakash、Raymond Cheung、Sergio Fernández González、Swaminathan Subramanian、Tobias Getrost、Tony Sweets、Vadim Turkov、William Jamir Silva和Zorodzayi Mukuya——你们的建议让这本书变得更好。同样要感谢Manning出版社的营销团队，特别是Radmila Ercegovac帮助我走出舒适区，加入了一些播客社区；感谢Stjepan Jurekovic和Lucas Weber帮我首先在Twitch上亮相，这非常有趣。

非常感谢每一位在我写本书时耐心审阅并给我反馈的人，特别是那些帮助我克服种种困难的Google公司的同事：Joel Friedman、Damith Karunaratne、Dan Lorenc、Mike Dahlin。万分感谢Steven Ernest，他教会了我代码提交注释和发布说明有多重要，让我认识到代码注释有多么不标准。感谢Jerop Kipruto不仅阅读了本书，而且对内容感到兴奋并立即应用到实践中！

最后，感谢Eric Brewer一路上的鼓励和建议，感谢他不仅相信本书，还花时间为它撰写了一篇鼓舞人心的序言。也感谢Jez Humble在写书开始时与我分享的所有经验——遗憾的是，我完全忽略了这些经验，并且现在已经有了惨痛的教训，但亡羊补牢犹未迟也！我想对你们说：你们在序言中对我的认可是我职业生涯的高光时刻。

关于本书

本书旨在成为持续交付入门并有效落地的不可或缺的指南：本书通过覆盖持续交付的各个实践阶段，帮助你掌握将这些实践变为自动化流程所需要的基础能力。这种知识都是通过几年来之不易的经验积累后才能掌握的。希望本书能给你一条捷径，这样你就可以轻松地完成工作了！

本书读者对象

本书是为每个从事日常软件研发工作的人准备的。为了从本书中获得最大收益，你应该对Shell脚本的基础知识有所了解，至少掌握一种编程语言，并具备一些测试经验。建议你还对版本控制、HTTP服务器和容器有一些经验。你不需要深入了解这些领域的内容，如果需要，可以边阅读边深入研究。

本书内容安排：路线图

本书分为4个部分，共13章。前两章为第Ⅰ部分，介绍了持续交付的概念以及本书其余部分需要用到的术语。

- 第1章定义了持续交付，并解释了它与持续集成和持续部署等相关术语的关系。
- 第2章介绍了构成持续交付自动化的基本要素，包括贯穿本书其余部分的术语。

第Ⅱ部分是关于组成持续集成的各种活动，这些活动对于持续交付来说不可或缺。

- 第3章解释了版本控制在持续交付中的重要作用；没有版本控制，就无法实现持续交付。
- 第4章着眼于持续集成中一个强大但很少被提及的元素：静态分析——特别

是静态代码检查——以及如何将静态代码检查应用于遗留代码。

- 第5章和第6章的主题是测试，是持续集成中重要的验证部分。这两章专注于随着时间的推移在测试套件(测试用例集合)中积累的常见问题——特别是那些结果变得不准确或执行速度越来越慢的测试套件，而不是教你如何测试(关于这个主题，许多书籍都介绍过)。
- 第7章介绍了代码变更的生命周期，分析了所有可能出现缺陷的地方，以及如何通过建立自动化机制在这些缺陷一出现时就捕获并且消灭它们。

第Ⅲ部分通过持续集成验证软件代码变更，并推动软件发布。

- 第8章介绍了版本控制，通过对DORA指标的剖析展示了版本控制如何影响发布速度。
- 第9章演示了如何通过采纳SLSA标准来安全地构建工件制品，并解释了版本控制的重要性。
- 第10章回到DORA指标，重点关注与稳定性相关的指标，并研究了提高软件稳定性的各种部署方法。

在第Ⅳ部分，从全局的角度介绍适用于持续交付自动化的相关概念。

- 第11章回顾了前几章介绍的持续交付的相关要素，并展示了如何有效地将这些要素应用到新项目和遗留项目。
- 第12章聚焦于驱动任何持续交付自动化的核心：shell脚本。你将看到如何将在其他代码中使用的最佳实践应用到该脚本，我们依赖这些脚本来安全、正确地交付软件。
- 第13章着眼于自动化流水线的整体结构，我们需要基于此流水线进行持续交付。此外，该章还对持续交付自动化系统的功能进行建模，以确保这些功能有效。

本书的最后是两个附录，探讨了在撰写本书时所流行的持续交付和版本控制系统的具体特征。

我建议读者从第1章开始阅读。像持续交付这样的术语，在现实世界中有不一样的使用语境，理解它将有助于理解其他章节的内容。

按顺序阅读第Ⅱ部分和第Ⅲ部分是理解本书最清晰的方式，因为后面的各章是建立在之前章节基础上的。第Ⅲ部分假设读者已理解了第Ⅱ部分所描述的持续集成实践。话虽如此，如果你愿意，也可以一起跳过这些章节，每章都会引用其他章节的相关内容。

第Ⅳ部分是本书的高阶内容部分。本部分的每章都引用了之前章节介绍的概念，当你大体上获得了一些使用持续交付系统的经验后，一些高阶内容(如第12章)可能会更有意义。

作者简介

Christie Wilson是一名软件工程师。她经常在Kubecon、OSCON、QCon、PyCon等会议上就CI/CD及相关主题发表演讲。Christie的职业生涯始于移动端Web应用开发。在从事AAA游戏的后端开发时，她编写的功能通常在系统大规模发布后才会被许多人同时使用。为此，她构建了负载和系统测试平台。

凭借处理复杂部署环境、核心关键系统和应对突发流量的经验，她加入了Google并从事相关方向的工作。在Google，她为AppEngine、boot-strapped Knative构建了内部生产力工具，并创建了Tekton，这是一个基于Kubernetes(目前有65家以上的公司参与)构建的云原生CI/CD平台。

目　录

第4章　有效使用静态代码检查　67

第5章　处理有噪声的测试　87

第9章 安全可靠的构建 203

第10章 可信赖的部署 233

第 I 部分 持续交付入门

欢迎阅读《持续交付图解》！第1章和第2章将介绍持续交付的概念以及本书其余部分需要用到的术语。

第1章定义持续交付，并解释了它与持续集成和持续部署等相关术语的关系。

第2章介绍持续交付自动化包含的基本要素，包括本书其余部分要使用的术语。

第1章 欢迎阅读本书

本章内容：

- 了解为什么应该关注持续交付
- 了解持续交付、持续集成、持续部署和CI/CD的历史
- 定义你可能交付的软件种类，并掌握如何将持续交付机制用于这些软件的交付
- 定义持续交付的基本要素：使软件始终处于可交付状态，并使交付变得容易

“你好，欢迎阅读本书！我很兴奋，你已经开始学习持续交付，而且想要真正理解它。本书介绍的全部内容旨在教你如何让持续交付在日常工作中为你所用。”

1.1 你需要持续交付吗

你可能最想知道是否值得花时间学习持续交付，以及是否值得将它应用到项目中。如果以下情况都满足，那么简单的回答是肯定的。

- 你是专业从事软件研发的。
- 项目团队不止一个人。

如果这两个条件都满足，持续交付是值得采纳的。即使只有一个条件满足(你正在和一群人一起做一个有趣的项目，或者你正在独自研发专业软件)，也是值得的。

> 但是等等，你没有问我在做什么。如果我正在开发内核驱动程序、固件或微服务呢？你确定我需要持续交付吗？
>
> ——你

没关系！无论你在开发什么样的软件，都可以从本书的原理中受益。本书介绍的持续交付的基本要素是自我们开始研发软件以来的经验积累。它们不会随着新技术的流行而消失；无论是研发微服务、单体应用、基于容器的分布式服务，还是接下来要研发其他产品，它们都是基础。

本书涵盖了持续交付的基础概念，并且会举例说明如何将它们应用于项目。持续交付的实现细节可能是独一无二的，并且你可能不会在本书发现这些定制化的细节问题，但是你会看到实现持续交付自动化所需要的组件，以及要获得成功所应遵循的原则。

但我不需要部署任何东西！

这是个好观点！部署和相关的自动化机制并非适用于所有类型的软件——但持续交付远不止部署。本章后面会详细讨论这一点。

1.2 为什么要持续交付

你到底是来学什么的？我想从持续交付(CD)对我的意义以及为什么我认为它如此重要开始讲起。

持续交付代表了现代专业软件工程的研发过程。

下面分解这个定义。

- 现代——专业软件工程先于CD存在了很久，但那些用穿孔卡片工作的人还是会对CD欣喜若狂！我们今天能有CD而当时不能有的原因之一是CD耗费了大量的CPU周期。要支撑CD，需要运行很多代码！(我无法想象，你需要多少个穿孔卡片才能定义一个典型的CD工作流)

> 我无法想象，你需要多少个穿孔卡片才能定义一个常见的CD工作流。

- 专业——如果你是为了兴趣做研发，那么其实不一定需要CD。在很大程度上，当软件工作很重要时，CD才能发挥作用。项目越重要，CD越复杂。当我们谈论专业软件工程时，我们讨论的可不是一个人写代码。大多数工程师会和几个工程师一起在同一代码库上协同开发。
- 软件工程——软件工程缺乏其他工程学科具备的标准和认证体系。所以简单而言，软件工程就是开发软件。当加上“专业”这个修饰词时，其实是在谈论专业的软件开发。
- 过程——专业地开发软件需要某种方法能确保所编写的代码实实在在地落实了自己的想法。这些过程不是关于一个软件工程师如何编写代码(尽管这也很重要)，而是关于该工程师如何能够与其他工程师协同交付专业质量的软件。

持续交付是我们要落实的一系列过程，以确保多个软件工程师协作研发专业质量的软件时，可以创建他们想要的软件。

> 等一下，你是在说CD是持续交付的简写吗？我还以为它是指持续部署呢！
>
> 有些人确实是这么认为的，而事实上这两个术语几乎同时出现，这导致它们令人非常困惑。我接触到的大多数文献(更不用说持续交付基金会了！)赞成用CD代表持续交付，所以这本书就这么用。

持续新词汇编

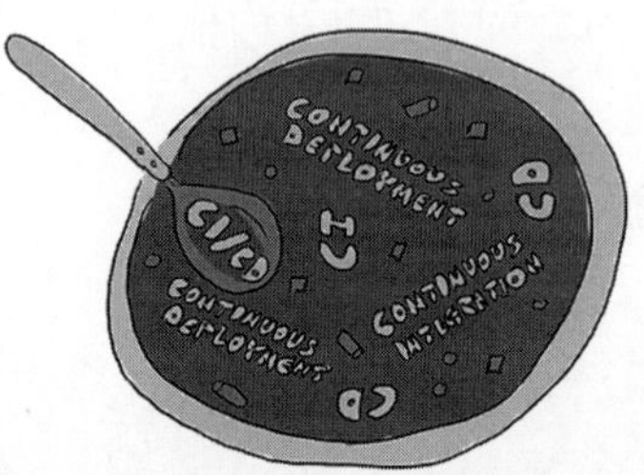

你可能会想，好吧，Christie，这很好，但交付到底是什么意思呢？还有持续部署呢？CI/CD呢？

是的，我们有很多术语可以使用！更糟糕的是，大家对这些术语的使用并没有一致的标准。他们可能会辩解，其中一些术语甚至连定义都没有！

下面快速介绍一下这些术语的演变，以便更好地理解它们。持续集成、持续交付和持续部署都是特意创造的术语(或者对于持续集成来说，术语是逐渐演变而来的词)，并且在造词人的心中有特定的含义。

CI/CD是个例外：似乎不是某个人创造了这个术语。当大家同时谈论那些持续的活动时，需要某种缩写形式来表达彼此的意思，CI/CD就这么突然蹦了出来。(CI/CD/CD不知什么原因没被采纳！)今天使用的CI/CD指的是所有持续集成、交付和部署活动中所需要的工具和自动化方法。

- 1994年：Grady Booch等人在*Object-Oriented Analysis and Design with Application*一书中提出了“持续集成”的概念(Addison-Wesley)
- 1999年：Kent Beck在*Extreme Programming Explained*一书中解释了“持续集成”的实践(Addison-Wesley)
- 2007年：Paul M. Duvall等人 在*Continuous Integration*一书中进一步定义了“持续集成”实践(Addison-Wesley)。
- 2007年：Duvall 2007年在同一本书中提出了“持续部署”的概念。
- 2009年：“持续部署”在Timothy Fitz的博客文章中流行开来。
- 2010年：Jez Humble和David Farley在*Continuous Delivery*一书中定义的“持续交付”实践受到敏捷宣言的激发(Addison-Wesley)。
- 2014年：Ravello社区撰写的文章“Test Automation and Continuous Integration and Deployment(CI/CD)”最早定义了CI/CD的概念。
- 2016年：维基百科(Wikipedia)加入了“CI/CD”词条。

1.3 持续交付

持续交付是需要落实的一系列过程，以确保多个软件工程师协作研发专业质量的软件时，可以创建他们想要的软件。

我的定义抓住了我认为CD真正酷的地方，但它远不是你之前遇到的定义。我们来看看持续交付基金会(Continuous Delivery Foundation，CDF)的定义。

一种软件开发实践，团队通过这种实践可以安全、快速、可持续地向用户发布软件变更。

- **证明代码变更可以在任何时候发布。**
- **发布流程自动化。**

你会注意到CD包含两部分，当具备以下能力时，就表明你正在进行持续交付。

- 你可以随时安全地发布对软件的更改。
- 发布该软件就像按下按钮一样简单。

本书详细介绍了有助于实现以上目标的活动和自动化方法。

- 为了能够在任何时候安全地发布代码变更，软件必须时刻处于可发布状态。实现这一点的方法是采用持续集成(CI)。
- 一旦持续集成验证了这些代码变更，发布变更的过程应该是自动化的和可重复的。

在深入研究如何实现这些目标之前，先进一步分析这些术语。

相对于持续集成(CI)，持续交付(CD)的优势在于重新定义了如何界定特性“完成”的标准。对于CD来说，完成意味已经发布。从研发到发布代码变更的过程是自动的、简单的、快速的。

持续交付是我们追求的一组目标，实现这些目标的方式可能因项目而异。也就是说，活动实践已经成为实现这些目标的最佳方式，这也是本书的主题。

1.4 集成

持续集成(CI)是我们认识的最古老的术语——但它仍然是持续交付的关键环节。所以下面从更简单的集成开始介绍。

集成软件是什么意思？实际上这个词的一部分被忽略了：这个词没有将集成的对象说清楚，为了集成，需要将一些东西集成到另一些东西中。在软件中，被集成的对象就是代码变更。谈论软件集成时，其实指的是：

将代码变更集成到已存在的软件中。

这是软件工程师每天都做的主要活动：修改现有软件的代码。当你观察一个团队时，会发现他们所做的事情特别有趣：他们不断地修改代码，而且通常是针对同一个软件。将这些代码变更合并在一起就是对其进行集成。

软件集成是将多个工程师的代码变更合并在一起的行为。

就如你可能亲身经历过的那样，有时真的会出错。例如，当多人同时对同一行代码进行修改并且试图将它们合并在一起时，会产生冲突，并且必须手动决定如何集成这些代码变更。

还有一件事没说。当集成代码变更时，要做的不仅仅是将代码变更放在一起，还需要验证代码是否有效。可以这么说：CI中缺少了代表验证(verification)的字母v！验证已经融入集成(integration)部分，所以谈论软件集成时，真正的意思是：

软件集成是将多个工程师的代码变更合并在一起，并验证代码有效性的行为。

在一些罕见的情况下，可能会从头开始研发软件，但从第一次成功编译之后的每一个节点开始，都会频繁地将代码变更集成到现有软件中。

谁在乎这些定义呢？还是给我看代码吧！

如果不能对正在做的事情下个定义，就很难做到有目的有条理。花时间达成共识(通过定义)并回到核心原则是不断提升水平的最有效方式！

1.5 持续集成

下面用一个软件工程之外的例子来说明如何把持续变成持续集成。厨师Holly正在煮意大利面酱。她从一套基础原料开始：洋葱、大蒜、西红柿、香料。烹饪时为了做出她想要的调味汁，需要将这些原料按照正确的顺序和数量组合在一起。

为了做到这一点，每次添加新的配料时，她都会快速尝一口。根据味道，她可能会决定再多加一点，或者意识到她想添加一种忘掉的配料。

通过不断地品尝和一系列整合，她改进了食谱。这里的整合表达了以下两件事：

- 将一系列的原料整合起来。
- 进行检查，以验证结果。

这就是持续集成中集成的含义：将代码变更合并在一起，并验证它们是否正确有效——即，合并并验证。

Holly做饭时重复这个过程。如果她等到最后才品尝调味汁，她会失去很多控制力，而且已经不太可能调整味道。这就是持续集成中持续部分发挥作用的地方。尽可能频繁、尽快地集成(合并和验证代码变更)。

在软件领域，在提交代码后，什么是你能以最快的速度进行合并和验证的对象?

持续集成是频繁地进行代码合并，并在代码提交时进行有效性验证的过程。

将代码变更合并在一起，意味着在代码有变化后，工程师通过持续集成将代码提交到共享的版本控制中，并且通过自动化工具(包括测试和静态代码检查)验证这些变更是否正确有效。

自动化验证？静态代码检查？如果你还不知道这些是什么，不要担心；这就是本书的目的！在本书中，将介绍如何创建自动化测试，以推动持续集成工作。

1.6 我们能交付什么

现在，当我的关注点从持续集成过渡到持续交付时，需要后退一小步。我们谈到的每一个定义几乎都会涉及交付某种类型的软件(例如，将要谈论的集成和交付软件的代码变更)。当我们说软件时，确保我们都在谈论同一个东西可能是好的——根据正在进行的项目，它可能意味着一些非常不同的东西。

术语“软件”是相对于“硬件”而言的。硬件是计算机的实际物理部件。我们通过为这些物理部件提供指令来操作它们。指令可以直接内置在硬件中，也可以通过软件提供给硬件。

交付软件时，可能会研发几种形式的软件(并且集成和交付不同形式的软件看起来会略有不同)。

- 库(library)：如果软件本身不会被独立使用，而是成为其他软件的一部分，那就是一个库。
- 二进制文件(binary)：如果软件可以运行，则可能是一种可执行的二进制文件。这可能是一个服务或应用程序，可以运行的工具，或者可以安装在平板电脑及智能手机上的应用程序。
- 配置(configuration)：这指的是你可以向一个二进制文件提供一些信息，以改变它的行为，而不需要重新编译它。对于系统管理员来说，可以用这些信息更改正在运行的软件。
- 镜像(image)：容器镜像是一种特殊的二进制文件，它是用于共享和分发带有配置的服务的一种流行格式，因此它们可以以不依赖操作系统的方式运行。
- 服务(service)：一般来说，服务是二进制文件，旨在随时启动和运行，等待请求，它们可以通过处理一些任务或返回信息来响应请求。有时也被称为应用程序。

在职业生涯的不同阶段，可能会处理不同类型的软件。但是不管是哪种软件，你都需要通过不断集成并交付代码变更来研发它们。

1.7 交付

软件合并代码变更时会发生什么，取决于你在做什么，谁在使用它，以及如何使用。通常交付变更是指构建、发布和部署中的一项或全部。

- 构建(building)：是指获取代码(包括变更)并将其转换为它所需要的形式的行为。这通常是指将用编程语言编写的代码编译成机器码。有时这也意味着将代码打成一个包(如镜像)或包管理器可以理解的形式(如Python包的 PyPI)。
- 推送(publishing)：将软件复制到仓库(软件的存储位置)，例如将镜像或库上传到介质仓库。
- 部署(deploying)：将软件复制到可运行的地方，并将其置于运行状态。
- 发布(releasing)：使用户可以使用软件。这也许是将你的镜像或库上传到介质仓库中，或者通过设置配置值将一定百分比的流量导入已部署的实例中。

> 构建也是集成的一部分，以确保代码能一起正常运行。

> 你可以在不发布的情况下进行部署，例如，部署新版本的软件，但不将任何流量导入其中。也就是说，部署通常意味着发布，这完全取决于你要部署到哪里。如果部署到生产环境，你将同时进行部署和发布。有关部署的更多信息，参见第10章。

词汇时间

自从有编程语言以来，就一直在**构建**软件。这是一个极为常见的活动，之前**持续交付系统**被称为**构建系统**。这个术语非常流行，甚至今天还会经常听到人们提到 **“构建”** 。这通常是指在CD流水线中转换软件的任务(更多的介绍参见第2章)。

1.8 持续交付/持续部署

现在你知道交付软件变更意味着什么，但是持续是什么意思？CI的上下文中，我们了解到“持续”意味着尽快完成。对CD来说也是这样吗？是也不是。CD中的“持续”可以更好地被表示为一个连续过程。

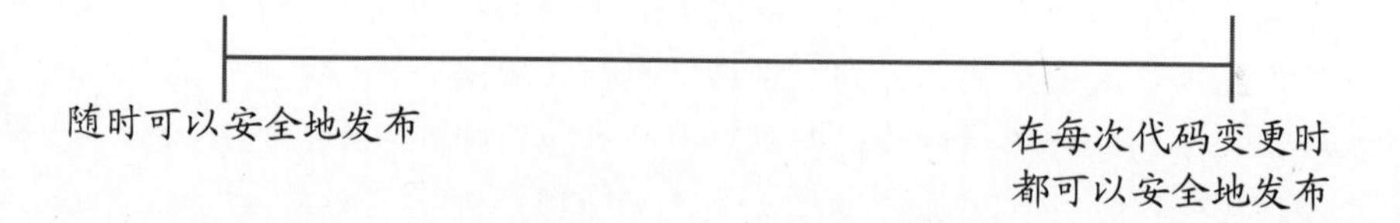

你的软件应该处于可以随时构建、发布和/或部署的状态。但是软件交付的频率取决于你自己。

2009：在博客中发布的博文“持续部署”流行开来

2010：同名图书定义了“持续交付”实践的概念

此时你可能想知道“持续部署是什么意思呢？”这是一个很好的问题。回顾历史，你会注意到持续交付和持续部署这两个术语几乎是接连开始流行的。它们被创造出来时发生了什么？

这是软件的一个转折点：那种旧的依赖于手工操作、开发和运维之间的分工协作(有趣的是DevOps一词也是在这个时期出现的)，以及明显区分流程边界(例如测试阶段)的软件开发模式已经开始发生变化(向左移动)。持续部署和持续交付都是当时出现的一系列实践的名称。持续部署意味着：

可运行的软件会随着每次的代码变更提交而发布给用户。

持续部署是持续交付之外的可选步骤。关键是持续交付让持续部署变得更加强大。总处于可发布的状态和自动化交付让你自由地决定什么才是对项目最好的。

> **词汇时间**
>
> 左移(shifting left)是在研发阶段尽早发现缺陷的过程。

> **如果持续部署实际上是关于发布的，那为什么不叫它持续发布呢？**
>
> 好问题！持续发布其实是一个更准确的名字，可以清楚地表明这种实践适用于不需要部署的软件，但是持续部署已经成为一个特定的称呼！参见第9章中持续发布的示例。

1.9 持续交付的要素

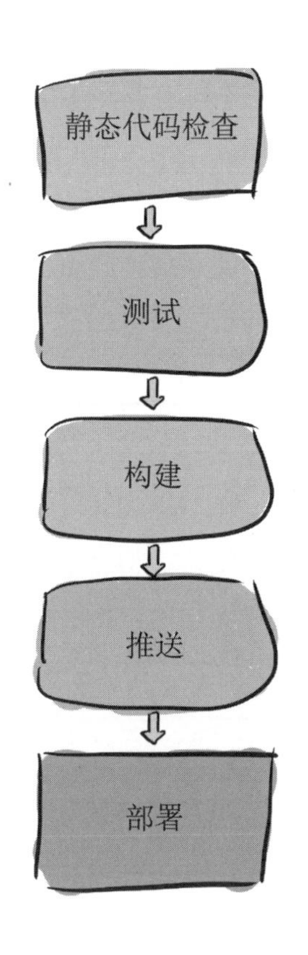

本书的其他章节展示了持续交付的基本要素。

持续交付是一种软件开发实践，在这种实践中，可以随时且安全地构建可运行的软件，并在对项目有意义的情况下尽快发布给用户。

你将学习如何通过CI确保软件始终处于可发布状态，以及如何使交付自动化并且可以不断重复执行。这允许你选择是否在每次代码变更时都进行软件发布(持续部署)，或者以另一种节奏发布。无论哪种方式，都可以确信自动化机制可以根据需要频繁地进行软件交付。

自动化机制的核心将是持续交付流水线。本书将深入研究这些任务与它们的形态。你会发现，不管在研发什么样的软件，这些任务对你都有用。

流水线？任务？它们究竟是什么？

第2章将介绍相关内容。

下表回顾了前面探讨过的不同类型的软件形态，并对比了不同类型的交付和这些软件的关系 。

	交付是否包含构建	交付是否包含推送	交付是否包含部署	交付是否包含发布
库	视情况而定	是	否	是
二进制文件	是	通常是	视情况而定	是
配置	否	可能不是	通常是	是
镜像	是	是	视情况而定	是
服务	是	通常是	是	是

1.10 结论

持续交付领域包含许多术语和许多矛盾的定义。在本书中，CD指持续交付，它包括持续集成(CI)、部署和发布。我将重点介绍如何搭建你需要的自动化工具，以便通过CD支撑任何类型的软件交付。

1.11 本章小结

- 持续交付对所有软件都适用；研发什么样的软件并不重要。
- 为了让软件开发团队能够开发出专业质量的软件，需要持续交付。
- 为了进行持续交付，使用持续集成，以确保软件总是处于可交付状态。
- 持续集成是频繁合并代码变更的过程，每次变更都在代码提交时得到验证。
- 持续交付的一个难题是让软件发布变成像按按钮一样简单的自动化机制。
- 在觉得持续部署对项目有意义时，可以采纳它。使用这种方法，软件在每次提交代码时都会自动进行交付。

1.12 接下来……

你将学习所有关于持续交付自动化的基础和术语，为学习本书的其余章节奠定基础！

第2章 基础流水线

本章内容：

- 学习基本概念：流水线和任务
- 学习基本CD流水线的知识：静态代码检查、测试、构建、推送与部署
- 学习自动化在流水线中的角色：webhook、事件和触发器
- 探索CD领域中不同种类的术语

“在开始学习如何创建CD(持续交付)流水线的重要细节之前，先从整体上了解一下什么是流水线。本章将站在较高层次观察一些流水线，并学习大多数CD流水线都具备的基本要素。”

2.1 猫咪图片网站

为了理解基本CD流水线所包含的要素，将研究一下Cat Picture Website(猫咪图片网站)的流水线。猫咪图片网站是搜索和分享猫咪图片的最佳网站！它的构建方式相对简单，但由于它是一个受欢迎的网站，运营它的公司(猫咪图片公司，Cat Picture，Inc.)已经将它的架构拆分成若干个服务。

该公司在云上运行猫咪图片网站(云提供商名为大云公司，即Big Cloud，Inc.)，并使用大云的一些服务，如大云Blob存储服务(Big Cloud Blob Storage 服务)。

> *再问一次，什么是CD?*
>
> 在本书中，用CD指代持续交付，请参考第1章的相关内容。

> *什么是流水线?*
>
> 别担心，稍后将会介绍。

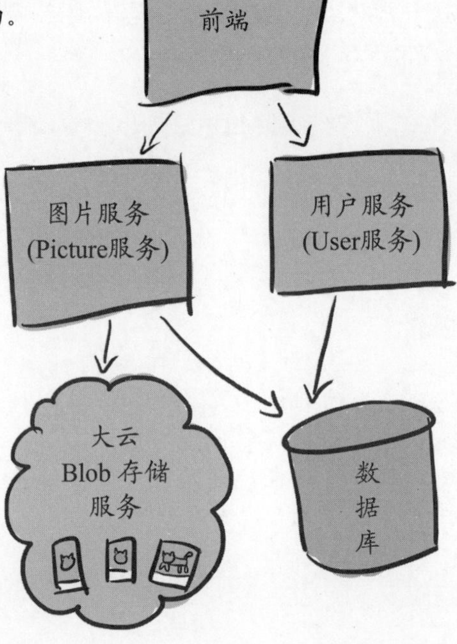

2.2 猫咪图片网站源码

架构图告诉我们猫咪图片网站的组成要素，但是要理解CD流水线，还有一件重要的事情需要考虑：代码在哪里管理？

第1章介绍过CD的要素，其中一半是关于利用持续集成(CI)确保软件总是处于可发布状态。再来看一下CI的定义。

CI是频繁合并代码变更的过程，每次变更都在代码提交时得到验证。

观察进行CD时的行为本质，可以看到其核心是代码变更。这意味着CD流水线的输入是源代码。事实上，这是CD流水线区别于其他自动化工作流的地方：CD流水线几乎总是以源代码作为输入。

在研究猫咪图片网站CD流水线前，需要了解它的源码如何组织和存储。猫咪图片网站的工程师将他们的代码存储在几个代码库(repos)中。

> *版本控制*
>
> 使用诸如Git的版本控制系统是实施CD的前提，如果存储代码时没有变更历史和冲突检测机制，实施CD是不可能的。第3章将会有更多介绍。

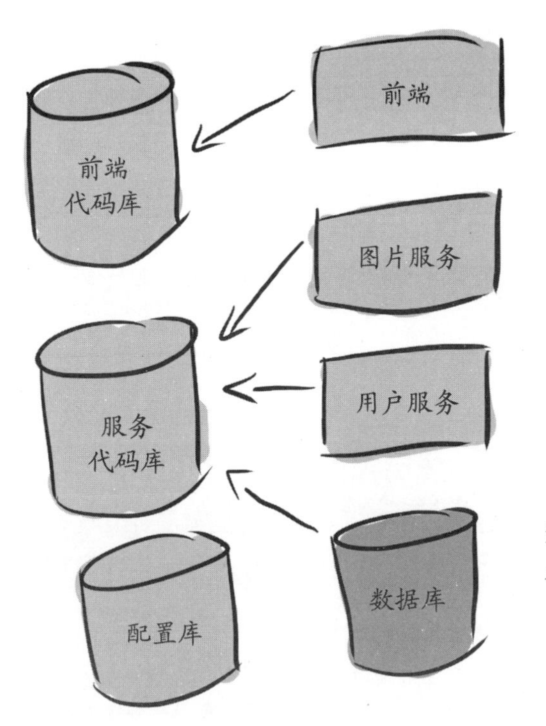

- 前端代码库存储前端代码。
- 图片服务、用户服务、数据库表结构都放在后端服务代码库中。
- 最后，猫咪图片网站用配置即代码的方式进行配置管理(参见第3章)，在配置库中存储配置。

猫咪图片网站的开发者本来还有很多其他管理代码的方式，但每种方式都各有利弊。

2.3 猫咪图片网站流水线

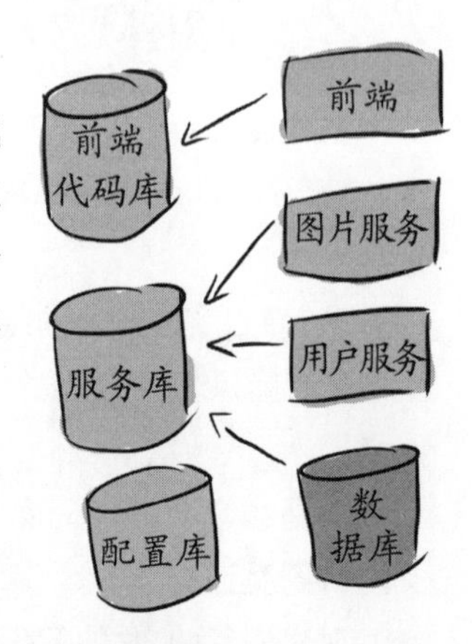

由于猫咪图片网站由几个服务组成，而且其所有代码和配置分布在多个代码库上，因此网站由多条CD流水线管理。以后介绍更复杂的流水线时会详细研究这几个流水线，现在重点关注管理用户服务和图片服务的基本流水线。

由于这两个服务非常相似，因此共用同一条流水线，通过它可以展示流水线的所有基本要素。

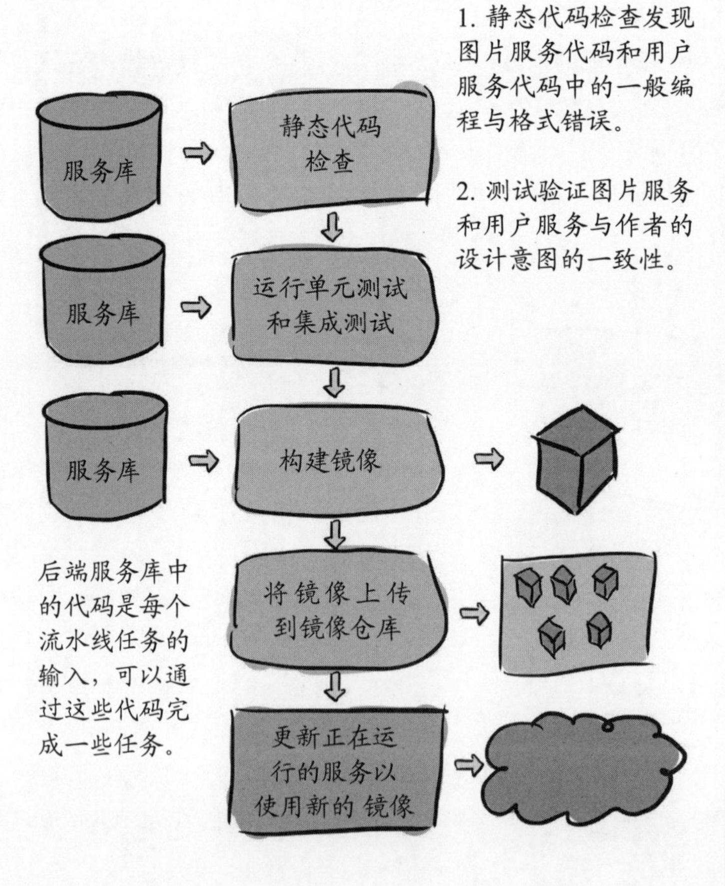

1. 静态代码检查发现图片服务代码和用户服务代码中的一般编程与格式错误。

2. 测试验证图片服务和用户服务与作者的设计意图的一致性。

后端服务库中的代码是每个流水线任务的输入，可以通过这些代码完成一些任务。

词汇时间

容器镜像是包含软件运行所需要的元素的可执行软件包。

3. 在代码通过静态代码检查和测试后，为每个服务都构建一个容器镜像。

4. 将容器镜像上传至镜像仓库。

5. 最后，通过更新镜像来使用新版本的软件。

这什么时候可以真正运行起来？后面会讨论这个问题，并在第10章深入研究。

该流水线不仅可以用于猫咪图片网站，还具备本书所有流水线的基本要素！

2.4 什么是流水线，什么是任务

我们刚刚花了几页篇幅介绍猫咪图片网站流水线，那么到底什么是流水线？在CD领域存在许多不同的术语。当我们使用“流水线”这个词时，一些CD系统也许会使用其他词描述相同的对象，如工作流。本章最后将对这个词进行概括，现在先介绍流水线和任务。

任务(task)是你能单独完成的事件。可以把任务想象成一系列功能。流水线就像代码的入口点，它在正确的时间以正确的顺序调用这些功能。

下面是一个用Python代码描述的流水线，有3个任务：任务A先运行，然后是任务B，并以任务C结束流水线。

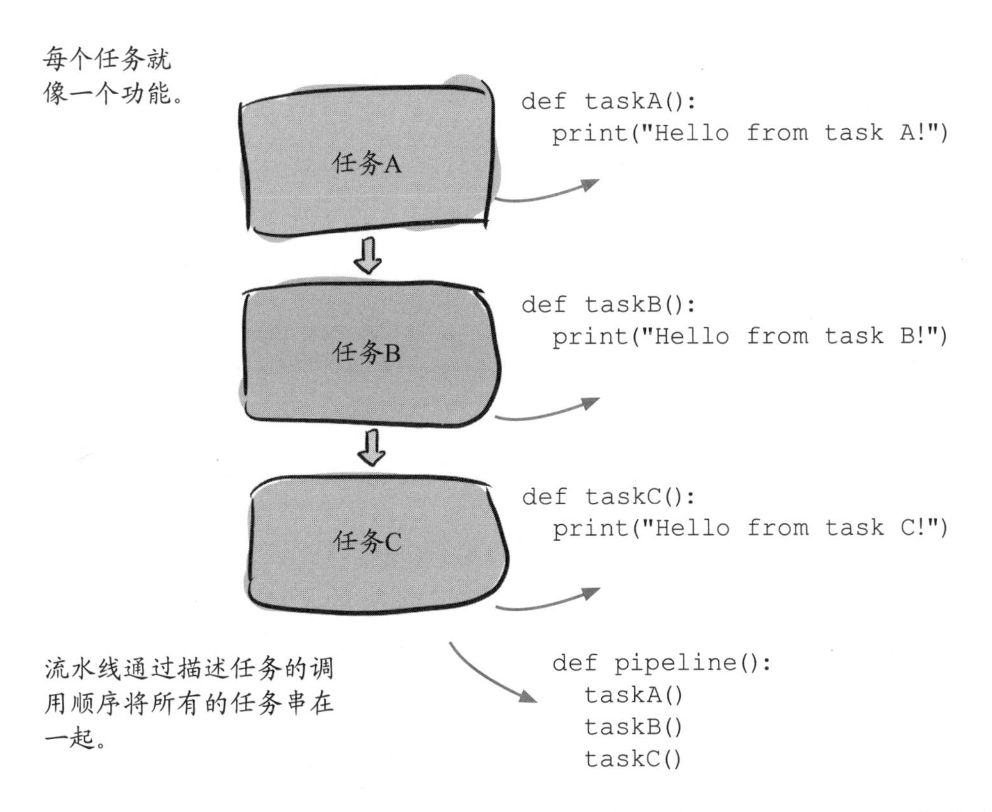

CD流水线将持续运行，后面会详细讨论运行时机。如果运行 pipeline()函数(代表前面的流水线代码)，将得到以下输出。

```
Hello from task A!
Hello from task B!
Hello from task C!
```

2.5 CD流水线中的基础任务

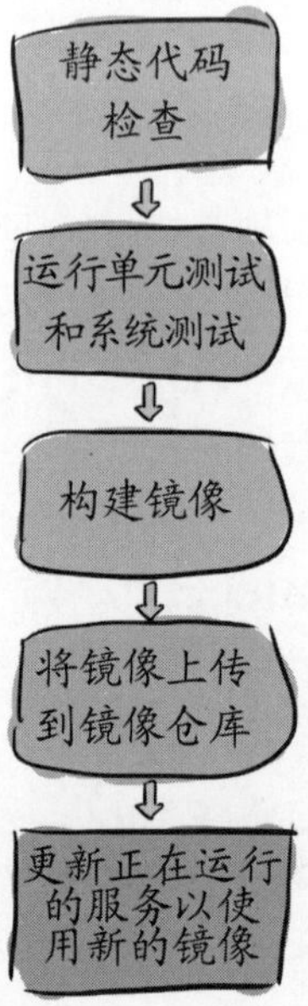

猫咪图片网站的流水线展示了绝大多数流水线中的基础任务，下面将详细研究这些基础任务。先回顾一下猫咪图片网站中流水线的每个任务。

(1) 静态代码检查发现图片服务代码和用户服务代码中常见的编程与格式错误。

(2) 单元测试和集成测试验证图片服务和用户服务的代码是否符合作者的意图。

(3) 在代码通过静态代码检查和测试后，构建镜像任务会给每个服务构建一个容器镜像。

(4) 将容器镜像上传至镜像仓库。

(5) 通过更新镜像来使用新版本的软件。

猫咪图片网站流水线中的每个任务都代表了一个基本流水线要素。

- 静态代码检查是CD流水线中最常见的静态分析形式。
- 单元测试与集成测试代表了不同形式的测试。
- 服务被构建为镜像。对于多数软件来说，需要先将代码构建成其他格式才能使用它。
- 镜像仓库存储并向外提供容器镜像。正如在第1章中看到的，有些软件需要推送到镜像仓库才能使用。
- 猫咪图片网站需要运行起来才能与用户交互。网站通过部署新镜像来更新正在运行的服务。

下面是将在CI/CD流水线中看到的基础任务类型。

2.6 门禁与转换

有些任务的编写目的是验证代码。它们是代码必须通过的质量门禁(gate)。

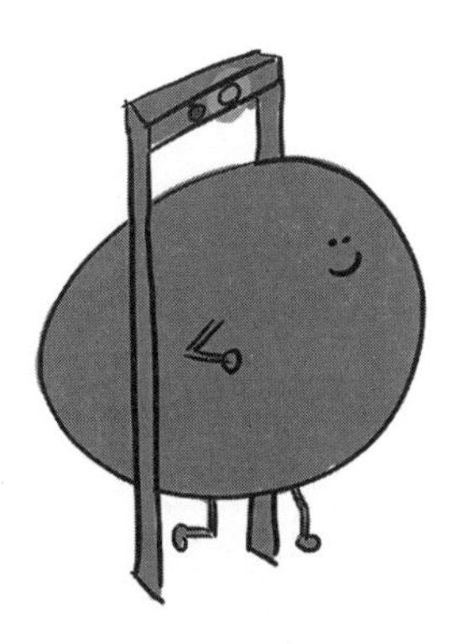

有些任务的编写目的是将代码从一种形式转换为另一种形式。这就是代码的转换(transformation)，以你的代码作为输入，并转换成其他形式输出。

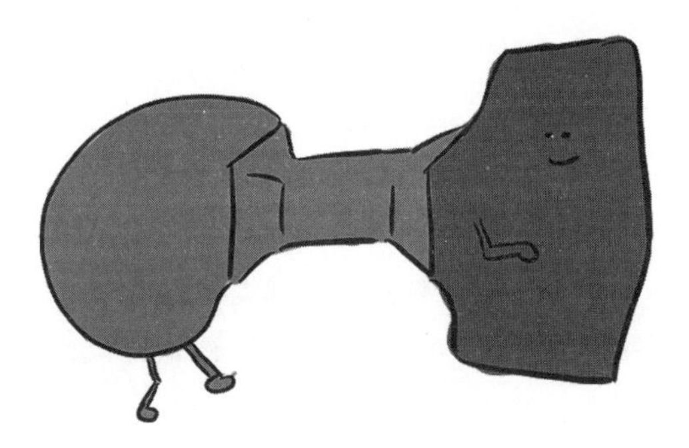

将CD流水线中的任务视为门禁和转换与CD的要素密切相关。在第1章中，介绍了在进行持续交付时：

- 可以随时安全地交付代码变更。
- 交付软件就像按下按钮一样简单。

如果眯着眼睛看，它们会以1:1的比例映射到门禁和转换。

- 门禁机制验证代码修改的质量，确保交付安全。
- 转换机制可以构建、推送代码变更，并根据软件种类部署代码变更。

事实上，门禁通常是流水线的组成要素。

> CI就是在验证代码！你会经常听到人们谈论“运行CI”或“CI失败”，通常指的就是门禁机制。

2.7 CD：门禁机制与转换

再来看看基础的CD任务，搞清楚它们是如何与门禁和转换机制映射的。

- 代码进入门禁任务，要么通过，要么失败。如果失败，代码就不应该继续在流水线中运行。
- 代码进入转换任务，会变成完全不同的形态，或者通过转换任务改变系统的某个部分。

基础的CD任务和门禁与转换机制用以下方式映射。

- 静态代码检查就是在不运行代码的情况下审核代码，并标记常见的错误和缺陷，对我来说这听起来像一扇门。
- 测试活动验证代码，确保代码按照设计研发。这是代码验证的另一个例子，听起来也像一扇门。
- 为了让代码运行，构建将代码从一种形式转换成另一种形式。有时这个活动会发现代码中的问题，所以它也是CI的组成部分。然而为了测试代码，可能需要构建它，所以这里的主要目的是转换(构建)代码。
- 代码推送就是把构建好的软件放在某个地方，以便可以使用。这从某种程度上来说是在进行软件发布。(对于一些代码，如库，这就是发布一个库的所有工作！)这听起来也像是一种转换机制。
- 最后，部署代码(对于需要启动和运行的软件来说)是在转换已被构建的软件状态。

好吧，你说过门禁机制是CI任务。你是说CI只是测试和静态代码检查吗？我记得在CD之前，CI也包括构建。

我听到了！CI通常包括构建，有时人们会将推送也包括在内。真正重要的是为这些活动建立一个概念框架，因此在本书中，选择将CI作为有关验证的任务，而不是构建/推送/部署/发布。

2.8 猫咪图片网站服务流水线

如果把猫咪图片网站服务流水线看成一个门禁和转换的流水线，它看起来像什么？

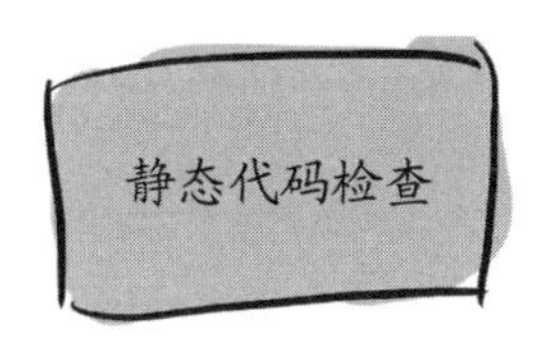

运行单元测试
和集成测试

构建镜像

将镜像上传
到镜像仓库

更新正在运行
的服务以使用
新的镜像

代码必须通过的第一道门禁是静态代码检查。如果在进行静态代码检查时发现了问题，应该停止转换和代码交付，优先解决这些问题。

代码必须通过的另一道门禁是单元测试和集成测试。就像静态代码检查一样，如果这些测试显示代码没有按照意图实现，应该停止转换和代码交付，先解决这些问题。

代码通过所有门禁后，就处于良好的状态，可以开始启动代码转换机制。

第一个转换是从源代码构建镜像。代码被编译并打包成可执行的容器镜像。

下一个转换获取已构建的镜像并将其上传到镜像仓库。这样，系统由之前引用本地镜像改为从介质仓库中下载和使用镜像。

最后的转换通过更新镜像来使用新版本的软件。

就这样！

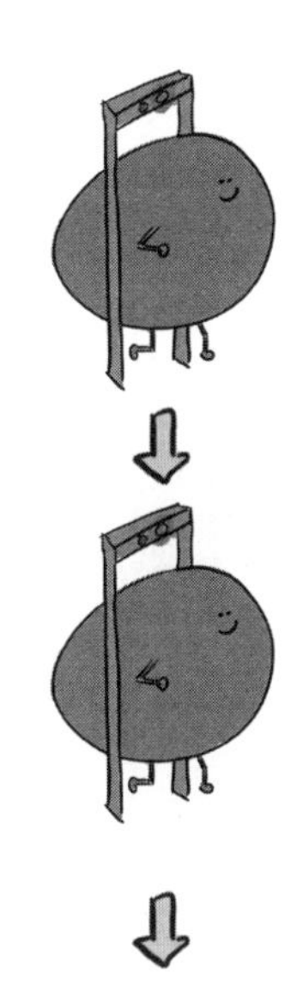

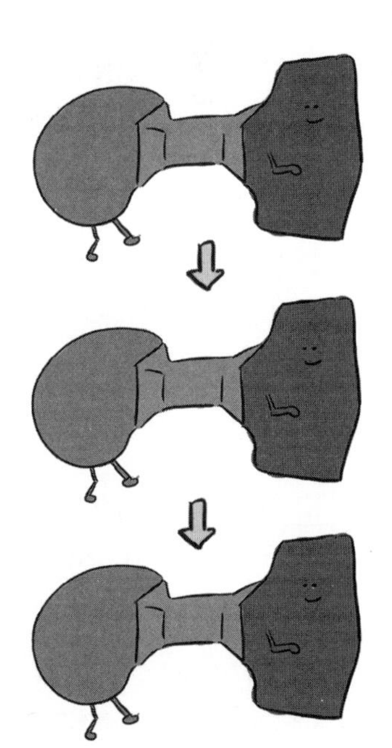

2.9 运行流水线

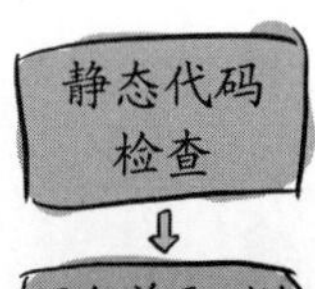

你可能想知道该流水线是如何以及何时运行的。这是一个很好的问题！对于猫咪图片公司的人来说，这个过程是随着时间的推移而不断变化的。

当猫咪图片公司成立时，只有几个工程师：Topher、Angela和Sato。Angela用Python写了猫咪图片网站的服务流水线，如下所示。

```
def pipeline(source_repo, config_repo):
  linting(source_repo)
  unit_and_integration_tests(source_repo)
  image = build_image(source_repo)
  image_url = upload_image_to_registry(image)
  update_running_service(image_url, config_repo)
```

这是Angela所写代码的简化版，但是对于我们来说已经足够了。

这段代码中的pipeline()函数将猫咪图片网站中的每个任务作为一个函数来执行。

源代码需要通过静态代码检查和测试，镜像将通过源代码构建。每个转换(构建、上传、更新)的输出在创建时就相互传递。

这很好，但如何运行它呢？有人(或者稍后会看到，一些东西)需要执行pipeline()函数。

Topher主动提出要负责流水线运行，因此他编写了一个可执行的Python文件，如下所示。

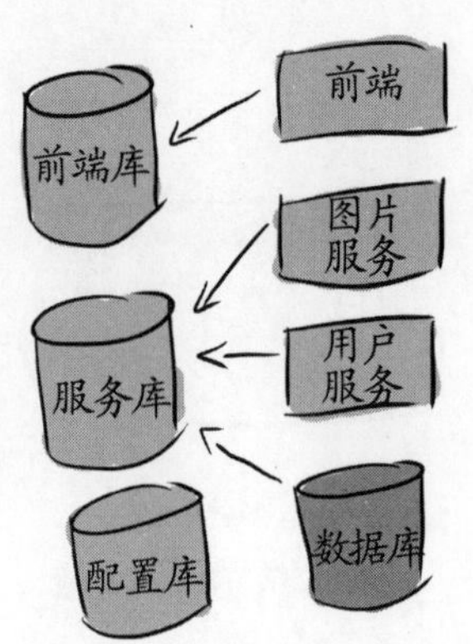


```
if __name__ == "__main__":
  pipeline("https://10.10.10.10/catpicturewebsite/service.git",
           "https://10.10.10.10/catpicturewebsite/config.git")
```

这个可执行文件调用pipeline()函数，以服务库和配置库的Git地址作为输入参数。Topher要做的就是运行该文件，这样流水线及其所有任务就会运行起来。

我需要像Angela和Topher一样用Python编写流水线和任务的代码吗？

应该不需要！你可以从大量现有工具中选择，而不是重新研发一个CD系统。附录A提供了一些当前可选系统的摘要。我们将使用Python演示这些CD系统背后的思想，而不会推荐任何特定的系统，并且我们也将在后面使用GitHub Action。所有CD系统都有其优点和缺点，要选择最符合自己需求的系统。

2.10 每天都运行一次

Topher通过执行以下Python代码运行流水线。

```
def pipeline(source_repo, config_repo):
  linting(source_repo)
  unit_and_integration_tests(source_repo)
  image = build_image(source_repo)
  image_url = upload_image_to_registry(image)
  update_running_service(image_url, config_repo)

if __name__ == "__main__":
  pipeline("https://10.10.10.10/catpicturewebsite/service.git",
           "https://10.10.10.10/catpicturewebsite/config.git")
```

什么时候运行流水线？他决定在每天工作开始之前就启动流水线。

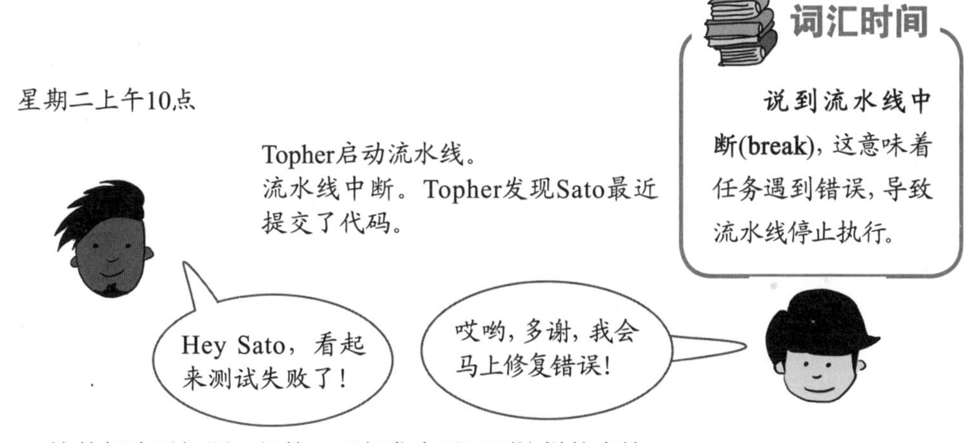

这就解决了问题，但第二天却发生了下面这样的事情。

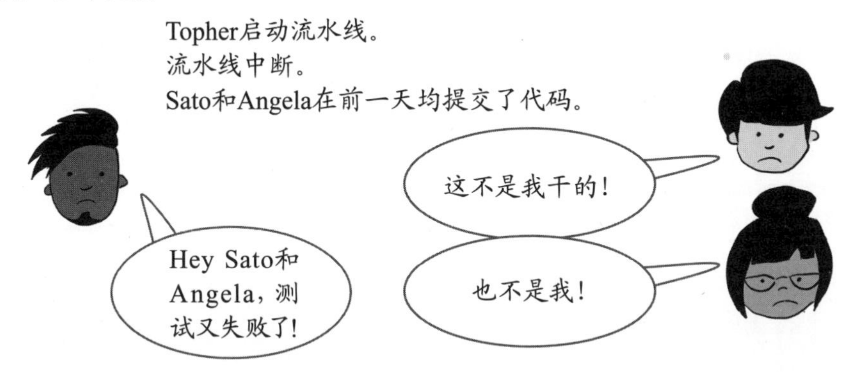

这并不像Topher所希望的那样：因为他每天运行一次流水线，所以流水线集成了前一天所做的所有代码变更，但在出问题的时候，他分不清是哪个代码变更导致的。

2.11 尝试持续集成

Topher每天都会运行一次流水线，所以他会拾取前一天的所有代码变更。回顾一下CI的定义，可以发现是哪里出了问题。

持续集成是频繁合并代码变更的过程，每次变更都在代码提交时得到验证。

每进行一次变更，Topher就需要执行一次流水线操作。这样每次代码变更后，团队都会得知本次代码修改是否产生了问题。

Topher要求他的团队成员在每次提交代码变更时都及时通知他，以便他可以立即运行流水线。现在每一次代码变更后都会运行流水线，团队在做出变更后会立即得到反馈。

持续部署

通过运行整个流水线，包括转换任务，Topher也在进行持续部署。许多人将CI任务和转换任务作为不同的流水线运行。第13章将会权衡这些方法的利弊。

2.12 使用通知

几个星期过去了，团队成员每次做出代码变更后都会通知Topher。让我们看看进展如何。

再一次，事情没有像Topher计划的那样顺利。Angela提交了一次代码变更，却忘了告诉Topher，现在团队不得不原路返回。Topher该如何确保自己不会错过任何代码变更呢？

Topher研究了这个问题，并意识到每当有人做出更改时，他都可以从版本控制系统获得通知。他决定使用电子邮件进行通知，而不是让同事告诉他。

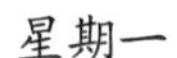

上午10:12：Angela提交了代码变更。

Topher启动流水线，并且它成功运行。

下午1:15：Sato提交了代码变更。

Topher启动流水线，但它中断了。

Sato，麻烦看一下，你提交的代码变更没有通过单元测试。

Topher，我知道了，谢谢。

词汇时间

版本控制管理(Version Control Management)指的是GitHub等系统，GitHub系统将版本控制与代码检查工具等功能集成在一起。其他相似的系统还有GitLab和Bitbucket。参见附录B。

2.13 拓展手动工作

这个团队发展得非常顺利，又有两名成员加入了。现在，对Topher来说，工作变成了什么样呢？

星期五

上午9:00：Angela提交了代码变更。

上午9:14：Sato提交了代码变更。

上午9:27：Mi-Jung提交了代码变更。

上午10:03：Robert提交了代码变更。

Topher现在整天都专注于运行流水线，没有时间做任何其他工作。他有很多改进流水线的想法，也有一些想实现的新特性，但是他没时间！

他决定后退一步，思考正在发生的事情，希望能找到节省时间的方法。

1. Topher的收件箱收到了一封邮件。
2. 邮件通知Topher，他收到了一封新邮件。
3. Topher看到了通知。
4. Topher运行流水线脚本。
5. 当流水线失败时，Topher通知同事。

Topher审视了自己在整个流程中的角色，哪部分是自己必须干预的呢？

1. Topher必须查看邮件通知。
2. Topher必须通过命令运行脚本。
3. Topher告诉同事发生了什么。

Topher有什么办法能让自己置身事外吗？他需要能做到以下几点。

1. 查看通知。
2. 运行流水线脚本。
3. 告诉同事发生了什么。

Topher需要找到可以接收通知并代替他运行脚本的东西。

2.14　通过webhook自动化

时间宝贵！Topher已经意识到他一整天都在运行流水线，但如果他能找到工具完成以下任务，他就可以摆脱这一过程。

1. 查看通知。
2. 运行流水线脚本。
3. 告诉同事发生了什么。

词汇时间

当事件发生时，使用**webhook**让外部系统运行你的代码。通常可以通过向系统提供外部HTTP端点的URL来实现该功能。

Topher研究了这个问题，并意识到他的版本控制系统支持webhook。通过编写一个简单的Web服务器，他就可以实现他需要的一切。

1. 每当有人提交代码变更时，版本控制系统都会向他的Web服务器发出请求。(Topher不需要看通知！)
2. Web服务器收到请求时，它可以运行流水线脚本。(Topher不需要自己做！)
3. 系统向Web服务器发出的请求包含代码变更提交人的电子邮件，因此如果流水线脚本失败，Web服务器可以向导致问题的人发送电子邮件。

```
class Webhook(BaseHTTPRequestHandler):
  def do_POST(self):
    respond(self)
    email = get_email_from_request(self)
    success, logs = run_pipeline()
    if not success:
      send_email(email, logs)

if  name   == ' main ':
  httpd = HTTPServer(('', 8080), Webhook)
  httpd.serve_forever()
```

Topher启动了运行在他工作站上的Web服务器，瞧！这样就完成了流水线的自动化运行机制。

如何从版本控制系统中获得通知和事件？

你必须查看版本控制系统的文档来了解如何进行设置，但是获取代码变更通知和webhook触发机制是大多数版本控制系统的核心功能。如果你的系统没有，那就考虑换一个系统吧！(参见附录B。)

2.15 拓展webhook

下面看看Topher通过webhook自动化工作流程后发生了什么。

星期一

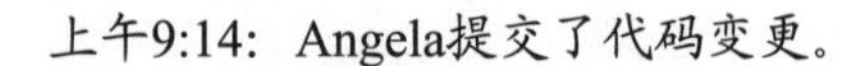
上午9:14：Angela提交了代码变更。

版本控制系统触发了Topher的webhook。

Topher的webhook运行流水线：它失败了！

Topher的webhook向Angela发送了一封邮件，告诉她她的代码更改在流水线中运行失败。

版本控制系统事件和webhook代替了Topher所有的手工工作。现在他可以做些他真正想做的事情了！

词汇时间

当某事件发生时版本控制系统调用webhook，这通常被称为**触发**(triggering)你的流水线。

我需要像Topher一样自己写这些webhook吗？

应该不必！这里通过Python代码演示CD系统是如何工作的，但不需要自己也实现一个。阅读本书附录，获取现有的CD系统。支持webhook是系统的一个重要功能！

2.16 在流水线出现问题时不要提交代码变更

Topher遇到了更多的问题。下面看看其中的几个吧，其他的问题留到第7章再说。如果Angela提交了有问题的代码变更，并且未能在另一项代码变更提交之前修复其中的问题，该怎么办？

星期一

Topher的webhook向Angela发了一封邮件，告诉她她的代码变更让流水线运行失败了。

上午9:15：Angela开始修复问题。

上午9:20：Sato提交了代码变更。

版本控制系统触发了Topher的webhook。

Topher的webhook运行了流水线，它又失败了，因为Angela还在修复她代码中的问题。

Topher的webhook向Sato发送了一封邮件，告诉他他的代码变更导致流水线失败了，但实际上这是Angela的问题。

当Angela正在解决她导致的问题时，Sato提交了代码变更。系统认为是Sato导致流水线出现问题，但实际上是Angela导致的，可怜的Sato很困惑。

此外，在现有问题的基础上增加的每一个代码变更都有可能使问题修复变得越来越困难。解决这个问题的方法是坚持一个简单的规则：

当流水线出现问题时，停止提交代码变更。

这可以由CD系统本身强制执行，也可以通过通知相关工程师，告知流水线已经中断。具体参见第7章。

到底为什么要中断流水线？

如果Angela在提交代码变更之前发现问题不是更好吗？这样她就可以在提交代码变更之前修复问题，也不会妨碍Sato的工作。是的，那肯定更好！第3章将详细介绍这一点，并在第7章进行更详细的讨论。

2.17 猫咪图片网站的CD

现在我们知道了所有关于猫咪图片网站的CD：开发者为其服务所使用的流水线，以及这些流水线如何被自动化和触发。

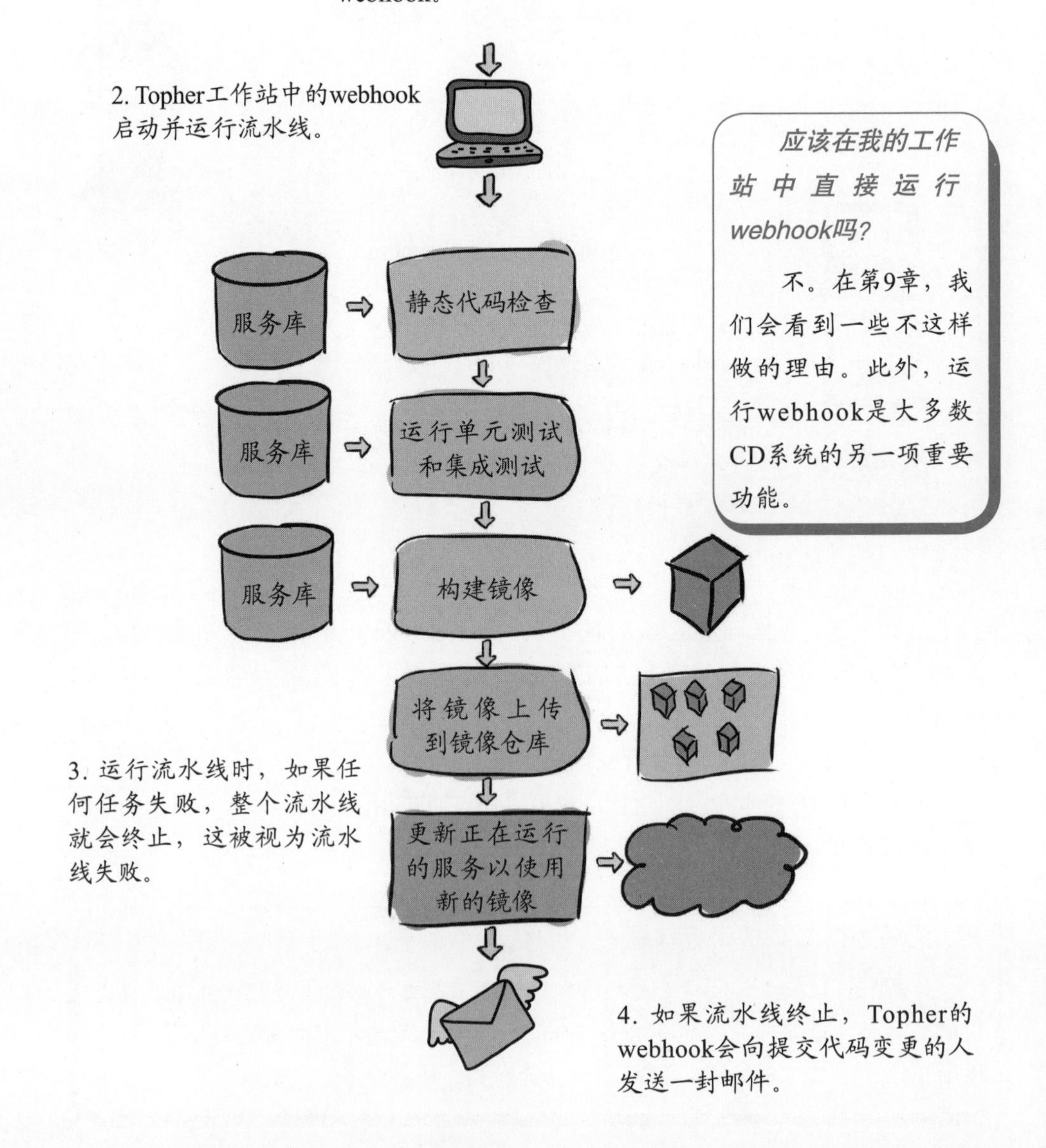

2.18 名称中的学问

一旦开始使用CD系统，你会遇到的一些术语可能与本章和本书其余部分使用的术语不同。下面是对于该领域所用术语的概述，以及它们与本书所用术语之间的关系。

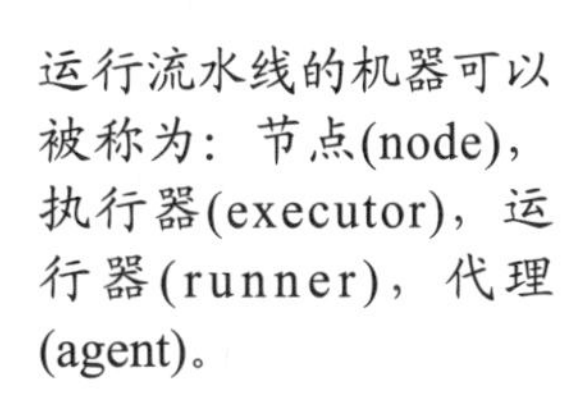

2.19 结论

猫咪图片网站服务的流水线展示了大多数CD流水线中基础的模块。通过观察猫咪网站的工程师如何管理他们的流水线，我们了解到自动化在构建CD方面的重要性，尤其是在公司发展壮大时。在后续各章，将研究流水线中每个要素的细节，以及如何将它们集成在一起。

2.20 本章小结

- 本书使用“流水线”和“任务”这两个术语指代基本的CD模块，它们还有许多其他名称。
- 任务类似于功能。任务也可以称为阶段、作业、构建和步骤。
- 流水线是将任务编排组合在一起。流水线也可以被称为工作流。
- CD流水线的基本组成部分是静态代码检查(静态分析)、测试、构建、交付和部署。
- 静态代码检查和测试是门禁机制(又称为持续集成任务)，而构建、交付和部署是转换机制。
- 版本控制系统提供事件和webhook等机制，使自动化流水线运行成为可能。
- 当流水线运行失败时，停止代码变更的提交！

2.21 接下来……

在第3章中，将研究为什么版本控制对于CD来说是不可或缺的部分，以及为什么研发软件的所有纯文本数据都应该存储在版本控制系统中，这种做法通常被称为配置即代码(config as code)。

第Ⅱ部分
让软件一直保持在可交付状态

前面已经介绍了持续交付的基本概念，下面将探索如何通过持续集成来使软件始终处于可交付状态。

第3章解释了版本控制在持续交付中的重要作用；没有版本控制，就做不到持续交付。

第4章着眼于持续集成中一个强大但很少被关注的元素：静态分析——特别是静态代码检查——以及如何将静态代码检查应用于遗留代码库。

第5章和第6章的内容都是关于测试的：测试是持续集成中重要的验证环节。这两章不是试图教你如何测试(关于这个主题的大量信息可以在许多其他书籍中找到)，而是关注那些随着时间的推移在测试用例中不断积累的常见问题——特别是那些随着时间积累变得混乱或运行缓慢的测试用例集合。

第7章介绍了代码变更的生命周期，并分析了所有可能会出现缺陷的环节。你将学习如何建立自动化机制，以便在这些缺陷出现时立即捕捉并解决它们。

第3章 版本控制是发布软件的唯一方式

本章内容：

- 了解为什么版本控制对CD至关重要
- 通过保持良好的版本控制状态并根据版本控制的代码变更来触发流水线，使软件保持可发布状态
- 定义配置即代码
- 通过将所有配置存储在版本控制系统中来建立自动化机制

"我们将开启持续交付(CD)之旅，使用版本控制系统这一工具作为下阶段一切工作的基础。本章将介绍为什么版本控制系统对于CD来说至关重要，以及如何使用它帮助你和你的团队获得成功。"

3.1 Sasha和Sarah的创业

刚刚大学毕业的Sasha和Sarah雄心勃勃的创业想法获得了资金资助：Watch Me Watch项目(简称Watch Me Watch)。这个项目是一个基于电视和电影观影习惯的社交网站。使用Watch Me Watch，用户可以在观看电影和电视节目时对它们进行评级，从而了解观众喜欢什么，并进行个性化的观看推荐。

Sasha和Sarah希望用户体验是无缝的，因此他们正在与流行的流媒体提供商进行系统集成。用户不必在观看时麻烦地下载电影和电视节目，因为他们观看的所有内容都会自动上传到应用程序中！在开始动手之前，Sasha和Sarah已经勾勒出了想要实现的架构。

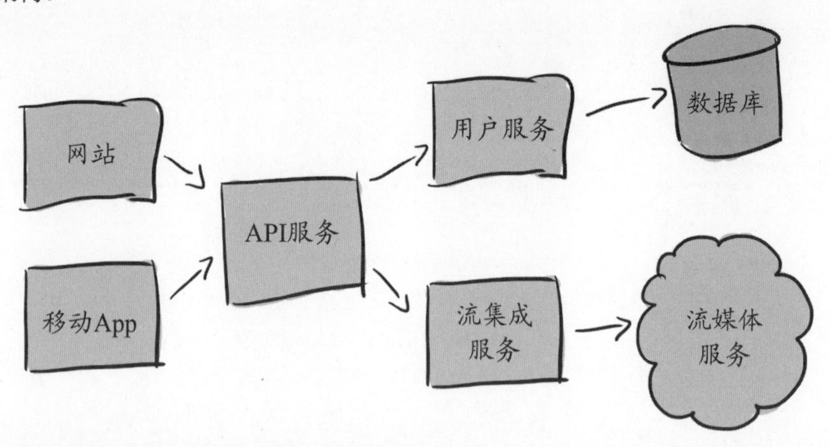

他们计划将后端逻辑拆分为以下3个服务。

- Watch Me Watch API服务，处理来自前端的所有请求。
- 用户服务，保存有关用户的数据。
- 流集成服务，可与流行的流媒体提供商的服务进行系统集成。

Sasha和Sarah计划为用户提供两个Watch Me Watch用户端服务：网站和移动应用(App)。

3.2 所有类型的数据

当他们自豪地看着新买的白板上的架构图时，他们意识到需要实现的代码都必须保存起来。他们需要同时对代码进行变更，所以需要某种协调机制。他们将创建3个服务，以大致相同的方式设计和构建，用Go编写，并以容器的形式运行。

他们还将运营一个网站，创建和发布一个移动App(手机应用)，这两者都将成为用户使用Watch Me Watch的客户端渠道。

组成3个服务、移动App和网站的数据将包括以下内容。

- 用Go编写的源代码和测试用例。
- 用Markdown编写的README文件和其他文档。
- 服务的容器镜像定义文件(Dockerfile)。
- 网站和移动App的图片。
- 测试、构建和部署的任务定义和流水线定义。

数据库(将在云中运行)将依赖以下内容。

- 受版本控制的数据库模式(schema)。
- 用于部署的任务定义和流水线定义。

为了连接Sasha和Sarah想要集成的流媒体服务，还需要API密钥和连接信息。

3.3 源码与软件

在开始实现代码之前，他们评审了架构图并思考每一部分都需要什么，Sasha和Sarah发现他们将有大量数据需要存储。

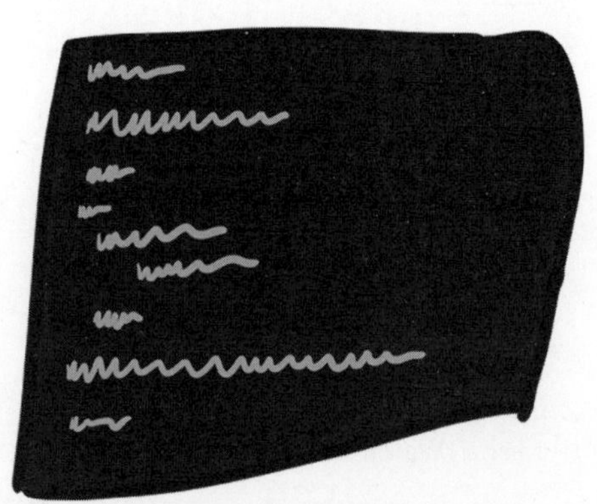

- 源代码
- 测试用例
- 容器定义文件(Dockerfile)
- Markdown文件
- 任务和流水线
- 受版本控制的数据库模式(schema)
- API密钥
- 连接信息

这太多了！(这还是一个相当简单明了的系统！)但是这些信息有什么共同点呢？它们都是数据。更进一步地分析，它们都是文本文件。

尽管它们的用法不同，但都表示为纯文本数据。构建和维护软件时，就像Sasha和Sarah将要做的那样，你需要以某种方式管理所有的纯文本数据。

这就是版本控制要发挥作用的地方。版本控制(也称为源代码控制，即source control)存储这些数据，并跟踪数据变更。它存储了软件需要的所有数据：源代码、用于运行源代码的配置、支撑数据(如文档和脚本)——设计(定义)、运行以及与软件交互所需要的所有数据。

词汇时间

纯文本(plain text)是可打印(或人类可读)字符形式的数据。在软件环境中，纯文本通常与二进制数据形成对比，二进制数据存储为非纯文本的位序列。更简单地说：纯文本是人类可读的数据，其余的是二进制数据。版本控制可以管理任何数据，但通常在管理纯文本方面做了优化，所以它不能很好地处理二进制数据。所以如果愿意，也可以使用它存储二进制数据，但有些功能(例如显示变更之间的差异)将无法起作用，或者无法达到预期效果。

3.4 代码库和版本

版本控制系统是用于跟踪纯文本数据变更的软件，其中每个变更都会由一个版本标识，版本也称为代码提交(commit)或代码修订(revision)。版本控制为软件提供了(至少)以下两个特性。

- 集中存储所有内容的位置，通常称为代码库(repository，或简称为库，即repo)。
- 记录所有代码变更的历史，每次变更(或一组变更)都会产生一个新的、唯一可识别的版本。

项目所需要的配置和源代码通常可以存储在多个代码库中。坚持用一个代码库存储所有数据是非常少见的，以至于它有自己的名字：monorepo(单一代码库)。

Sasha和Sarah决定一个服务一个代码库，并且第一个代码库用于用户服务。

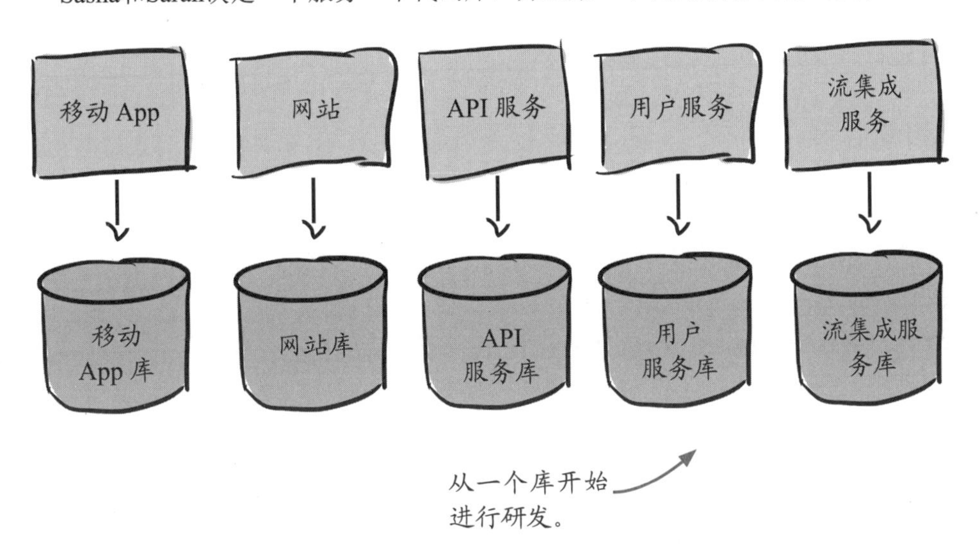

3.5 持续交付和版本控制

版本控制是CD的基础。我赞同将CD视为实践，因为如果你在做软件开发，其实你已经在做CD了(至少在某种程度上)。我对这种说法的一个补充说明是，如果不使用版本控制系统，你其实并没有真正实践CD。

要进行持续交付，必须使用版本控制系统。

为什么版本控制系统对CD如此重要？记住，CD就是要达到这样一种状态：

- 你可以随时安全地提交代码变更。
- 交付该软件就像按下按钮一样简单。

在第1章讨论了实现第一个目标所需要的条件，具体来说，CI的定义如下：

持续集成是频繁进行代码合并，并在提交代码变更时进行有效性验证的过程。

这里忽略了代码签入(check-in)的含义。事实上已经假设了版本控制系统的存在！下面在版本控制系统不存在的情况下重新定义CI。

在频繁合并代码变更时对本次的代码变更进行验证，通过后添加到已经累积和验证过的代码集合的过程。

这个定义表明，要做CI，需要：

- 一种合并代码变更的方法。
- 存储(和添加)代码变更的地方。

如何存储和合并对代码的变更呢？你猜对了：使用版本控制系统。在随后的每一章中，讨论CD流水线所包含的要素时，都假设基于版本控制系统进行代码变更。

要进行持续交付，必须使用版本控制系统。

研发和维护软件意味着创建和编辑大量数据，尤其是纯文本数据。使用版本控制系统存储和跟踪源码与配置(定义软件所需要的所有数据)的历史记录。将数据存储在一个或多个代码库中，每个代码变更都由一个版本号唯一标识。

3.6 Git和GitHub

Sasha和Sarah将使用Git进行版本控制。下一个问题是他们的代码库将被托管在哪里，以及他们如何与之交互。Sasha和Sarah使用GitHub托管即将创建的代码库。

Git是一个分布式版本控制系统。将代码库克隆(复制)到本地时，你将获得整个代码库的完整副本，该副本可以独立于远程主库使用。历史记录则是独立的。

Sarah在GitHub上创建第一个代码库，然后克隆这个代码库；这将会在她的计算机上生成代码库的一个副本，这个副本具备与主库相同的代码提交记录(到目前为止没有)，而且她可以独立地基于这个副本变更代码。Sasha进行了同样的操作，他们可以独立工作互不干扰，并用推送代码变更的功能将代码变更最终上传到GitHub的代码库中。

应该使用哪种版本控制系统?

在编码阶段，Git是一个广泛使用的系统，所以它会是一个好选择。

虽然示例中使用的是GitHub，但还有其他可供选择的工具，这些工具各有利弊。有关其他工具的信息，参见附录B。

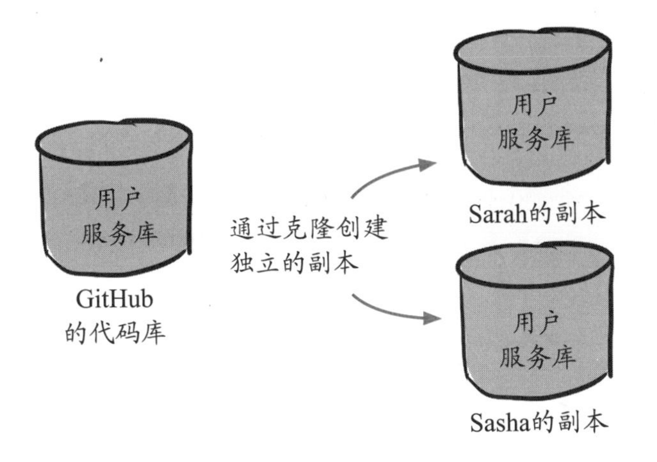

软件配置管理和源代码管理

有趣的事实！版本控制软件是软件配置管理(Software Configuration Management，SCM)的一部分。软件配置管理是跟踪构建和运行软件的配置更改的过程。在这种情况下，配置指的是包含源代码在内的代码库中的所有数据的详细信息。计算机配置管理实践至少可以追溯到20世纪70年代。这个词语已经不流行了，这导致了基础设施即代码(infrastructure as code)和后来的配置即代码(configuration as code)的诞生(稍后会有更多的介绍)，并重新将SCM定义为源代码管理(source code management)。SCM现在经常与版本控制互换使用，有时用来指GitHub这样的系统，它提供版本控制、问题跟踪和代码评审等功能。

3.7 第一次代码提交——出错啦

Sasha和Sarah都克隆了用户服务代码库，并且已经准备好要开始研发了。在一次灵感迸发中，Sarah开始着手实现初始的User类。她希望User类能够存储用户看过的所有电影，以及用户对电影的评级。

User类存储了用户的名字，并且添加了方法rate_movie。用户通过这个方法对一部电影进行评级。该方法使用电影的名称为输入参数进行评级，并使用分数作为输出参数(以浮点百分比的形式)来标识电影的评分。它将这些信息存储在User对象中，但是她的代码有一个错误：该方法调用了self.ratings，但是该对象还没有初始化。

```
class User:
  def __init__(self, name):
    self.name = name

  def rate_movie(self, movie, score):
    self.ratings[movie] = score
```

这有一个缺陷(bug)：字典self.ratings还没有初始化，所以如果在此对象中存储键值会引发异常！

Sarah的代码有一个错误，但是她也写了一个单元测试来捕捉这个错误。测试用例(test_rate_movie)对电影进行分级，然后验证分级是否已添加。

```
def test_rate_movie(self):
  u = User("sarah")
  u.rate_movie("jurassic park", 0.9)
  self.assertEqual(u.ratings["jurassic park"], 0.9)
```

不巧的是，Sarah忘记在提交新代码之前运行测试用例！她将代码提交到本地代码库中，创建一个ID为abcd0123abcd0123的代码提交(commit)。她将代码提交到了本地代码库的主分支，然后将代码变更推送到了GitHub代码库的主分支。

默认情况下，在Git中创建的第一个分支称为主分支(main)。这个默认分支被当成代码的权威版本，所有的代码变更最终都被合并到这里。其他分支策略的讨论参见第8章。

Sarah将代码推送到GitHub代码库的主分支，所以缺陷存在于GitHub代码库的主分支。

GitHub
代码库的主分支
提交ID:
abcd0123abcd0123

用户
服务库

Sarah代码库的主分支提交ID:
abcd0123abcd0123

这只是代码提交ID的一个例子，真正的Git代码提交ID以SHA-1格式定义。

词汇时间

将代码变更从一个分支推送到另一个分支通常称为**合并**(merging)。Sarah本地代码库主分支的代码变更合并到了GitHub代码库的主分支中。

3.8 主分支出错

在Sarah推送她的新代码(和她的缺陷)时，Sasha将GitHub代码库主分支拉到本地，合并了Sarah的代码。

Sasha非常兴奋地检查Sarah的代码变更：

```
class User:
  def __init__(self, name):
    self.name = name

  def rate_movie(self, movie, score):
    self.ratings[movie] = score
```

Sasha想要马上运行代码，但等她使用rate_movie方法时，遇到了如下错误：

```
AttributeError: 'User' object has no attribute 'ratings'
```

“我记得Sarah给这个方法写了一个单元测试，”Sasha正纳闷，“怎么会出错呢？”

```
  def test_rate_movie(self):
    u = User("sarah")
    u.rate_movie("jurassic park", 0.9)
    self.assertEqual(u.ratings["jurassic park"], 0.9)
```

Sasha运行单元测试，它确实失败了。

```
Traceback (most recent call last):
  File "test_user.py", line 21, in test_rate_movie
    u.rate_movie("jurassic park", 0.9)
  File "test_user.py", line 12, in rate_movie
    self.ratings[movie] = score
AttributeError: 'User' object has no attribute 'ratings'
```

Sasha意识到GitHub代码库中的代码有问题。

3.9 推送与拉取

再来看看在前几页中发生的代码推送和拉取。Sarah变更代码并在本地提交后，代码库看起来是这样的：

Sasha代码库的主分支
提交ID:
asdf4567asdf4567

GitHub代码库的主分支
提交ID:
asdf4567asdf4567

Sarah代码库的主分支
提交ID:
abcd0123abcd0123

Sasha的代码库和GitHub
主代码库状态一致。

Sasha的代码库有了一个
新的代码提交。

为了将她本地的代码变更更新到GitHub代码库中，Sarah将代码推送到远程库(也称为代码合并)。Git将查看远程库的内容和历史，将其与Sarah的本地副本进行比较，并将所有还未提交的代码变更推送到库中。推送后两个库的内容一致。

Sasha代码库的主分支
提交ID:
asdf4567asdf4567

GitHub代码库的主分支
提交ID:
abcd0123abcd0123

Sarah代码库的主分支
提交ID:
abcd0123abcd0123

Sasha代码库的代码要比
GitHub主分支的代码旧。

Sasha的库和GitHub主库的
代码状态一致。

为了让Sasha获得Sarah变更的代码，她需要从GitHub拉取主分支。Git将查看GitHub代码库的内容和历史，将其与Sasha的本地副本进行比较，并将所有缺失的代码变更拉取到Sasha本地的代码库中。

Sasha代码库的主分支
提交ID:
abcd0123abcd0123

GitHub代码库的主分支
提交ID:
abcd0123abcd0123

Sarah代码库的主分支
提交ID:
abcd0123abcd0123

现在3个代码库都有一致的代码提交。Sarah将其新代码提交到GitHub，然后Sasha拉取了这份代码变更。

拉取请求

你可能已经注意到了，Sarah将她的代码变更直接提交到了GitHub代码库的主分支。但比直接提交代码变更更安全的做法是在代码变更提交与真正合并之间增加一个中间环节，这为代码变更审查和CI在变更真正生效之前进行代码验证提供了空间。

本章将会看到版本控制系统在代码变更提交后就触发CI，但是在之后的章节中，我们将会看到在代码变更被合并到主分支之前就会运行CI。

我们通过拉取请求(Pull Request，PR)来提交、审查和验证代码变更，你将在本书的其余部分频繁看到PR(参见附录B，了解关于该术语的更多内容以及如何在不同的版本控制系统中使用它。)

如果Sarah和Sasha使用PR，那么前面的过程应该是下面这样：

GitHub的主分支代码提交ID:
asdf4567asdf4567

Sarah的代码库中有新的代码变更提交。

Sarah的主分支提交ID:
abcd0123abcd0123

Sarah会创建一个PR，而不是直接将她的代码推送到GitHub的主分支中。她创建了一个拉取请求，要求将她的代码变更合并到GitHub的主分支。

GitHub的主分支提交ID:
asdf4567asdf4567

将代码变更提交abcd0123abcd0123 拉取到 GitHub的主分支的请求

Sarah创建了一个 PR。

Sarah的主分支提交ID:
abcd0123abcd0123

这将给Sasha一个评审代码变更的机会，并在代码变更合并到GitHub主分支之前验证它。

3.10 我们在进行持续交付吗

在得知GitHub代码库的用户服务代码被破坏后，Sasha有点沮丧，并向Sarah提起这件事。

3.11 让版本控制系统保持可发布状态

Sarah和Sasha已经意识到，将问题代码直接提交到GitHub的用户服务库时，违反了CD的两大核心原则之一。记住，要做到CD，要努力达到以下状态：

- 可以随时安全地交付软件的代码变更。
- 交付该软件就像按下按钮一样简单。

在Sarah引入的缺陷修复之前，用户服务无法安全交付。这意味着服务并没有处于可安全交付的状态。

Sarah能够修复问题并提交代码，但是Sarah和Sasha如何确保这种情况不会再次发生？毕竟，虽然Sarah编写了一个测试用例来捕获问题，但这并没有阻止问题发生。

无论Sarah如何努力，她还是可能会忘记在代码提交之前运行测试用例。Sasha也可能会这样。毕竟人无完人！

Sasha和Sarah需要做的是保证测试用例被执行。当你需要确保某事发生时(并且有可能自动化这件事)，最好选择采用自动化的方式实现它。

> ***有问题的代码难道不是经常出现吗?***
>
> 你永远不可能发现所有的缺陷，所以在某种意义上，有问题的代码总是会被提交到版本控制系统中。关键是如何始终将版本控制系统保持在让你有信心发布的状态。偶尔引入缺陷是正常的，但是目标是使代码具有最小的回滚可能性，以及相对低风险的发布或部署状态。有关发布的更多信息参见第8章和第10章。

如果依靠人工去做一些需要万无一失的事情，有时就会出错——这完全可能发生，因为这就是人类工作的特点！让人类做他们擅长的事，如果需要保证同样的事情每次都万无一失地以完全相同的方式执行，就应该采用自动化的方式。

需要确保某事一定会发生时，使用自动化机制。人类不是机器，会犯错和遗忘。不要责备记性差的人，试着找到让他们不必刻意记忆的方法。

3.12 代码变更提交到版本控制系统时的触发器

看看是什么导致了用户服务库总处于不安全的状态，我们意识到Sarah出错的时间不是她引入缺陷的时候，甚至不是提交代码的时候。当她将问题代码推送到远程代码库时，问题才会出现。

仍在进行CD，缺陷出现了！ → 1. Sarah编写了有缺陷的代码。

目前还好。她忘记运行单元测试，问题发生了。 → 2. Sarah将代码提交到自己的代码库中。

现在用户服务无法安全发布，我们离CD越来越远了。 → 3. Sarah将代码提交到GitHub代码库中。

不仅是发布不安全：在此之前，没人知道它不安全。在这时发布软件是完全合理的——这就是问题所在。 → 4. Sasha尝试使用新的代码，并且发现了缺陷。

那么在第3步和第4步之间缺少的可以让Sarah和Sasha进行CD的环节是什么呢？

在第2章，介绍了一个重要的原则，当引入问题代码变更时应该怎么做：

当流水线中断时，停止提交代码变更。

但这里指的是什么流水线呢？Sarah和Sasha根本没有任何流水线或自动化机制。他们必须依靠手动运行测试用例来找出问题所在。这正是Sarah和Sasha工作中缺失的部分——不仅要有一个流水线来让原本手动的工作自动化运行并使其变得可靠，还需要在远程代码库发生变更时触发流水线。

版本控制系统发生变更时触发流水线

如果Sarah和Sasha有一条流水线，并且每当GitHub代码库发生变更时，流水线就自动运行单元测试，那么Sarah就会立刻知道她提交的代码引入了缺陷。

> ***能不能采取更加提前的措施来阻止第3步的发生呢？***
>
> 当然可以！能够预知问题何时出现是一个好的开始，但更好的是从根本上杜绝问题发生。这可以通过在代码提交到远程代码库的主分支之前运行流水线来完成。详见第7章。

3.13 触发用户服务流水线

Sasha和Sarah创建了一个流水线。目前它只有一个单元测试任务在运行。他们设置了webhook触发器，这样每当代码提交到GitHub代码库时，流水线就会自动运行，如果流水线不成功，就会向他们两人发送电子邮件通知。

现在如果引入了任何有问题的代码变更，他们都会马上发现。他们同意采用回滚策略来修复引入的问题代码。

当流水线中断时，停止推送代码变更。

流水线在何处运行？

我们不打算研究Sasha和Sarah选择的CD系统。他们可选的系统参见附录。由于他们已经在使用GitHub，GitHub Actions将是他们建立和运行流水线的一个快速简单的方式！

1. 当代码变更推送后，GitHub将触发流水线的执行。

2. 流水线只有一个任务，为用户服务运行单元测试。

3. 如果流水线中断(在本例中，如果单元测试失败，流水线会中断)，将向Sasha和Sarah发送一封电子邮件，让他们知道出现了问题。

4. 如果流水线中断，那么发布GitHub代码库中的代码是不安全的。Sasha和Sarah同意在这种情况发生时，不应该进行合并变更，而应该首先修复代码并使代码库回到可发布状态。

要点

版本控制系统的代码发生变更时触发流水线。仅仅编写测试用例是不够的，这些测试用例还需要定期运行。仅仅依靠人们手动运行容易出错。因此版本控制系统不仅仅是记录软件状态的权威系统，也是本书所讨论的CD自动化机制的抓手。

3.14 构建用户服务

Sasha和Sarah现在有了一个(小)流水线，确保在出现问题时可以立即收到通知。但流水线没有在这方面给用户服务代码起到任何作用。到目前为止，这条流水线已经帮助他们建立了CD的第一部分：

可以随时安全地交付软件的代码变更。

有一条流水线并以自动化方式触发流水线也将帮助她们完成CD的第二部分：

交付软件就像按按钮一样简单。

他们需要将构建和推送用户服务的任务添加到流水线中。他们决定将用户服务打包成容器镜像，并将其推送到镜像仓库。

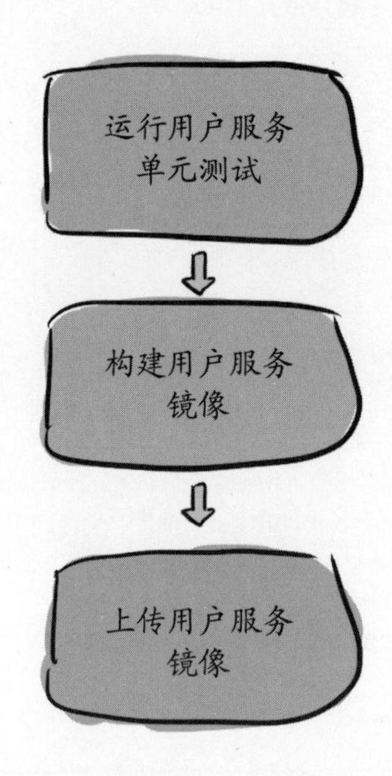

通过将以上流程添加到流水线中，交付流程的运行“像按一个按钮一样简单”(在这种情况下，甚至可能更简单，因为以上流程将因版本控制系统中的代码变更而触发)。

现在在每次提交代码变更时，都会运行单元测试。如果测试成功，用户服务将被打包成镜像并推送到镜像仓库。

3.15 云端的用户服务

Sasha和Sarah需要为用户服务回答的最后一个问题是，如何运行他们自动构建的镜像。他们决定使用流行的云提供商RandomCloud运行它。

RandomCloud提供了一个容器运行服务，所以运行用户服务将会很容易——此外，为了能够运行，用户服务还需要一个数据库来存储用户和电影的相关信息。

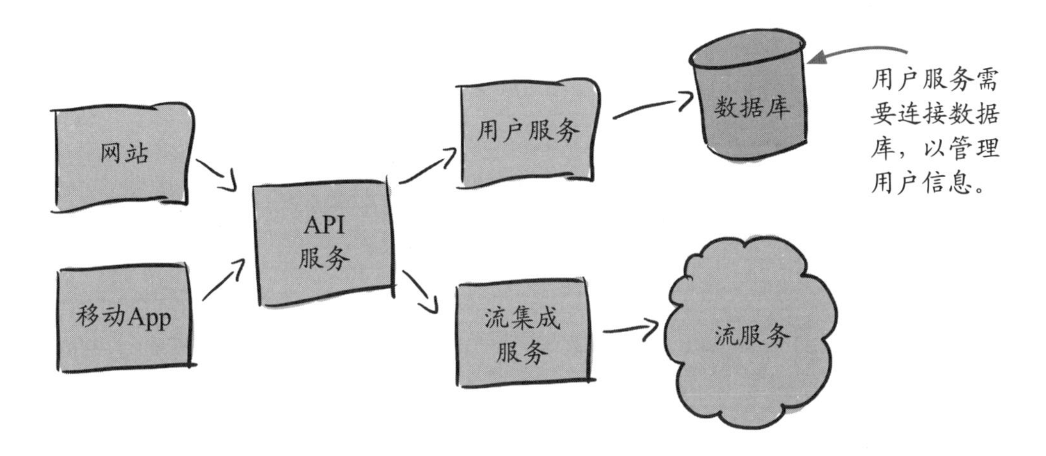

幸运的是，像大多数云产品一样，RandomCloud提供了一个数据库服务，Sasha和Sarah可以在用户服务中直接使用。

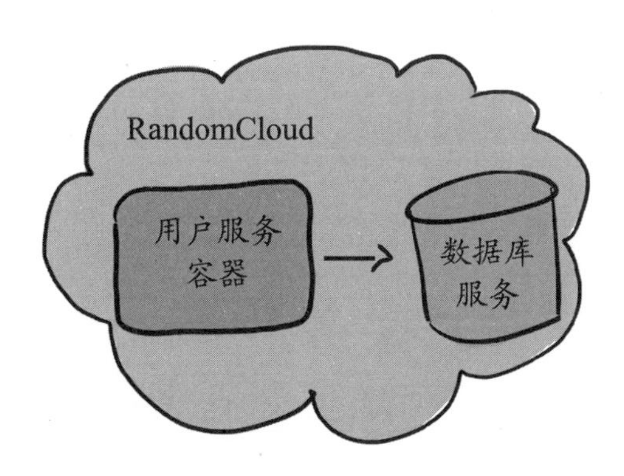

现在用户服务流水线自动构建和发布用户服务镜像，他们需要做的就是配置用户服务容器，以使用RandomCloud的数据库服务。

3.16 连接RandomCloud数据库

为了在RandomCloud中获取和运行用户服务，Sasha和Sarah需要配置用户服务容器，以连接RandomCloud的数据库服务。要实现这一点，需要做好以下两件事。

- 需要使用数据库连接信息配置用户服务。
- 运行用户服务时，需要能够提供特定的配置，以允许其访问RandomCloud的数据库服务。

对于第一件事，Sasha添加了命令行选项，用户服务使用这些选项确定要连接到哪个数据库。

```
./user_service.py \
  --db-host=10.10.10.10 \
  --db-username=some-user \
  --db-password=some-password \
  --db-name=watch-me-watch-users
```

数据库连接信息以命令行参数的形式提供。

对于第二件事，RandomCloud的数据库服务的连接信息可以通过RandomCloud运行用户服务的容器配置来提供。

```
apiVersion: randomcloud.dev/v1
kind: Container
spec:
  image: watchmewatch/userservice:latest
  args:
  - --db-host=10.10.10.10
  - --db-username=some-user
  - --db-password=some-password
  - --db-name=watch-me-watch-users
```

镜像的构建和推送活动是用户服务流水线的组成部分。镜像包含并运行user_service.py文件。

这些参数与前面代码中的参数相同，现在作为RandomCloud配置的一部分。

总是部署最新的镜像有严重问题。参见第9章，了解这些问题以及可以采取的措施。

他们应该以明文(纯文本)传递密码吗？

简而言之，答案是否定的。Sasha和Sarah即将了解到应该将配置存储在版本控制系统中，他们肯定不想在那里提交密码。稍后会具体介绍。

3.17 管理用户服务

Sasha和Sarah都准备使用流行的云提供商RandomCloud以容器的方式运行用户服务。

在最初的几个星期里，每当想要做一次发布时，他们就通过RandomCloud UI用最新版的配置更新容器，有时还会更改参数。

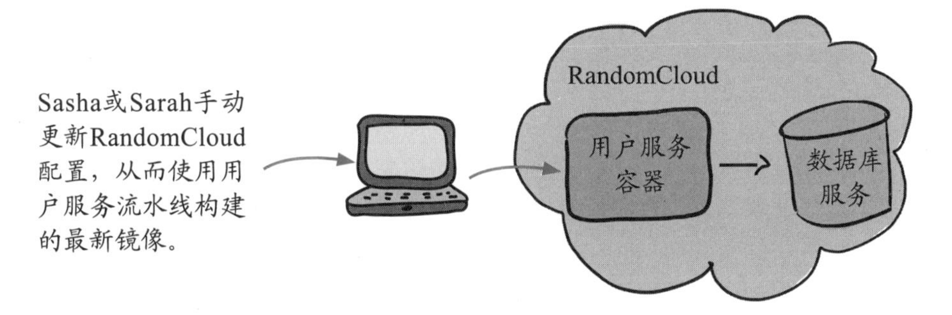

很快，Sasha和Sarah决定在部署工具上投入更多资金，因此购买了Deployaker服务的许可证，这项服务允许他们轻松管理用户服务的部署(以及后来组成Watch Me Watch的其他服务)。

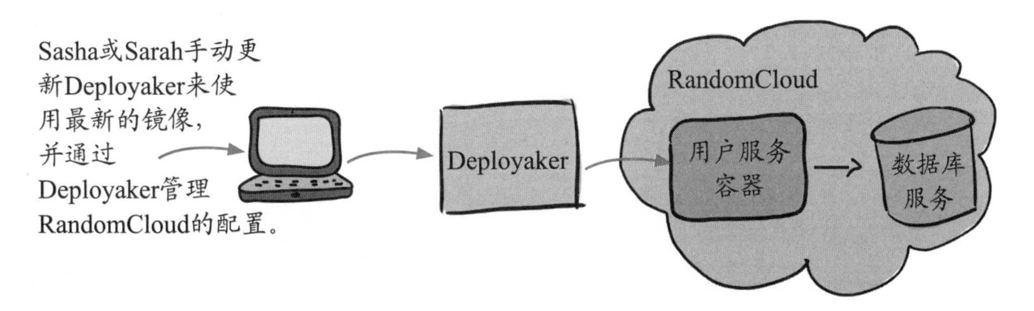

用户服务现在运行在RandomCloud上的一个容器中，该服务由Deployaker管理。Deployaker持续监视用户服务的状态，并确保它总是按照预期进行配置。

3.18 用户服务宕机

一个周四的下午，Sarah的手机收到了来自RandomCloud的告警，告诉她用户服务停止了。Sasha查看用户服务的日志，发现服务无法连接数据库。名为watch-me-watch-users的数据库已不存在！

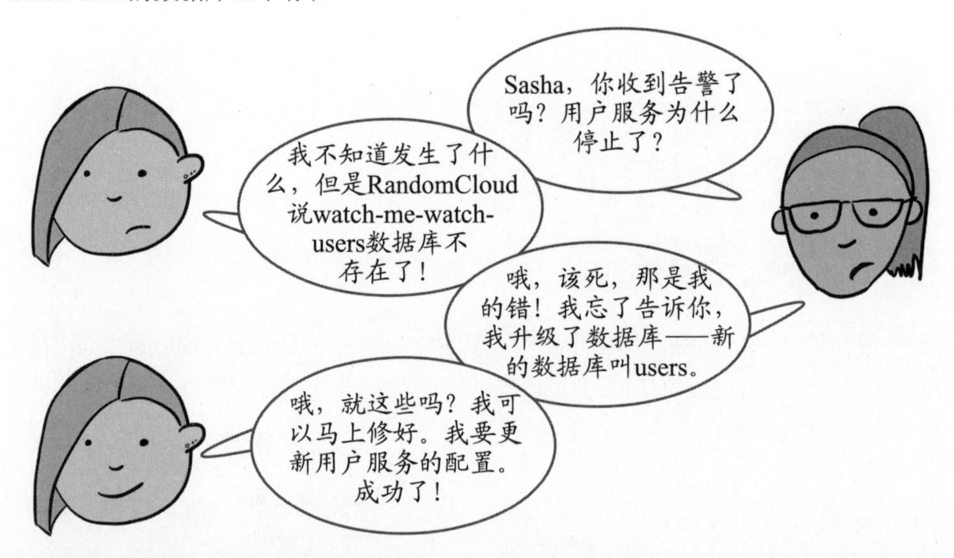

Sasha着急解决配置问题，但是她犯了一个致命的错误。她完全忘记了Deployaker现在正在托管用户服务。她没有通过Deployaker更新服务配置，而是直接在Random Cloud UI中进行操作，代码如下所示。

```
apiVersion: randomcloud.dev/v1
kind: Container
spec:
  image: watchmewatch/userservice:latest
  args:
  - --db-host=10.10.10.10
  - --db-username=some-user
  - --db-password=some-password
  - --db-name=users
```

Sasha更新了配置以使用正确的数据库，但是她直接对RandomCloud进行更改，完全忘记了Deployaker的存在。

用户服务修复了，RandomCloud停止告警。

Deployaker是什么？

Deployaker是一个基于部署工具Spinnaker而想象出来的软件。有关部署的更多信息，参见第10章。

3.19 被自动化打败

Sasha着急让用户服务尽快恢复运行，在RandomCloud中修复了配置，但她完全忘记了Deployaker正在后台运行。那天晚上Sarah睡得正香，突然被另一个来自RandomCloud的告警吵醒。用户服务又停机了！

Sarah打开Deployaker UI，查看它管理的用户服务配置。

```
apiVersion: randomcloud.dev/v1
kind: Container
spec:
  image: watchmewatch/userservice:latest
  args:
  - --db-host=10.10.10.10
  - --db-username=some-user
  - --db-password=some-password
  - --db-name=watch-me-watch-users
```

该配置仍使用Sarah已经删除的数据库。

尽管累得无法正常思考，Sarah还是意识到发生了什么。Sasha在RandomCloud中修复了配置，但没有在Deployaker中更新。Deployaker定期检查已部署的用户服务，以确保它按照预期进行了部署和配置。遗憾的是，当Deployaker那天晚上检查时，发现了Sarah的修改——这与它存储的配置并不匹配。因此Deployaker用它保存的配置信息覆盖了Sarah修改的数据库配置，这再次导致了宕机！Sarah叹了口气，并在Deployaker中进行修复。

```
apiVersion: randomcloud.dev/v1
kind: Container
spec:
  image: watchmewatch/userservice:latest
  args:
  - --db-host=10.10.10.10
  - --db-username=some-user
  - --db-password=some-password
  - --db-name=users
```

现在，正确的配置存储在Deployaker中，Deployaker将确保在RandomCloud中运行的服务使用该配置。

告警停止，她终于可以回去睡觉了。

3.20 什么是可信代码源

第二天早上，睡眼惺忪的Sarah喝着咖啡告诉Sasha昨晚发生的事情。

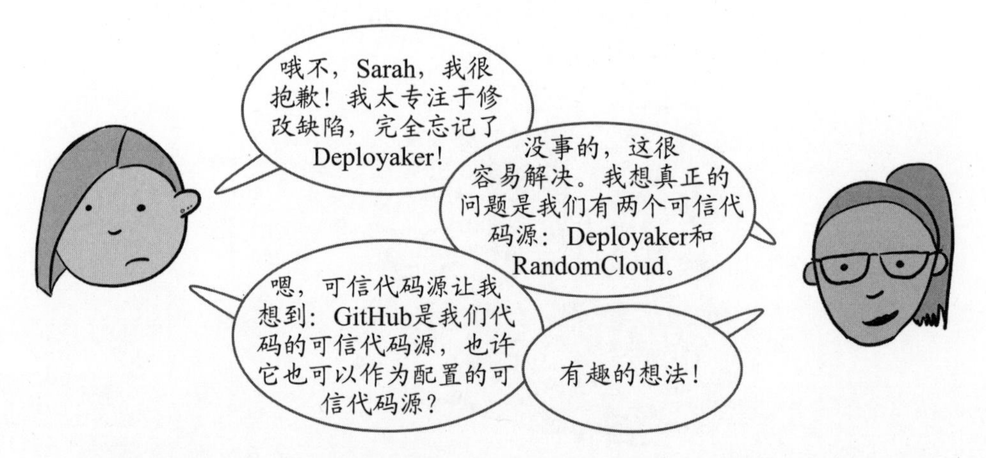

他们谈论的配置是用户服务容器的RandomCloud配置，它需要进行修改以解决前一天的宕机问题。

```
apiVersion: randomcloud.dev/v1
kind: Container
spec:
  image: watchmewatch/userservice:latest
  args:
  - --db-host=10.10.10.10
  - --db-username=some-user
  - --db-password=some-password
  - --db-name=users # OR --db-name=watch-me-watch-users
```

该配置有以下两个可信代码源：

- RandomCloud使用的配置。
- 存储在Deployaker中的配置，当服务的配置和Deployaker的配置不匹配时，Deployaker将使用已存储的配置覆盖RandomCloud的内容。

Sasha建议，也许他们可以将配置与用户服务源代码一起存储在GitHub代码库中。但是这会成为第三个可信代码源吗？

缺少的最后一部分是让Deployaker使用GitHub代码库中的配置作为它的可信代码源。

版本控制与安全

根据经验，所有纯文本数据都应该进行版本控制。但是敏感数据呢，如密钥和密码？一般你并不希望每个有权访问代码库的人都能看到这类信息(他们通常也不需要)。另外，将这些信息添加到版本控制系统中会将它无限期暴露在代码库历史中！

对于Sasha和Sarah来说，用户服务的配置包含敏感数据，即连接到数据库服务的用户名和密码。

user-service.yaml

```
apiVersion: randomcloud.dev/v1
kind: Container
spec:
  image: watchmewatch/userservice:latest
  args:
  - --db-host=10.10.10.10
  - --db-username=some-user
  - --db-password=some-password
  - --db-name=users
```

Sasha和Sarah想将这些配置文件存储到版本控制系统，但是不想提交这些敏感信息。

但是他们想将该配置文件提交给版本控制系统，怎样才能在不提交用户名和密码的情况下做到这一点呢？答案是将敏感信息存储在其他地方进行管理。大多数云提供了存储安全信息的机制，而且许多CD系统允许安全地填充这些保密信息——这将意味着版本控制系统需要信任CD系统，允许其访问。

Sasha和Sarah决定将用户名和密码存储在RandomCloud的(bucket)对象存储中，他们配置了Deployaker，以便它可以访问这个存储中的信息并在部署时填充这些值。

user-service.yaml

```
apiVersion: randomcloud.dev/v1
kind: Container
spec:
  image: watchmewatch/userservice:latest
  args:
  - --db-host=10.10.10.10
  - --db-username=randomCloud:watchMeWatch:userServiceDBUser
  - --db-password=randomCloud:watchMeWatch:userServiceDBPass
  - --db-name=users
```

这些关键字说明Deployaker需要从RandomCloud中获取真实值。

3.21 用户服务的配置即代码

现在Sasha和Sarah已经设置好了Deployaker，它可以从RandomCloud获取敏感数据(用户服务数据库的用户名和密码)，他们希望向用户服务库提交配置文件，代码如下所示。

user-service.yaml

```
apiVersion: randomcloud.dev/v1
kind: Container
spec:
  image: watchmewatch/userservice:latest
  args:
  - --db-host=10.10.10.10
  - --db-username=randomCloud:watchMeWatch:userServiceDBUser
  - --db-password=randomCloud:watchMeWatch:userServiceDBPass
  - --db-name=users
```

他们在用户服务库中创建了一个名为config的新目录，在那里存储该配置文件，并且也会存储其他需要的配置。现在用户服务库的结构如下所示。

```
docs/
config/
  user-service.yaml
service/
test/
setup.py
LICENSE
README.md
requirements.txt
```

这个新目录将保存Deployaker使用的用户服务配置以及其他将来所需要的配置。

所有的源码都在service目录中。

我可以将配置存储在单独的代码库中吗?

有时这是有意义的，特别是当你开发维护多个服务并且想要在同一个地方管理所有服务的配置时。但是将配置放在代码附近可以更容易地同时对两者进行修改。以同一个库为起点，在以后需要时把配置转移到单独的代码库中。

硬编码数据

user-service.yaml

```
apiVersion: randomcloud.dev/v1
kind: Container
spec:
  image: watchmewatch/userservice...
  args:
  - --db-host=10.10.10.10
  - --db-username=randomCloud:watchMeWatch:userServiceDBUser
  - --db-password=randomCloud:watchMeWatch:userServiceDBPass
  - --db-name=users
```

即便Deployaker需要这些值，数据库连接信息本质上还是硬编码的，该配置无法适用于其他环境。

数据库连接信息是硬编码的，因此它不能随着环境变化而自动适配——比如在测试环境或本地开发时会发生找不到配置的问题。这达不到配置即代码(config as code)所追求的目标，也就是说通过管控版本控制系统中的配置，可以在开发和测试环境中使用一致的配置。但是对于那些硬编码的值来说，你又能做什么呢？

答案是在运行时(部署软件时)提供不同的值，通常通过以下方式：

- 使用模板(templating)。例如，不直接采用硬编码--db-host= 10.10.10.10，而是用类似--db-host={{ $dbhost }}的模板变量来代替，并且在部署时使用工具进行$db-host值的填充。
- 使用层(layering)。一些配置工具允许你定义相互覆盖的层，例如，在部署用户服务时将硬编码--dbhost=10.10.10.10提交到代码库，当服务在其他地方运行时使用工具覆盖为特定的值，比如在本地运行时可以覆盖为--db-host=localhost:3306。

这两种方法都体现了版本控制系统中配置管理的缺点，它们不能完全反映正在运行的实际配置。出于这个原因，有时人们会选择向流水线添加步骤来进行显性替换(用特定环境的实际值完全填充配置)并将这种替换的配置提交回版本控制系统。

3.22 配置Deployaker

现在用户服务的配置已经提交给GitHub，Sasha和Sarah不再需要向Deployaker提供配置。他们将Deployaker连接到用户服务的GitHub代码库中，并为Deployaker提供了用户服务配置文件的访问路径：user-service.yaml。

这样，Sasha和Sarah再也不需要直接在RandomCloud或Deployaker中做任何更改。他们将变更提交给GitHub代码库，Deployaker从那里获取变更并将其提交给RandomCloud。

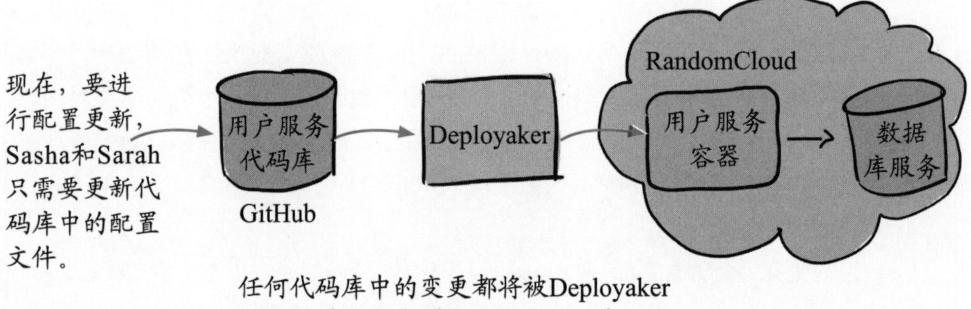

让CD工具使用版本控制系统中的配置文件合理吗？

当然！许多工具都会直接连接版本控制系统中的文件，或者至少可以通过编程的方式进行配置，这样在使用其他工具时，可以通过版本控制系统的配置文件更新它们。其实在评估CD工具时最好寻找带有这些功能的工具，避开那些只能通过UI进行手动配置的工具。

等等，那些指导Deployaker在代码库中找到服务配置的配置文件该怎么办？它们也应该由版本控制系统管理吗？

好问题。在某种程度上需要制定一个原则，并不是所有东西都应该由版本控制系统管理(如敏感数据)。也就是说，Sasha和Sarah可以写一些关于配置Deployaker的文档，并提交给版本控制系统。通过这些文档可以指导自己和新员工的工作，或者帮助他们配置Deployaker。此外，配置Deployaker以连接到几个Git代码库和在其中粘贴并维护Watch Me Watch服务之间有很大的区别。

3.23 配置即代码

配置如何融入CD？记住，CD的前半部分要达到以下状态：

你可以随时安全地交付软件的代码变更。

当许多人考虑交付软件时，只想到了源代码。但是正如在本章开始时看到的，组成软件的是各种纯文本数据——其中包括用来运行这些服务的配置。

检视一下CI，来看为何版本控制系统如此重要。CI的过程如下所示：

在频繁合并代码变更时对本次的代码变更进行验证，通过后添加到已经累积和验证过的代码集合的过程。

为了确保代码变更能被安全地交付，需要积累和验证包括配置在内的组成软件的所有纯文本数据。

这种像对待源代码一样对待软件配置的做法(将配置存储在版本控制系统中，并用CI验证)通常称为配置即代码(config as code)。配置即代码是实施CD的关键要素，这么做就像在版本控制系统中管理配置一样简单，尽可能多地对其进行测试，如静态代码检查，并且在创建测试环境时使用这种机制。

> 配置即代码不是一个新概念！第1章提到过，配置管理可以回溯到20世纪70年代。有时人们会遗忘已经掌握的知识，并用新的名词重新命名已有的概念。

> *基础设施即代码与配置即代码有何不同？*
>
> 基础设施即代码的想法首先出现，但配置即代码更加流行。基础设施即代码的基本思想是使用代码/配置(存储在版本控制系统中)定义软件运行的基础设施(如机器规格和防火墙配置)。配置即代码是关于配置软件运行的，而基础设施即代码更多的是关于定义软件运行的环境(并自动化它的创建过程)的。这两者之间的界限在今天尤其模糊，因为大部分基础设施都是基于云的。当软件部署在容器中时，是在定义基础设施还是在配置软件？但两者的核心原则相同：像对待代码一样处理运行软件所需要的一切——将它存储在版本控制系统中并进行验证。

3.24 发布软件与配置变更

Sasha和Sarah已经将用户服务配置存储在Deployaker中，开始进行配置即代码的实践。几周后当他们决定将存储在数据库中的数据分离到两个独立的数据库中时，立即看到了这么做的好处。他们想要一个用户数据库(User)和一个电影数据库(Movie)，而不是一个巨大的用户数据库(User)。为此他们需要做出两项改变。

1. 用户服务以前只接受数据库名称的一个参数：--db-name；现在它需要两个参数。

```
./user_service.py \
  --db-host=10.10.10.10 \
  --db-username=some-user \
  --db-password=some-password \
  --db-users-name=users \
  --db-movies-name=movies
```

需要更新用户服务，以识别这两个新参数。

2. 用户服务的配置需要更新，以使用两个参数代替当前使用的参数--db-name。

```
apiVersion: randomcloud.dev/v1
kind: Container
spec:
  image: watchmewatch/userservice:latest
  args:
  - --db-host=10.10.10.10
  - --db-username=some-user
  - --db-password=some-password
  - --db-users-name=users
  - --db-movies-name=movies
```

也需要更新配置，以使用新的参数。

以前直接在Deployaker中修改配置时，必须分以下两个阶段发布这些变更。

1. 在修改用户服务的源代码之后，需要构建一个新的镜像。

2. 此时新的镜像与Deployaker中的配置并不匹配。在Deployaker更新之前，他们无法进行任何部署。

但是现在他们的源代码和配置一起托管在版本控制系统中，Sasha和Sarah可以一次性进行变更，并且通过Deployaker一次性发布！

要点

使用工具，可以将配置存储在版本控制系统中。有些工具限定了只能通过它们的用户界面(如网站和CLI)进行配置管理。这对于快速搭建和运行某些东西来说很好，但是从长远来看，为了实现持续交付，最好能把配置存储在版本控制系统中。不要使用不具备此功能的工具。

要点

要像对待代码一样对待软件所包含的纯文本数据，并将其存储在版本控制系统中。在这种方法中，你会在管理敏感数据和与环境相关的值时遇到一些挑战，但是可以使用其他工具解决这些问题。通过将所有内容存储在版本控制系统中，可以确信总是处于可以安全进行软件发布的状态——这是针对所有涉及的数据，而不仅仅是源代码。

3.25 结论

尽管Watch Me Watch项目还处于初级阶段，但Sasha和Sarah已经知道了版本控制对CD的重要性。版本控制不仅仅是一种被动存储，更是CD的第一阶段：版本控制系统是合并代码变更的地方，这些变更触发了测试——所有这些都是为了确保软件保持在可发布的状态。

尽管一开始只是将源代码存储在版本控制系统，后来他们发现将配置托管在版本控制系统可以获得很多价值——并且可以像管理代码一样管理配置。

随着公司的发展，他们将继续使用版本控制系统作为软件的可信代码源。从现在开始，版本控制系统中所做的变更将成为触发自动运行单元测试及金丝雀部署等所有自动化任务的触点。

3.26 本章小结

- 必须通过版本控制系统进行持续交付。
- 版本控制系统发生变更时触发CD流水线。
- 版本控制系统是软件状态的可信源，并且是本书所有CD自动化任务的基础。
- 实践配置即代码并将所有纯文本数据(不仅仅是源代码，还包括配置)存储在版本控制系统中。不要选择不支持此功能的工具。

3.27 接下来……

在第4章中，将介绍如何在CD流水线中使用静态代码检查来避免常见的错误，并在众多开发者一起研发的情况下在不同的代码库中保持一致的质量标准。

第4章 有效使用静态代码检查

本章内容：

- 识别静态代码检查在代码中可以找到的问题类型：缺陷、错误和编码风格问题
- 以零问题为目标，但将其与遗留代码库的现实相结合
- 通过迭代地处理问题来检测现存的大型代码库
- 权衡引入新缺陷的风险和解决问题带来的好处

“开始构建流水线吧！静态代码检查是流水线CI部分的一个关键组件：它允许识别和标记已知问题以及违反编码规范的行为，减少代码中的缺陷，并使代码更易于维护。”

4.1 Becky和超级游戏控制台

Becky刚刚加入超级游戏控制台(Super Game Console)团队，非常兴奋！超级游戏控制台是一款运行简单Python游戏的视频游戏控制台，非常受欢迎。最大的特性是其庞大的Python游戏库，任何人都可以为之贡献力量。

超级游戏控制台的用户有一个提交流程，允许从业余爱好者到专业人士的任何人注册成为开发者并提交自己开发的游戏。

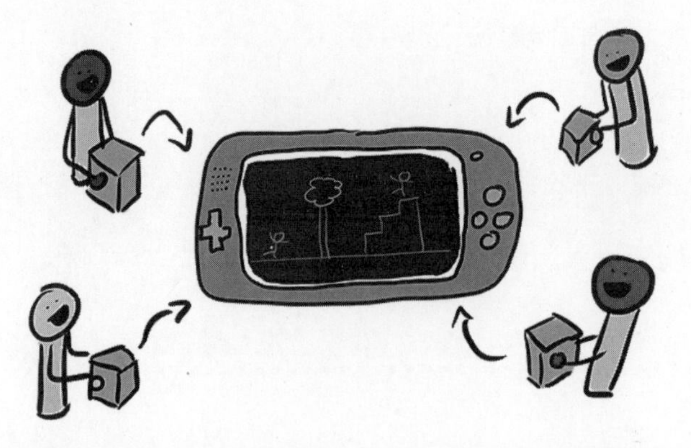

但这些游戏有很多缺陷，而且已经开始成为问题。Becky和Ramon已经加入团队一段时间了，他们一直在努力解决大量积压的游戏缺陷。Becky注意到了下面一些事情。

- 有些游戏甚至无法编译通过！许多其他缺陷都是由简单的失误引起的，比如试图使用未初始化的变量。
- 很多失误实际上并不会导致缺陷，但会妨碍她的工作(例如未使用的变量)。
- 每一款游戏的代码风格看起来都与之前的不同，不一致的风格让她很难进行调试。

4.2 采用静态代码检查解决问题

看着她和Ramon一直在修复的导致缺陷的问题类型，它们让Becky想起很多静态代码检查工具会捕获的问题。

到底什么是静态代码检查(linting)？其实，就是指用静态代码检查工具(linter)找到lint(译者注：代码中的潜在错误、代码风格和可读性问题)！那么lint是什么？你可能会想到烘干机里堆积的棉绒。

单独的纤维本身不会造成任何问题，但随着时间的推移，它们会干扰烘干机的有效运行。最终，如果它们被忽视太久，棉绒就会堆积起来，烘干机中的热空气最终会把它点燃！

对于看似微小的编程缺陷和代码风格不一致也是如此：它们会随着时间的推移而累积。就像Becky和Ramon遇到的情况一样，他们正在查看的代码不一致而且到处是简单的失误。这些问题不仅会导致缺陷，还会妨碍代码的有效维护。

4.3 关于静态代码检查的内幕

静态代码检查工具有各种不同的类型和规格。由于它们分析代码并与代码交互，因此通常专属于特定的语言(如Python的Pylint)。一些静态代码检查工具一般适用于你可能在该语言中执行的任何操作，有些则针对特定的领域和工具，例如，针对有效使用HTTP库的静态代码检查工具。

我们将重点关注对你所使用的语言普适的静态代码检查工具。不同的静态代码检查工具会对发现的问题进行不同的分类，但它们都可以被归为3种类别之一。下面看看Becky注意到的问题，以及这些问题是如何体现这3种分类的。

缺陷：代码误用可能导致你不希望出现的行为。

- 有些游戏甚至无法编译通过！许多其他缺陷都是由简单的失误引起的，例如试图使用未初始化的变量。
- 很多失误实际上并不会导致缺陷，但会妨碍Becky的工作(例如未使用的变量)。
- 每一款游戏的代码风格看起来都与之前的不同，不一致的风格让Becky很难进行调试。

错误：不影响功能的代码误用。

风格冲突：不一致的代码风格策略和代码味道。

静态分析和静态代码检查有什么区别？

使用静态分析(static analysis)可以在不执行代码的情况下分析代码。第5章将讨论测试，这是一种动态分析(dynamic analysis)，因为它们需要执行代码。静态代码检查是一种静态分析；术语“静态分析”可以包括许多分析代码的方法。在持续交付(CD)的背景下，我们将要讨论的大多数静态分析都是用静态代码检查工具完成的。

除此以外，它们之间的区别并不是那么重要。静态代码检查工具(linter)这个名字来源于1978年贝尔实验室(Bell Labs)创建的同名工具。大多数时候，特别是在CD的上下文中，术语静态分析和静态代码检查可以互用，但某些形式的静态分析超出了静态代码检查工具的能力范围。

4.4 Pylint的故事和很多问题

由于超级游戏控制台的游戏都是用Python编写的，因此Becky和Ramon觉得使用Pylint工具是一个很好的起点。以下是超级游戏控制台代码库的目录结构布局。

```
console/
docs/
games/
test/
setup.py
LICENSE
README.md
requirements.txt
```

游戏目录是他们存储所有开发者提交的游戏的地方。

游戏文件夹中有数千个游戏，Becky很期待看到Pylint能告诉他们关于所有这些游戏的哪些信息。当Becky输入如下命令并按下回车键后，她和Ramon急切地看着屏幕的输出……

```
$ pylint games
```

他们得到的是一屏又一屏充满警告和错误的“回报”！下面是他们看到的一个小样本。

```
games/bridge.py:40:0: W0311: Bad indentation. Found 2 spaces, expected 4 (bad-indentation)
games/bridge.py:41:0: W0311: Bad indentation. Found 4 spaces, expected 8 (bad-indentation)
games/bridge.py:46:0: W0311: Bad indentation. Found 2 spaces, expected 4 (bad-indentation)
games/bridge.py:1:0: C0114: Missing module docstring (missing-module-docstring)
games/bridge.py:3:0: C0116: Missing function or method docstring (missing-function-docstring)
games/bridge.py:13:15: E0601: Using variable 'board' before assignment (used-before-assignment)
games/bridge.py:8:2: W0612: Unused variable 'cards' (unused-variable)
games/bridge.py:23:0: C0103: Argument name "x" doesn't conform to snake_case naming style (invalid-name)
games/bridge.py:23:0: C0116: Missing function or method docstring (missing-function-docstring)
games/bridge.py:26:0: C0115: Missing class docstring (missing-class-docstring)
games/bridge.py:30:2: C0116: Missing function or method docstring (missing-function-docstring)
games/bridge.py:30:2: R0201: Method could be a function (no-self-use)
games/bridge.py:26:0: R0903: Too few public methods (1/2) (too-few-public-methods)
games/snakes.py:30:4: C0103: Method name "do_POST" doesn't conform to snake_case naming style (invalid-name)
games/snakes.py:30:4: C0116: Missing function or method docstring (missing-function-docstring)
games/snakes.py:39:4: C0103: Constant name "httpd" doesn't conform to UPPER_CASE naming style (invalid-name)
games/snakes.py:2:0: W0611: Unused import logging (unused-import)
games/snakes.py:3:0: W0611: Unused argv imported from sys (unused-import)
```

其他语言和静态代码检查工具呢？

Becky和Ramon使用的是Python和Pylint，无论使用什么语言或静态代码检查工具，都适用相同的原则。所有优秀的静态代码检查工具都应该提供同样的配置灵活性，就像我们将用Pylint演示的那样，并且应该能够捕获各种相同的问题。

4.5 遗留代码：使用系统化方法

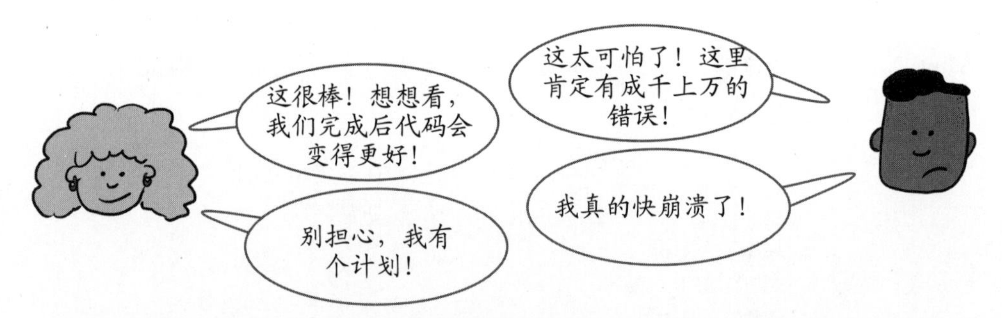

第一次针对现有的代码库运行静态代码检查工具时，它发现的问题数量可能会非常多！(接下来将讨论如果你不必处理庞大的现存代码库，该怎么做。)

幸运的是，Becky以前曾处理过将静态代码检查应用于遗留代码库的问题，她和Ramon可以使用一种系统化的方法来加快速度并有效地利用时间。

1. 在做其他事情之前，他们需要配置静态代码检查工具。Pylint开箱即用的选项对于超级游戏控制台来说可能意义不大。

2. 度量代码基线并继续度量。Becky和Ramon不一定需要解决每一个问题。如果他们所做的是确保问题的数量随着时间的推移而减少，那么就值得花时间！

3. 一旦有了度量结果，每当有开发者提交新游戏时，Becky和Ramon都可以再次度量。如果游戏引入了更多问题，他们可以停止提交。这样，这个数字就永远不会上升！

4. 在这一点上，Becky和Ramon已经确保了事情不会变得更糟。有了这些，他们就可以开始解决现有的问题了。Becky知道，并不是所有检查出来的代码问题都要平等对待，所以她和Ramon将分而治之，以便能够最有效地利用宝贵的时间。

Becky计划的关键是，她知道他们不必解决所有问题，只要防止新的问题出现，就已经改善了当前的状况。事实是，不是所有的问题都需要解决，甚至是应该解决。

4.6　第1步：根据编码规范进行配置

Ramon一直在查看Pylint输出的一些错误，并注意到它在“抱怨”应该缩进4个空格，而不是两个空格。

```
bridge.py:2:0: W0311: Bad indentation. Found 2 spaces, expected 4 (bad-indentation)
```

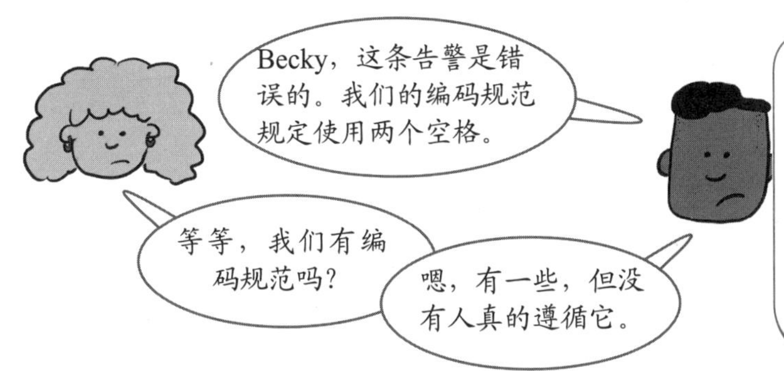

> **已经熟悉静态代码检查配置了？**
>
> 那么你可能可以跳过本部分！如果你以前从未配置过静态代码检查工具，请阅读本页。

> **要查找的功能**
>
> 在评估静态代码检查工具时，希望它们是可配置的。并不是所有的代码库和团队都是相同的，所以能够调整静态代码检查工具很重要。静态代码检查工具需要为你工作，而不是反过来！

当编码规范没有被自动化支撑时，通常会出现这种情况，所以Becky并不惊讶。但好消息是，(目前被忽视的)编码规范包含了Becky和Ramon需要的大部分信息，这些信息如下：

- 用制表符缩进还是空格缩进？如果是空格，用几个？
- 变量命名风格是用蛇形命名法(snake_case)还是驼峰命名法(camelCase)?
- 有最大行数限制吗？是多长？

这些问题的答案可以作为配置选项输入Pylint，通常输入一个名为.pylintrc的文件中。

Becky没有在现有的代码规范中找到她需要的一切，所以她和Ramon不得不自己做出一些决策。他们也邀请了超级游戏控制台的其他团队成员提供意见，但在有些条目上没能达成一致。最后，Becky和Ramon只好自己做出决定。当有疑问时，他们倾向于Python语言的习惯用法，这主要是指坚持使用Pylint的默认值。

> **自动化对于维护编码规范至关重要**
>
> 如果没有自动化，就取决于工程师个人是否记得应用编码规范，也取决于评审人员是否记得进行编码规范的评审。人就是人：我们是会遗漏事情的！但机器不会：静态代码检查工具可以让我们自动化编码规范，这样就都不需要担心它们。

4.7 第2步：建立基线

现在Becky和Ramon已经根据现有和新建立的编码规范对Pylint进行了调整，错误稍微少了一点，但仍然数以万计。

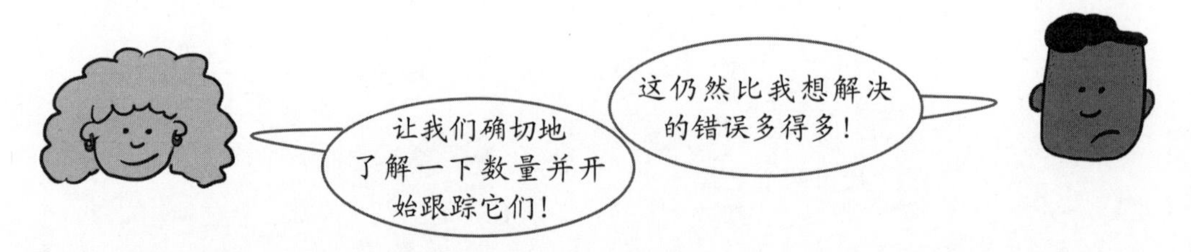

Becky知道，即便是她和Ramon让代码库保持原样，只要报告问题数量并随着时间的推移进行观察，也有助于激励团队减少错误数量。在下一步中，他们将使用这些数据阻止错误数量的增加。

Becky编写了一个运行Pylint的脚本，并统计它报告的问题数量。她创建了一个每晚运行的流水线，并将这些数据发布到对象存储中。一周后，她收集数据并创建了下图来显示问题数量。

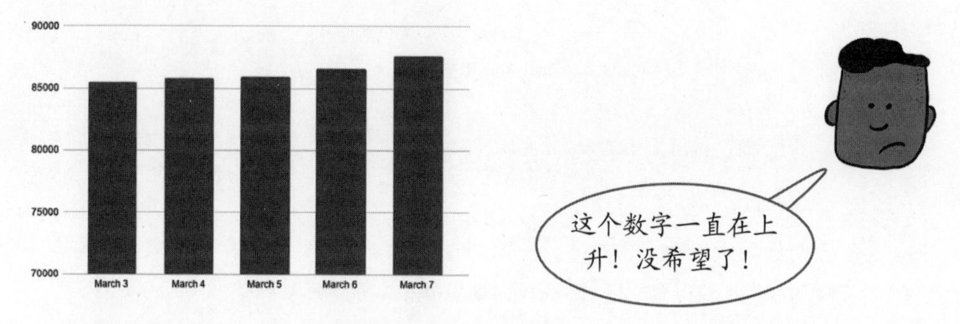

数字一直在上升，因为即使Becky和Ramon在做这方面的工作，但同时开发者也在急切地向超级游戏控制台提交更多的游戏和更新。每一个新的游戏和新的更新都有可能包含新的问题。

> ***需要自己构建工具吗？***
>
> 是的，在这种情况下，可能要自己构建。Becky必须自己编写工具来度量问题的基线数量，并随着时间的推移进行跟踪。如果你想这样做，很有可能需要自己构建这个工具。这将取决于你所使用的语言和可用的工具。你还可以注册一些服务，这些服务将随着时间的推移跟踪这些信息。大多数CD系统不提供此功能，因为它是针对某种语言和领域的。

4.8 第3步：在提交时强制执行

Ramon注意到，随着提交文件的增加，Pylint发现的问题的数量也在增加。但Becky有一个解决方案：阻止那些增加问题数量的文件提交。这意味着对每个PR执行一条新规则：

每个PR都必须减少静态代码检查问题的数量，或者保持不变。

Becky创建了下面的脚本，来添加到超级游戏控制台针对所有PR运行的流水线中。

```
# when the pipeline runs, it will pass paths to the files
# that changed in the PR as arguments
paths_to_changes = get_arguments()

# run the linting against the files that changed to see
# how many problems are found
problems = run_lint(paths_to_changes)

# becky created a pipeline that runs every night and
# writes the number of observed issues to a blob store;
# here the lint script will download that data
known_problems = get_known_problems(paths_to_changes)

# compare the number of problems seen in the changed code
# to the number of problems seen last night
if len(problems) >  len(known_problems):
  # the PR should not be merged if it increases the
  # number of linting issues
  fail("number of lint issues increased from {} to {}".
format(
    len(known_problems), len(problems)))
```

下一步，Becky将其添加到针对每个PR运行的现有流水线中。

> *什么是PR?*
>
> PR(Pull Request，拉取请求)是一种提出和评审代码库变更的方式。详见第3章。

> *你不应该只盯着问题的数量*
>
> 诚然，仅仅减少问题的数量会掩盖一些事情。例如，变更可能解决了一个问题，但引入了另一个问题。但对于这种情况，真正重要的是随着时间推移的总体趋势，而不是单个问题。

> *绿地或小型代码库*
>
> 我们将在后面进一步讨论这一点，但如果你使用的是一个小型的或全新的代码库，可以跳过度量基线，一次性清理所有内容。然后，如果静态代码检查发现任何问题，则添加一个针对失败的检查，而不是向流水线添加一个检查以确保数字不会上升。

4.9 向流水线添加强制执行

Becky希望每次开发者提交新游戏或更新现有游戏时，都能运行她的新检查。超级游戏控制台接受新游戏作为其GitHub代码库的PR。游戏公司已经允许开发者在游戏中加入测试，并在每个PR上运行这些测试。下面是Becky改变之前的流水线。

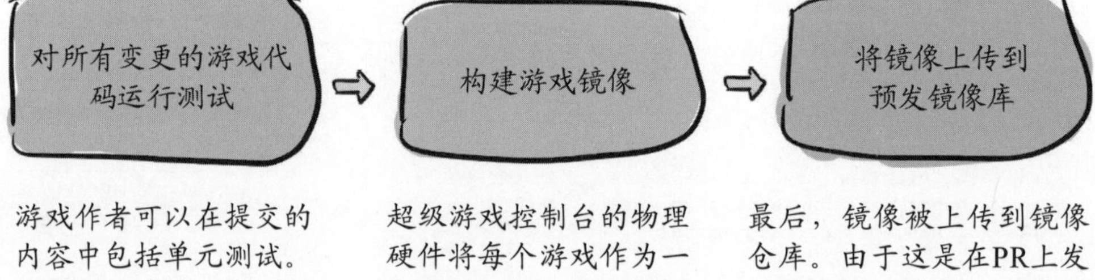

游戏作者可以在提交的内容中包括单元测试。如果PR正在添加或更新的游戏存在测试，则运行测试。

超级游戏控制台的物理硬件将每个游戏作为一个容器运行，因此当PR变更游戏时，会构建一个新的镜像。

最后，镜像被上传到镜像仓库。由于这是在PR上发生的，因此镜像仅上传到临时仓库。审查PR的人可以调出并运行镜像来尝试一下。

Becky想将她的新检查添加到超级游戏控制台针对每个PR运行的流水线中。

Becky决定在进行单元测试的同时运行静态代码检查。没有理由让其中一个阻止另外一个。通过这种方式，开发者可以看到他们代码中的所有问题，并立即修复。

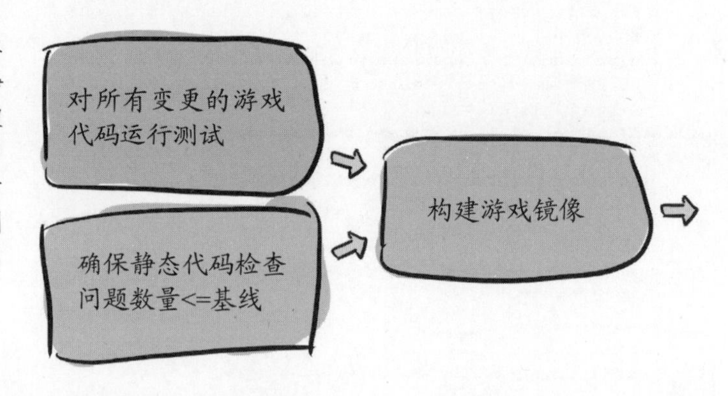

现在，每当开发者提起PR以添加或变更超级游戏控制台的游戏时，Becky的脚本就会运行。如果该PR增加了项目中的静态代码检查问题数量，流水线将停止。开发者必须先解决此问题，流水线才能继续构建镜像。

4.10 第4步：分而治之

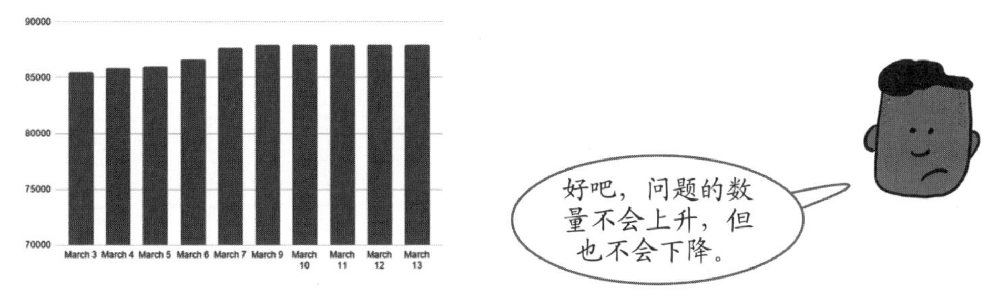

Becky和Ramon已经阻止了问题的恶化。现在压力已经消除，他们可以自由地开始处理现有的问题，并且相信不会增加更多的问题。是时候开始解决问题了！但Ramon很快就遇到了麻烦。

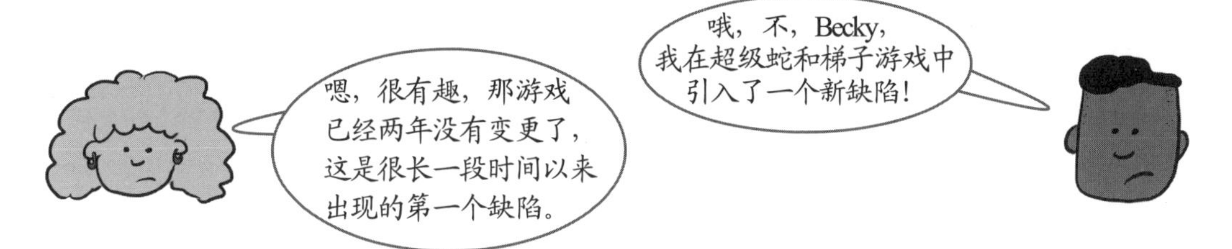

进行任何变更，包括修复静态代码检查问题的代码变更，都存在引入更多问题的风险。那么为什么要这么做呢？因为回报大于风险！只有在这种情况下(回报大于风险)才有意义。下表是解决静态代码检查问题时的回报和风险。

回报	风险
静态代码检查可以捕捉缺陷	进行变更可能会引入新的错误
静态代码检查有助于消除分散注意力的错误	解决静态代码检查问题需要时间
一致性的代码更易于维护	

我们可以从上述列表确定一些有趣的事情。第一个回报是捕捉缺陷，我们需要权衡引入新缺陷的第一个风险。

Ramon在一款没有任何打开的被报告缺陷的游戏中引入了一个新的缺陷。冒险在每个人都知道运行良好的游戏中添加一个缺陷值得吗？也许不！

只有代码被变更时其他两个回报才是相关的。如果不需要变更代码，那么它有多少令人分心的错误或不一致性都无关紧要。

Ramon正在更新一款两年来都没有变更的游戏。值得花时间冒险在一个没有更新的游戏中引入新的缺陷吗？也许不值得！他应该找到一种方法隔离这些游戏，这样就可以避免在这些游戏上浪费时间。

4.11 隔离：不是所有问题都应该修复

回报
静态代码检查能够捕捉缺陷
静态代码检查有助于消除分散注意力的错误
一致性的代码更易于维护

如果没有人报告任何缺陷，那么投资回报可能很小。总会有缺陷，问题是它们是否值得捕捉。

只有希望对代码进行变更时，这两个回报才是相关的。如果再也不会接触代码了，为什么要花费时间并冒引入新缺陷的风险呢？

Becky和Ramon查看了他们代码库里的所有游戏，确定了变化最小的游戏。这些游戏都已经放在代码库里一年多了，开发者已经停止了更新。他们还查看了这些游戏中用户报告的错误数量。他们选择一年多没有变更、没有任何打开的缺陷的游戏，并将它们移到自己的文件夹中。他们的代码库现在看起来是这样的：

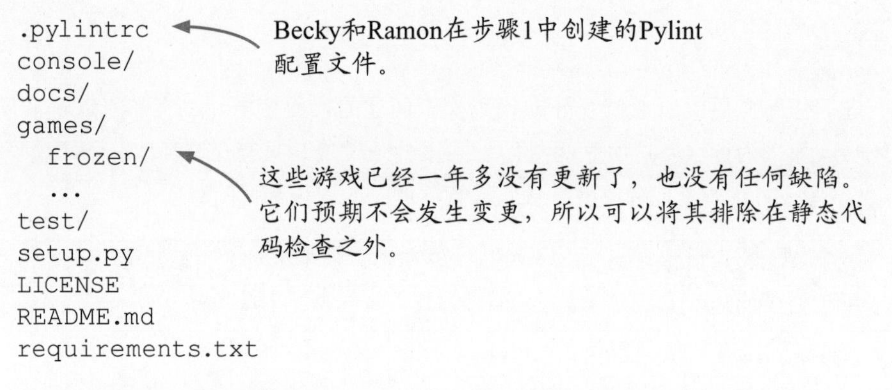

Becky和Ramon更新了他们的.pylintrc，文件以排除frozen目录中的游戏。

```
[MASTER]
ignore=games/frozen
```

4.12 强制隔离

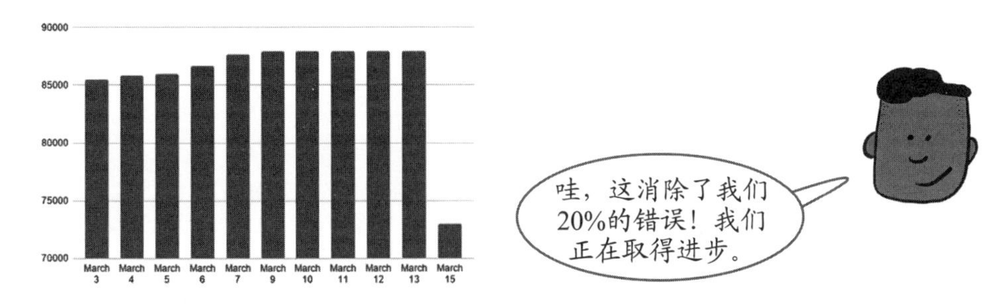

为了更加安全，Becky创建了一个新脚本，以确保没有人对冻结目录中的游戏进行变更。

```
# 当流水线运行时，它将作为参数传递在PR中所变更的文件的路径
paths_to_changes = get_arguments()

# 从.pylintrc中加载被忽略的目录，而非硬编码此脚本以查找games/frozen目录的变更，使此检查更为通用
ignored_dirs = get_ignored_dirs_from_Pylintrc()

# 检查被忽略的目录中是否有任何正在变更的路径
ignored_paths_with_changes = get_common_paths(
paths_to_changes, ignored_dirs)
if len(ignored_paths_with_changes) > 0:
# 如果包含对被忽略目录的变更，PR不应该被合并
  fail("linting checks are not run against {}, "
   "therefore changes are not allowed".format(
   ignored_paths_with_changes))
```

> ***如果需要变更一个冻结的游戏呢？***
>
> 此错误消息应包括在需要变更游戏时应执行的操作指南。答案是，提交者需要将游戏从冻结的文件夹中移出，并处理所有毫无疑问会因此而暴露的静态代码检查问题。

接下来，她将其添加到针对PR运行的流水线中：

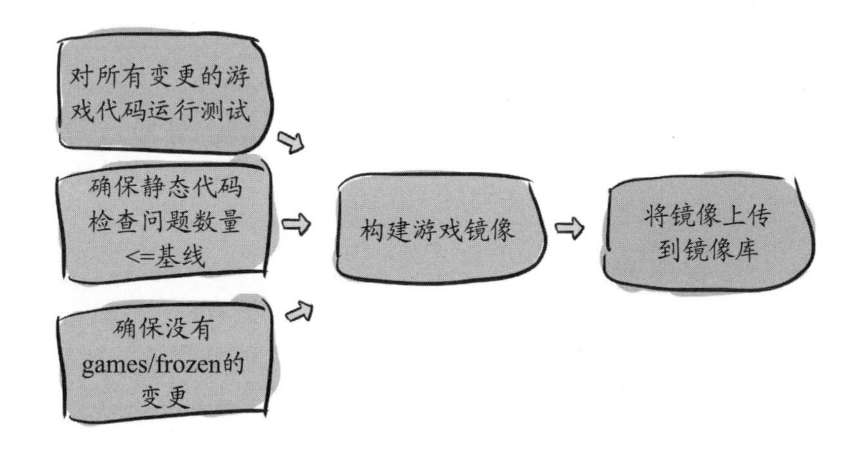

4.13 并非所有问题都同等重要

好吧，现在终于到了开始解决问题的时候了，对吧？Ramon直接跳了进去，但两天后他感到十分沮丧。

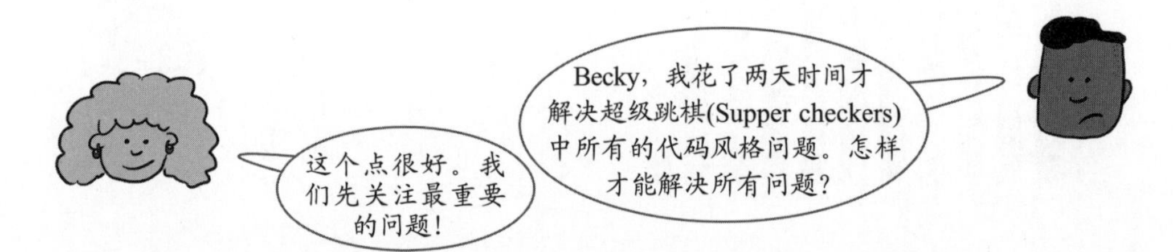

Becky和Ramon希望首先专注于解决影响面最大的问题。再看看解决静态代码检查问题的回报和风险，以获得一些指导。

回报	风险
静态代码检查可以捕捉缺陷	进行变更可能会引入新的缺陷
静态代码检查有助于消除分散注意力的错误	解决静态代码检查问题需要时间
一致性的代码更易于维护	

Ramon正面临第二个风险：需要花费大量时间来解决所有问题。因此，Becky提出了一个反建议：首先解决影响面最大的问题。这样，他们不必完全解决所有问题，可以获得所花费时间的最大价值。

那么，他们应该先解决哪些问题呢？静态代码检查回报恰好对应不同类型的代码问题。

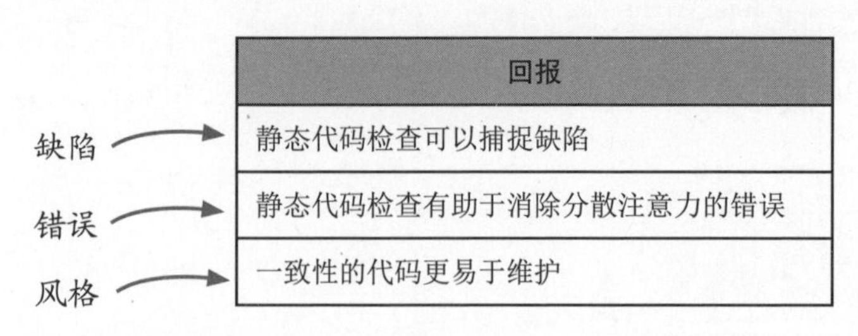

回报
静态代码检查可以捕捉缺陷
静态代码检查有助于消除分散注意力的错误
一致性的代码更易于维护

4.14 静态代码检查问题的类型

静态代码检查工具能够找到的问题类型可以分为3类：缺陷、错误和代码风格。

静态代码检查发现的缺陷是导致不良行为的常见代码滥用。例如：

- 未初始化的变量
- 格式化变量不匹配

静态代码检查发现的错误是对代码的常见滥用，它们不会影响行为，但会导致性能问题或干扰可维护性。例如：

- 未使用的变量
- 别名变量

最后，静态代码检查工具发现的代码风格问题是代码风格决策和代码味道不一致的应用。例如：

- 长函数签名
- 导入顺序不一致

虽然解决所有这些问题很好，但如果只有时间解决一组静态代码检查问题，你会选择哪一个？可能是缺陷，对吧？有道理，因为这些会影响程序的行为！以下是层次结构的样子。

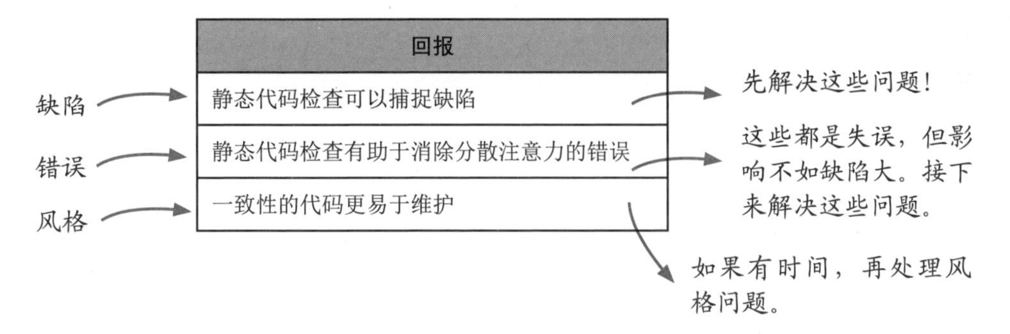

4.15 缺陷优先，风格其后

Becky向Ramon建议，他们应该系统地解决静态代码检查所报告的问题。这样，如果需要切换到另一个项目，就会知道花在解决问题上的时间是否合理。他们甚至可能决定对自己的工作进行时间限制：看看能在两周内解决多少问题，然后继续前进。

他们如何判断哪些问题是哪类呢？许多静态代码检查工具可以对发现的问题进行分类。再来看看Pylint发现的一些问题：

```
games/bridge.py:46:0: W0311: Bad indentation. Found 2 spaces, expected 4 (bad-
    indentation)
games/bridge.py:1:0: C0114: Missing module docstring (missing-module-docstring))
games/bridge.py:13:15: E0601: Using variable 'board' before assignment (used-before-
    assignment)
games/bridge.py:8:2: W0612: Unused variable 'cards' (unused-variable)
games/bridge.py:30:2: R0201: Method could be a function (no-self-use)
games/bridge.py:26:0: R0903: Too few public methods (1/2) (too-few-public-methods)
games/snakes.py:30:4: C0103: Method name "do_POST" doesn't conform to snake_case naming
    style (invalid-name)
```

每一个问题都有一个字母和一个数字进行标识。Pylint识别出4类问题：E表示错误(Error)，是我们称之为缺陷(bug)的类型；W表示警告(warning)，是我们称之为错误(error)的类型。最后两个，C表示约定(convention)，R表示重构(refactor)，就是代码风格类型。

Ramon创建了一个脚本，并跟踪在之后的一周工作内引入的不同类型的错误数量。

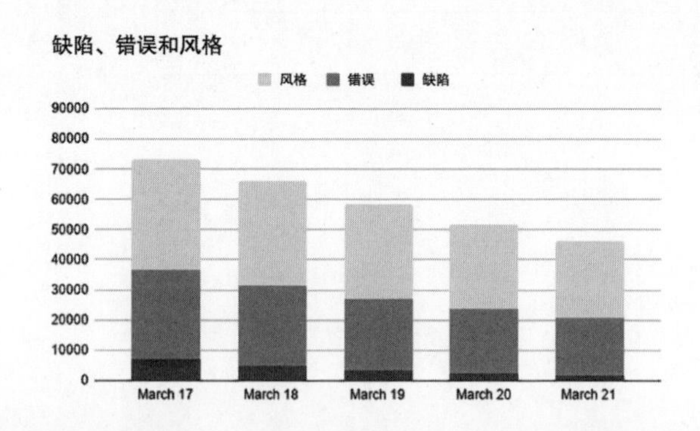

问题的总体数量仍然相当高，但缺陷的数量——最重要类型的静态代码检查问题——正在稳步减少！

4.16 克服重重障碍

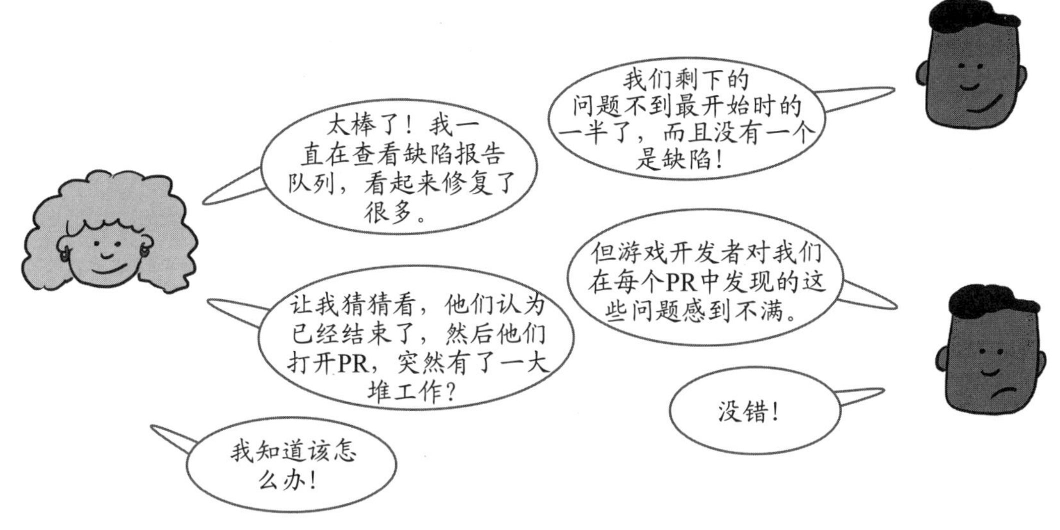

以为自己已经完成了，却遇到一系列全新的阻碍，这可能会让人沮丧。但这里的答案很简单：将静态代码检查工具融入开发过程。你如何做到这一点，如何让与你合作的开发者做到这一点变得容易？采取以下两个步骤。

1. 将静态代码检查的配置文件与代码一起提交。Becky和Ramon已经将他们正在使用的.pylintrc代码签入了超级游戏控制台的代码库。通过这种方式，开发者使用的配置与CD流水线使用的配置完全相同，并且不会有任何意外。

2. 边工作边运行静态代码检查工具。可以手动运行它，但最简单的方法是使用集成开发环境(Integrated Development Environment，IDE)。大多数IDE，甚至像Vim这样的编辑器，都可以让你集成静态代码检查工具并在工作时运行它们。这样，当有失误出现时，通过IDE的提示你会立刻发现。

Becky和Ramon向所有与他们合作的开发者发出通知，建议他们在IDE中启用静态代码检查。当PR上的静态代码检查任务失败时，他们还会添加一条消息，提醒游戏开发者可以打开它。

格式化程序工具是什么？

有些语言通过提供格式化程序(formatters)这一工具，可以在工作时自动格式化代码，从而轻松地代替静态代码检查并提供更多功能，消除许多编码风格的问题。它们可以处理一些问题，例如确保导入的顺序正确，确保间距一致。如果在带有格式化程序的语言中工作，可以省去很多麻烦！确保将格式化程序与IDE集成。在流水线中运行格式化程序并将输出与提交的代码进行比较。

遗留代码与理想代码

Becky和Ramon没有机会解决每个错误，因为在他们开始进行静态代码检查之前就已经存在很多代码了。这意味着他们必须不断跟踪基线，确保问题数量不会增加，或者必须不断调整Pylint配置，以忽略他们决定与之共存的问题。

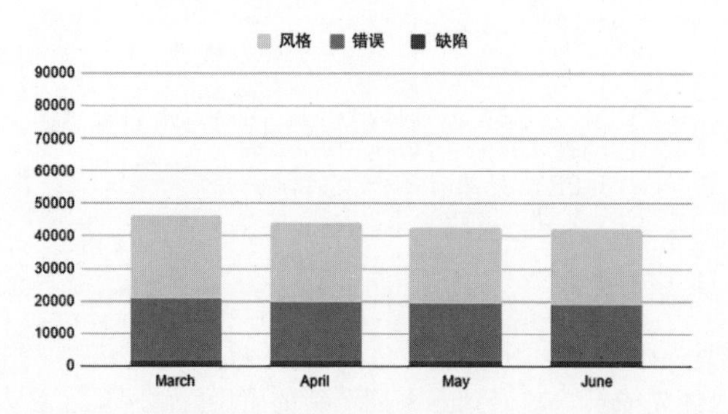

但理想状态是什么样的呢？如果Becky和Ramon能尽量花时间进行静态代码检查，最终会处于什么状态？如果足够幸运，能够开发一个全新的或相对较小的代码库，你可以直接向这个理想状态迈进。

当针对你的代码库运行时，静态代码检查工具不会产生任何问题。

这是合理的目标吗？是的！即使你永远无法到达那里，向着星星进发最后登上月球也不算太糟。

如果你正在处理一个新的或小的代码库，不必像Becky和Ramon那样做所有的事情。在第2步和第3步中，Becky和Ramon花了很多时间专注于度量和跟踪基线。与其这样做，不如花时间解决所有的问题。你仍然可以应用第4步所述的顺序，因此，如果因为某种原因被中断，仍然首先处理了最重要的问题。但我们的目标是达到零问题的状态。

然后，应用类似于Becky和Ramon在第3步中添加的检查，但不要将静态代码检查问题的数量与基线进行比较，而是要求其始终为零！

4.17 结论

超级游戏控制台积压了大量的缺陷和问题，并且所有游戏缺乏统一的编码风格，这使它们很难维护。尽管该公司现有的代码库非常庞大，但Becky能够以一种立即带来价值的方式将静态代码检查添加到其流程中。她通过迭代的方式不断处理这些积压的问题。

在重新建立项目的编码规范后，她与Ramon合作，确定他们目前存在的静态代码检查问题的数量，并对PR流水线进行检查，以确保数量不会增加。当Becky和Ramon开始解决这些问题时，意识到这些问题的重要性并不相同，所以他们专注于可能发生变化的代码，并按优先顺序解决这些问题。

4.18 本章小结

- 静态代码检查可以识别缺陷，并有助于保持代码库的一致性和可维护性。
- 理想的情况是运行静态代码检查工具不会产生任何告警。针对庞大的遗留代码库，至少可以做到不引入更多错误。
- 变更代码总是有引入更多缺陷的风险，所以有意识地考虑变更是否值得很重要。如果代码变更解决了很多已知的缺陷问题，那是值得的。否则，你可以隔离代码，让它自己待着。
- 静态代码检查通常会识别出3种问题，但它们的重要性并不相同。缺陷几乎总是值得修复的。错误可能会导致问题，并使代码更难维护，但不如缺陷重要。最后，修复代码风格问题使代码更容易阅读，但这类问题远不如缺陷和错误那么重要。

4.19 接下来……

第5章将研究如何处理带有噪声的测试套件；将深入研究是什么让测试变得有噪声的，以及真正需要从测试中得到什么信号。

第5章 处理有噪声的测试

本章内容：

- 解释为什么测试对CD至关重要
- 创建并执行一个计划，从有噪声的失败测试用例转变为有用的信息
- 了解是什么让测试变得有噪声
- 将测试失败视为缺陷
- 定义测试脆弱性并理解它们为什么有害
- 适当地对测试进行重试

“如果没有测试，几乎不可能持续交付(CD)！对很多人来说，测试至少是CD在CI这一侧的同义词。但随着时间的推移，一些测试套件的价值似乎会下降。在本章中，我们将了解如何处理有噪声的测试套件。”

5.1 持续交付和测试

测试如何适应CD？从第1章开始，CD就是要达到这样一个状态：

- 你可以随时安全地对软件进行变更。
- 交付该软件就像按下一个按钮一样简单。

你如何知道自己可以安全地交付变更？你需要确信代码会做你希望它做的事情。在软件中，我们通过测试代码来获得对代码的信心。测试结果可以证实代码做了你想让它做的事。

本书不会教你编写测试用例，有许多关于这个主题的著作可供参考。假设你不仅知道如何编写测试用例，而且大多数最新的软件项目都至少定义了一些测试(如果你的项目不是这样，那么值得投资尽快添加测试)。

词汇时间

测试套件是一组测试用例。它通常意味着“测试这一特定软件的一组测试。”

第3章谈到了持续验证每一个变更的重要性。至关重要的是，不仅是频繁地运行测试，而且要对每一次变更都进行测试。当一个项目是新的并且只有几个测试时，这一切都会很好。但随着项目的发展，测试套件也会随之增长，随着时间的推移，它们可能会变得更慢、更不可靠。本章将展示如何随着时间的推移来维护这些测试，以便你能够不断获得有用的信号，并确信自己的代码始终处于可发布状态。

QA在CD中的位置

由于所有这些都集中在测试自动化上，你可能想知道CD是否意味着摆脱质量保障(QA)的角色。

事实并非如此！重要的是让人类做他们最擅长的事情：跳出条条框框进行探索和思考。尽可能实现自动化，自动化测试总是会按照你的指示进行。如果想发现从未想过的新问题，就需要人类来扮演QA的角色！

5.2 “全民冰淇淋”停机事件

商业上极为成功的冰淇淋配送公司“全民冰淇淋(Ice Cream for All)”是一家真正在测试维护方面苦苦挣扎的公司。公司独特的商业主张是，将你直接与所在地区的冰淇淋供应商联系起来，这样你就可以订购你喜欢的冰淇淋，并在几分钟内就会将冰淇淋直接送到你的家门口！

“全民冰淇淋”将用户与成千上万的冰淇淋供应商链接在一起。要做到这一点，冰淇淋服务需要能够连接到每个供应商的唯一API。

7月4日是“全民冰淇淋”的高峰期。每年7月4日，“全民冰淇淋”收到的冰淇淋订单最多。但今年，该公司在一天中最繁忙的时候发生了严重的停机！冰淇淋服务中断了一个多小时。

冰淇淋服务团队写了一篇回顾文章，试图找出问题所在并在未来解决，并在评论中进行了有趣的讨论。

回顾，有时被称为**事后复盘**，是一个反思过程的机会，通常是在出现问题时进行，并决定未来如何改进。

回顾：7月4日冰淇淋服务中断

影响：
80%的冰淇淋服务请求错误为

500 from July 4 19:00 UTC to 20:13 UTC

根因：

PR #20034在Ice Cream API Adapter类中引入了回退(之前在问题#9877中修复)

持续时间：73分钟
解决方案：Piyush还原了#20034的变更，并为冰淇淋服务手动构建并推送了一个新镜像

受影响的服务比例：93%的冰淇淋服务请求失败

检测：检测到SLO违规时，on call工程师(Piyush)被呼叫

Nishi
我有点困惑。如果我们已经解决了这个问题，为什么还会再次发生？
我们没有测试吗？

Piyush
我们确实对它进行了测试，看起来这些测试在#20034上失败了。

Nishi
什么？我们为什么要合并#20034呢？

Pete
那个测试一直失败，所以遗憾的是，我们没有意识到这次它遇到了真正的问题

5.3 信号与噪声

“全民冰淇淋”的测试噪声很大。它的测试失败得如此频繁，以至于工程师们经常忽略这些失败。这导致了现实世界中的问题：在一年中最繁忙的一天，忽视一个带噪声的测试会让公司的业务付出惨痛的代价！

团队成员应该如何处理有噪声的测试？在他们做任何事情之前，他们需要了解问题所在。测试噪声大意味着什么？

术语“噪声”来自信噪比，信噪比将一些期望的信息(信号)与遮蔽它的干扰信息(噪声)进行对比。

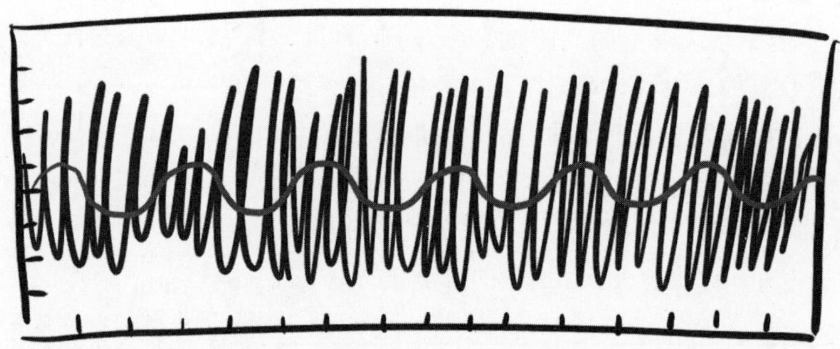

波浪线是信号，涂鸦线是掩盖它的噪声。

当我们谈论测试时，信号是什么？我们正在寻找什么信息？这是一个有意思的问题，因为你的直觉反应可能是说信号是通过了测试。或者可能恰恰相反，失败才是信号。

答案是：两者都有！信号就是信息，而噪声是任何分散我们对信息注意力的东西。

当测试通过时，会为你提供信息：你知道系统的行为正如所期望的那样(正如你的测试所定义的那样)。当测试失败时，也会给你信息。但情况要更加复杂。在下面的图表中，你可以看到失败和成功都可能是信号，也可能是噪声。

测试	成功	失败
信号	通过且应该通过(即，捕捉本应捕捉的缺陷)	失败提供了新的信息
噪声	通过，但本不应该通过(即，错误情况正在发生)	失败不会提供任何新信息

5.4 噪声的成功

这可能是一种范式的转变，尤其是如果你习惯认为通过测试可以提供良好的信号，而不通过测试则会导致噪声。这可能是真的，但正如你刚刚看到的，事实上会有点复杂。

信号就是信息，而噪声就是任何分散我们对信息注意力的东西。

- 成功是信号，除非它们掩盖了信息。
- 失败在提供新信息时是信号，在不提供信息时是噪声。

成功的测试什么时候会掩盖有用的信息？一个例子是，一个通过了但真的不应该通过的测试，也就是一个噪声的成功。例如，在Orders类中，最近添加到“全民冰淇淋”代码库中的一个方法应该返回最新的订单，并为此添加了如下的测试。

```
def test_get_most_recent(self):
  orders = Orders()
  orders.add(datetime.date(2020, 9, 4), "swirl cone")
  orders.add(datetime.date(2020, 9, 7), "cherry glazed")
  orders.add(datetime.date(2020, 9, 10), "rainbow sprinkle")

  most_recent = orders.get_most_recent()
  self.assertEqual(most_recent, "rainbow sprinkle")
```

测试目前通过了，但事实证明get_most_recent方法只是返回底层字典中的最后一个订单。

```
class Orders:
  def __init__(self):
    self.orders = collections.defaultdict(list)

  def add(self, date, order):
    self.orders[date].append(order)

  def get_most_recent(self):
    most_recent_key = list(self.orders)[-1]
    return self.orders[most_recent_key][0]
```

此方法有几个问题，包括没有处理未添加订单的情况。但更重要的是，如果订单添加不正常，怎么办？

get_most_recent方法根本没有注意订单是在何时提交的。它只是假设字典中的最后一个主键对应于最近的订单。由于测试恰好是最后添加最近的订单(从Python 3.6开始，字典顺序保证是按插入的顺序)，因此测试通过了。

但是，由于底层功能已经破坏，因此测试根本不应该通过。这就是我们称之为的噪声的成功：测试通过，这一测试掩盖了底层功能无法按照预期工作的信息。

5.5 失败是如何变成噪声的

你刚刚看到了成功的测试是如何成为噪声的。但是失败呢？失败总是噪声么？或者总是信号么？都不是！当失败提供新信息时，失败是信号；当失败不提供新信息时，失败就是噪声。记住：

信号就是信息，而噪声就是任何分散我们对信息注意力的东西。

- 成功是信号，除非它们掩盖了信息。
- 失败在提供新信息时是信号，在不提供新信息时是噪声。

当一个测试最初失败时，它给了我们新的信息：它告诉我们，测试预期的行为和实际行为之间产生了某种不匹配。这是一个信号。

如果忽略失败，同样的信号就可能变成噪声。下次发生同样的失败时，它会给我们提供我们已经知道的信息：我们已经知道测试之前失败了，所以这个新的失败不是新的信息。因为忽略测试失败，我们将失败变成了噪声。

如果很难诊断出失败的原因，这种情况就尤其常见。如果失败并不总是发生(例如，测试在作为CI自动化的一部分运行时通过，但是在本地失败)，那么它就更有可能被忽略，从而产生噪声。

轮到你了：评估信号与噪声

看看“全民冰淇淋”正在处理的以下测试情况，并将其归类为噪声或信号。

1. 在围绕“选择最喜欢的冰淇淋口味”进行新功能开发时，Pete为自己的变更创建了一个PR。其中一个UI测试失败，因为Pete的变更意外地将Order按钮从预期位置移动到了另一个位置。

2. 当Piyush在他的机器上运行集成测试时，看到了一个测试失败：TestOrderCancelledWhenPaymentRejected。他查看了测试的输出，查看了测试和正在测试的代码，但不明白为什么它失败了。当他重新运行测试用例时，它通过了。

3. 尽管Piyush的TestOrderCancelledWhenPaymentRejected失败过一次，但他无法重现这个问题，所以他合并了变更。后来，他提交了另一个变更，然后看到针对他的PR的相同测试失败了。他重新运行它，又通过了，所以他再次忽略了失败并合并变更。

4. Nishi一直在围绕显示订单历史对一些代码进行重构。在重构的时候，她注意到其中一个测试中的逻辑不正确：TestPaginationLastPage期望生成的页面包含三个元素，但应该只包含两个。分页逻辑包含一个错误。

答案

1. 信号。UI测试的失败给了Piyush新的信息：他移动了Order按钮。

2. 信号。Piyush不明白是什么原因导致了这次测试的失败，但某种原因导致了测试失败，这揭示了新的信息。

3. 噪声。Piyush从他之前的测试经验中怀疑可能有问题。看到测试再次失败，告诉他之前获得的信息是合法的，但由于允许这种失败和合并，他制造了噪声。

4. 噪声。Nishi发现的测试本应失败；顺便说一下，这是在掩盖信息。

5.6 从噪声到信号

只有当人们注意到告警时，告警系统才有用。当它们太吵时，人们会停止注意，因此可能会错过信号。

汽车报警器就是一个例子：如果你住在一个停着很多车的社区，听到报警器响了，你是不是会拿出手机冲到窗户前，准备在紧急情况下打电话？这可能取决于它发生的频率；如果你从来没有听到过这样的警报，可能会这样。但如果每隔几天就听到一次，你很可能会想，“哦，有人撞到了那辆车，我真希望警报器尽快关掉。”

如果你住在公寓楼里或在那里工作，火警响了，怎么办？你可能会认真对待它，不情愿地离开大楼。如果第二天再次发生呢？无论如何，你可能还是会离开大楼，因为警报很响，但你会开始怀疑这是否是真正的紧急情况，第三天你肯定会认为这是虚惊一场。

你容忍噪声信号的时间越长，就越容易忽视它，它的效果也就越差。

5.7 让测试通过(变绿)

你容忍测试噪声的时间越长，就越容易忽视它们——即使它们提供了真实的信息——它们的效果也就越差。让测试处于这种状态会严重低估它们的价值。人们对失败逐渐变得麻木，慢慢地对忽视它们感到很正常。

这与“全民冰淇淋”当前的状态相同：工程师已经习惯忽视测试的警告，以至于忽略了一些重大问题。这些问题被测试捕获了，而公司因此受损。

他们是如何解决这个问题的？答案是尽快进入绿色：进入一个测试持续通过的状态，这样这种状态的任何变化(失败)都是需要调查的真实信号。

词汇时间

测试成功通常显示为绿色，而**测试失败**通常显示为红色。变为绿色意味着所有测试都通过了！

Nishi是完全正确的：创建和维护测试并不是我们为了测试本身而做的事情；我们这样做是因为我们相信它们会增加价值，而这些价值大部分是通过测试给我们的信号体现的。所以她做出了一个艰难的决定：在所有测试都解决之前，停止添加功能。

测试也在其他方面提供了价值。例如，创建单元测试可以帮助提高代码的质量。此话题超出了本书的范围。可以找一本关于单元测试的书来了解更多信息。

5.8 又一次停机

团队成员按照Nishi的要求进行：他们将功能开发冻结了两周，在此期间除了修复测试什么都不做。第3周结束后，他们的流水线中的测试任务一直保持通过的状态。他们成功了！

团队对再次添加新功能充满信心，并在第三周恢复正常工作。在那个周末，团队成员又有新的发布，预计会有一个小的庆祝派对。但在凌晨3点，Nishi被一个告警从睡梦中唤醒，告诉她又发生了一次停机。

维持现状还是采取行动

Nishi做得对吗？她决定将功能开发冻结两周，专注于修复测试，最终结果是又一次的宕机。回顾这一决定，一个很容易得出的结论是，(毫无疑问是昂贵的)功能冻结不值得，而且弊大于利。

Nishi面临着一个我们许多人会经常面临的决定：维持现状(对于“全民冰淇淋”来说，这意味着测试的噪声会意外导致停机)或采取某种行动。采取行动意味着尝试并做出改变。任何时候你改变做事方式，都是在冒险：改变可能是好的，也可能是坏的。通常两者都有！而且，通常情况下，当做出改变时，可能会有一个调整期，在此期间情况肯定会更糟，尽管最终会更好。

如果你处于Nishi的位置，你会怎么做？你认为她做得对吗？如果有什么不同的话，如果是你，你会做什么？

5.9 通过测试仍然可能会有噪声

Nishi跳到团队的群聊中，调查她刚刚收到的停机通知。

星期六凌晨3:00。

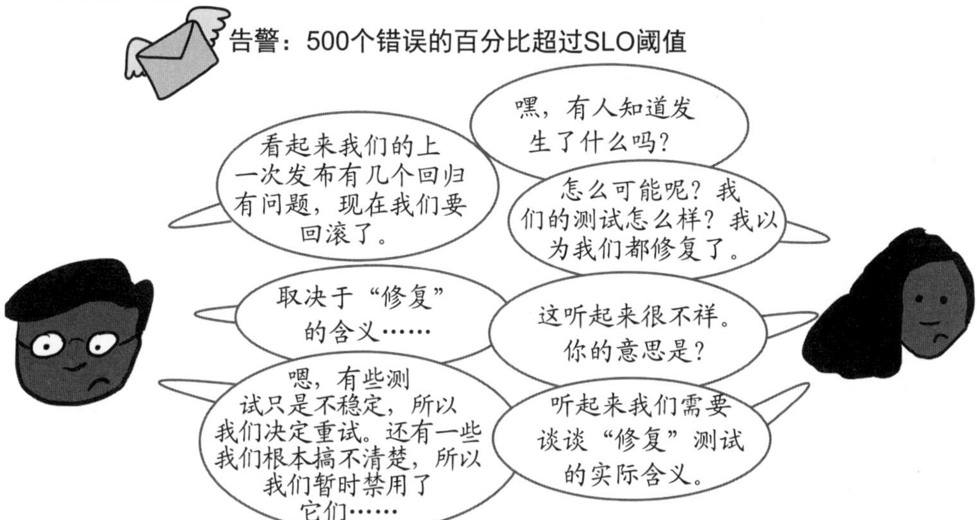

团队成员对他们的测试套件感觉良好，因为所有的测试都通过了。遗憾的是，他们实际上并没有消除噪声；他们只是改变了它。现在，成功的测试变成了噪声。

让测试套件从噪声变为信号是正确的选择，让测试套件从经常失败变为绿色是很好的第一步，因为它可以对抗脱敏(敏感度不够)。

但仅仅获得绿色是不够的：通过的测试套件仍然可能噪声很大，并且可能隐藏严重的问题。

“全民冰淇淋”团队已经解决了他们的脱敏问题，但实际上还没有解决他们的测试套件质量问题。

我将在后面更详细地解释，简短地说：**测试脆弱性**是一种有时通过有时失败的测试。

要点

Nishi做出了一个很好的决定，但仅仅获得绿色是不够的。目标是使测试达到一致的状态(通过)，而这种状态的任何变化(失败)都是需要调查的真实信号。在处理测试的噪声时，请遵循：

1. 尽快变绿。
2. 实际修复每一个失败的测试；只是让它们静音会增加更多噪声。

5.10 修复测试失败

你可能会惊讶地发现，知道自己是否已经修复了一个测试并不那么简单。当涉及测试时，它又回到了什么构成信号，什么是噪声的问题上。

人们通常认为，修复一个测试意味着从一个失败的测试用例变成一个通过的测试用例。但它意味着更多！

从技术上讲，修复测试意味着你已经从测试的噪声状态变成了信号状态。这意味着目前正在通过的一些测试可能需要修复。稍后再详细介绍。现在讨论修复当前失败的测试。

每次测试失败，则意味着发生了以下两件事中的一件(或两件)。

1. 测试编写不正确(系统的行为不符合编写测试的预期)。

2. 系统有一个缺陷(测试是正确的，是系统运行不正常)。

有趣的是，我们在编写测试时考虑到了情况2，但当测试失败时(尤其是当我们不能立即理解原因时)，我们倾向于假设情况是1(测试本身就是问题所在)。

当人们说他们的测试噪声很大时，通常会发生这种情况：他们的测试用例失败了，他们无法立即理解为什么，所以得出的结论是测试出了问题。

但情况1和情况2都有一些共同点。

当测试失败时，测试期望系统的行为方式与系统的实际行为方式不匹配。

无论修复是更新测试用例还是更新系统，都需要对这种不匹配进行调查。这是测试生命周期中最有可能引入噪声的一个点。测试的失败为你提供了具体信息，即测试和系统之间存在不匹配。如果你忽略了这些信息，每一次新的失败都无法告诉你任何新的信息。相反，它在重复你已经知道的：不匹配是存在的。这就是测试失败变成噪声的原因。

引入噪声的另一种方式是将案例2误判为案例1。改变测试通常比弄清楚系统为什么会这样做更容易。如果你在没有真正了解系统行为的情况下这样做，你就创造了一个带噪声的成功测试。每次测试通过，都会掩盖信息：测试和从未完全调查过的系统之间存在不匹配的事实。

将每一次测试失败都视为一个缺陷，并对其进行全面调查。

5.11 失败的方式：脆弱的测试

使测试中的信号和噪声更加复杂的是，我们有一种最臭名昭著的测试失败：测试脆弱性。测试可能以两种方式失败：

- 一致的——每次运行测试时，它都会失败。
- 不一致——有时测试成功，有时测试失败，而导致测试失败的条件并不清楚。

不一致的测试失败通常被称为脆弱的测试[1](Flaky Tests)。当这些测试失败时，这通常被称为脆弱的测试，因为就像你不能依靠一个脾气暴躁的朋友来执行你与他们制订的计划一样，你也不能依靠这些测试来坚持通过或失败。

一致的测试比脆弱的测试更容易处理，也更有可能被采取行动处理(希望能减少噪声)。脆弱性是测试套件最终处于噪声状态的最常见原因。也许正因为如此，也许只是因为这更容易，人们不会像对待一致的失败那样认真对待脆弱的测试。

- 脆弱性会使测试套件产生噪声。
- 脆弱性很可能被忽视，并被视为不严重。

这有点讽刺，因为我们已经看到，测试套件的噪声越多，它的价值就越低。什么样的测试可能会让测试套件变得噪声很多？脆弱的测试，我们可能会忽略它。那么，解决方案是什么？

像对待任何其他类型的测试失败一样对待脆弱的测试：就像对待缺陷一样。

就像任何其他测试失败的情况一样，测试脆弱性表示系统的行为与系统预期的行为之间的不匹配。唯一的区别是，这种不匹配是不确定的。

1 译者注：所谓 Flaky Tests，就是指在被测对象和测试条件都不变的情况下，有时候失败、有时候成功的测试，即不稳定的测试。

5.12 对失败做出反应

“全民冰淇淋”的做法出了什么问题？团队成员最初的想法是正确的。

当测试失败时，停止生产线：在修复之前不要前进。

如果你的代码库中有失败的测试，那么尽快变成绿色是很重要的；停止所有到主干的合并，直到这些失败得到修复。如果失败的测试发生在一个分支中，在失败得到修复之前，不要合并该分支。但问题是，如何修复这些失败呢？你有几个选项。

- 真正地修复它——最终，目标是了解测试失败的原因，并修复暴露的错误或更新不正确的测试。
- 删除测试用例——这种情况很少见，但你的调查可能会发现，该测试没有增加任何价值。在这种情况下，没有理由把它留在身边并加以维护。
- 禁用测试用例——这是一项极端措施，如果这样做，则只能是暂时的。禁用测试意味着你正在隐藏信号。任何禁用的测试都应尽快进行调查，并进行修复(见选项1)或删除。
- 重试测试——这是另一个极端措施，也会隐藏信号。这是处理脆弱的测试的常用方法。这背后的原因植根于这样一种观点，即我们最终希望测试通过，但这是不正确的：我们希望测试为我们提供信息。如果一个测试有时会失败，而你通过重试来掩盖这一点，那么你就是在隐藏信息并制造更多的噪声。重试有时是适当的，但很少能达到测试本身的水平。

从这些选项来看，唯一好的是选项1，在极少数情况下是选项2。选项3和选项4都是权宜之计，如果有的话，只能暂时采取，因为它们会隐藏失败，从而增加噪声。

5.13 修复测试：修改代码或测试

“全民冰淇淋”已经回退了最新版本，并再次冻结了功能开发，因为团队成员正在研究他们之前试图“修复”的测试。

回顾已经合并的一些修复程序，Nishi注意到了一种令人不安的模式：许多“修复程序”只更改了测试，很少更改正在测试的实际代码。Nishi知道这是一种反模式。例如，该测试一直很脆弱，因此进行了更新，以等待更长的时间来获得成功。

```
def test_submit_order(self):
  orders = _generate_orders(5)
  submit_orders(orders)
  events = get_events(PROCESSED)
  self.assertEqual(len(events), 5)
```

```
def test_submit_order(self):
orders = _generate_orders(5)
submit_orders(orders)
# 等待所有订单被处理
done = lambda: len(get_events(PROCESSED)) == 5
wait_for_condition(TIMEOUT_SECONDS, done)

events = get_events(PROCESSED)
self.assertEqual(len(events), 5
```

上面的测试最初是基于一个假设编写的：订单在提交后会立即被视为已确认。调用submit_orders的代码也是基于这个假设构建的。但这项测试之所以失败，是因为在submit_orders中存在竞争条件！

有的人并不是在submit_orders函数中修复这个问题，而是更新了测试，这掩盖了错误，并为测试套件带来了带有噪声的成功。

事实上，他们是在隐藏缺陷。

无论何时处理失败的测试，在进行任何变更之前，你都必须了解测试失败是否是因为正在测试的实际代码出现问题。也就是说，如果代码在测试之外使用时是这样的，那么它应该这样做吗？如果是，那么修复测试是合适的。但如果不是，修复就不应该在测试中进行，而应该在代码中进行。

这意味着要从“让我们修复测试”(使测试通过)转变为“让我们理解代码的实际行为之间的不匹配，并在适当的地方进行修复。”

将每一次测试失败都视为一个缺陷，并对其进行全面调查。

Nishi要求更新测试的工程师进行进一步调查。在找到竞争条件的来源后，他们得以修复潜在的错误，并且根本不需要更改测试。

5.14 重试的危险

重试整个测试通常不是一个好主意，因为任何导致失败的东西都会被隐藏起来。看看冰淇淋服务集成测试套件中的这个测试，它是与Mr. Freezie进行集成的测试之一。

```
# 我们不希望这个测试仅仅因为Mr.Freezie的网络连接不可靠而失败
@retry(retri es=3)
def test_process_order(self):
  order = _generate_mr_freezie_order()
  mrf = MrFreezie()
  mrf.connect()
  mrf.process_order(order)
  _assert_order_updated(order)
```

在开发冻结期间，Pete决定应该重试此测试。他的理由很充分：众所周知，与Mr. Freezie的服务器的网络连接是不可靠的，因此这个测试有时会因为无法成功建立连接而失败，并会立即重试。

但问题是Pete在重试整个测试。因此，如果测试因其他原因失败，测试仍将重试。这正是在发生的事情。事实证明，他们向Mr. Freezie传递订单的方式存在bug，导致总费用有时不正确。当这种情况在实时生产系统中发生时，用户被收取了错误的费用，导致HTTP响应500错误码以及停机。

Pete该怎么办？请记住，测试失败表示不匹配。

当测试失败时，(意味着)测试期望系统的行为方式与系统的实际行为方式不匹配。

Pete需要问自己一个问题，同样也是每次我们调查测试失败时，需要问自己的问题。

哪一个代表了我们真正想要的行为：测试还是系统？

针对Pete的策略，合理的改进是将重试逻辑更改为仅围绕网络连接进行。

```
def test_process_order_better(self):
  order = _generate_mr_freezie_order()
  mrf = MrFreezie()

  # 我们不希望这个测试仅仅因为Mr.Freezie的网络连接不可靠而失败
  def connect():
    mrf.connect()
  retry_network_errors(connect, retri es=3)

  mrf.process_order(order)
  _assert_order_updated(order)
```

5.15 重试重新访问

Pete改进了基于重试的解决方案，只重试了他认为有时会失败的测试部分。在代码评审中，Piyush比此更进了一步。

Piyush

谢谢你的修复，Pete！！这要好得多：)

只是想知道，在实际调用MrFreezie.Connect()的代码中，我们是否也会进行同样的重试？我认为，如果连接如此不可靠，用户也会遇到同样的问题。

Pete

哦，这是一个很好的观点——你是对的，如果任何集成的Connect()调用失败，我们会立即放弃。我会更新冰淇淋服务代码，这样我们对网络错误的容忍度会更高一些。

实际上有两个缺陷被重试掩盖了：除了在订单传递给Mr.Freezie的过程中出现了错误之外，还存在一个更大的缺陷，即所有冰淇淋服务的代码都无法容忍网络失败(你不希望你的冰淇淋订单仅仅因为暂时的网络问题而失败，对吗？)。

“全民冰淇淋”很幸运，工程师很快就发现了重试带来的问题。如果没有发生停机，工程师可能永远不会注意到，他们可能会使用这种重试策略来处理更多的脆弱的测试。你可以想象这是如何随着时间的推移而积累起来的：想象一下，在应用这种策略几年后，他们会隐藏多少缺陷。

采用重试让脆弱的测试通过会引入噪声：通过了本不应该通过的测试。

软件项目的本质是，你将不断添加越来越多的复杂性，这意味着随着项目的进展，你所走的小捷径将在系统范围上被放大。稍微放慢速度，重新思考像重试这样的权宜之计，从长远来看是会有回报的！

轮到你了：修复脆弱的测试

Piyush正试图应对冰淇淋服务中的另一个棘手问题。这个测试失败了，但每周发生不到1次，尽管测试每天至少会运行100次，而且很难在本地复现。

```
def test_add_to_cart(self):
    cart = _generate_cart()
    items = _genterate_items(5)
    for item in items:
      cart.add_item(item)
    self.assertEqual(len(cart.get_items()), 5)
```

此断言有时会失败。

购物车由数据库支持。每次将物品添加到购物车时，底层数据库都会更新；从购物车中读取物品时，也会从数据库中读取物品。

1. 假设当测试失败时，购物车中的物品数是4而不是5。你认为可能出了什么问题？

2. 那么假如问题是物品的数量是6而不是5呢；又可能出了什么问题？

3. 如果Piyush通过重试测试来处理这个问题，他可能会冒着隐藏什么缺陷的风险？

4. 假设Piyush在试图解决一个关键的生产问题时注意到了这个问题。他能做些什么来确保他不会增加更多的噪声，同时又不会阻碍关键问题的修复？

答案

1. 如果读取的物品数小于写入的物品数，则某个地方可能正在发生竞争。需要引入某种同步，以确保读取实际反映写入。

2. 如果这个数字更大，则物品写入数据库的方式可能存在根本缺陷。

3. 上述任何一种情况都表明购物车逻辑存在缺陷，可能导致客户订单丢失和客户收费不正确。

4. 在这种情况下，添加一个临时重试来清除这项工作的阻塞可能是合理的，只要test_add_to_cart的问题随后被视为一个缺陷并迅速删除重试逻辑。

5.16 为什么要重试

考虑到我们刚刚看到的情况，你可能会惊讶有人重试失败的测试用例。如果它如此糟糕，为什么有这么多人这样做，为什么有那么多测试框架支持它？原因如下。

- 人们通常有充分的理由使用某种重试逻辑；例如，Pete想要在网络连接失败时重试网络连接是正确的。但是，与其采取额外的步骤来确保重试逻辑处于适当的位置，不如重试整个测试用例更容易。
- 如果你已经适当地设置了流水线，那么失败的测试用例会阻碍开发并降低人员的速度。人们通常想做最快、最简单的事情来解锁开发，这是合理的。在这种情况下，使用重试作为临时修复是合适的，前提是这只是暂时的。
- 修复一些东西感觉很好，用一项巧妙的技术修复一些东西会感觉更好；重试可以让你立即获得满意。
- 最重要的是，人们通常认为目标是通过测试，但这是一种误解。我们不仅仅是为了让测试通过而让测试通过。我们维护测试是因为我们想从中获得信息(信号)。当我们在没有正确处理失败的情况下掩盖失败时，我们会引入噪声从而降低了测试套件的价值。

> ***暂时就是永远***
>
> 无论何时进行临时修复，都要小心。这些修复降低了解决潜在问题的紧迫性，不知不觉，两年过去了，你的临时修复现在是永久性的。

所以，如果你发现自己很想重试一个测试用例，试着放慢速度，看看你是否能理解到底是什么导致了问题。如果是如下情况，重试是合适的：

- 仅适用于你无法控制的不确定性元素(例如，与其他运行系统的集成)
- 与要重试的操作完全隔离(例如，在Pete的情况下，仅重试Connect()调用，而不是重试整个测试)

5.17 变绿并保持绿色

似乎无论“全民冰淇淋”做什么，都会出问题。尽管如此，工程师还是采取了正确的方法；他们刚刚遇到了一些宝贵的教训，他们需要在这一过程中学习——希望我们能从他们的失误中吸取教训！

不管你的项目是什么，你的目标都应该是让你的测试套件变绿并保持绿色。如果你目前有很多测试失败(无论是持续失败还是偶尔失败)，那么采取一些激烈的措施以恢复有意义的信号是有意义的。

- 冻结开发以修复测试套件是值得的。如果你无法接受这一点(毕竟这很昂贵)，并不意味着没有了希望，只是变绿通过会更加困难一些。
- 禁用和重试有问题的测试，虽然从长远来看不是你想采取的方法，但只要你在之后优先考虑对它们进行适当的调查，就可以帮助你获得绿色(回到人们会觉察到的信号)！

请记住，总是存在一个平衡：无论你多么努力，测试做得多么好，缺陷都会一直存在。问题是，这些缺陷的代价是什么？

如果你正在研究关键的医疗保健技术，那么这些缺陷的成本是巨大的，值得花时间仔细消除你能消除的每一个缺陷。但如果你在一个让人们购买冰淇淋的网站上工作，你肯定可以(从测试之外的其他地方)获得更多。(并不是说冰淇淋不重要，它很美味！)

变绿，并保持绿色。把每一次失败都当作一个缺陷，但也不要把失败看得太重。

> ***好吧，来吧：很多测试都是脆弱的，它们并不都会导致停机，对吧？***
>
> 可怜的“全民冰淇淋”出现多次停机，可能是这些被忽视的测试所导致，这可能是极端情况，但并非不可能。通常而言，导致的问题会稍轻微一些，但关键是你永远不会知道。更大的问题是，这样对待测试会随着时间的推移而破坏它们的价值。想象一下，有时意味着火灾，有时不意味着火灾(甚至更糟的是，有时在发生火灾时无法熄灭！)的火警，与总是意味着火灾的火警之间的区别，哪个更有价值？

构建工程师与开发人员

取决于你在团队中的角色，你可能会内心恐慌地阅读本章，心想：“但我无法改变测试套件！”在团队中划分角色，让某些人最终负责测试套件的状态，这是很常见的，而他们不是开发功能或编写测试用例的那个人。这种情况可能发生在担任构建工程师、工程效能或类似角色的人身上：这些角色与团队的功能开发人员相邻，并为其提供支持。

如果你发现自己就是这类角色，可能会倾向于采用那些不需要开发人员投入或工作的解决方案。这也是我们最终看到人们试图依赖自动化(例如重试)而不是试图直接解决测试中的问题的另一个重要原因。

但是，如果说到目前为止软件开发的演化教会了我们什么的话，那就是在角色之间过于严格地划分责任线是一种反模式。看看整个DevOps运动：试图打破开发人员和运维团队之间的障碍。同样，如果我们在构建工程和功能开发之间划出一条界线，我们会发现自己走上了一条类似的沮丧和徒劳的道路。

当我们谈论CD，特别是测试时，事实是，如果没有功能开发人员自己的努力，我们是无法有效地做到这一点的。随着时间的推移，尝试这样做会导致测试套件的质量和效果下降。

那么，如果你是一名构建工程师，会做什么呢？你有3种选择：

- 应用诸如重试的自动化功能，并接受这将导致测试套件随着时间的推移而降级的现实。
- 学会戴上功能开发人员的帽子，进行这些必要的修复(针对测试和正在测试的代码)。
- 从功能开发人员那里获得支持，并与他们密切合作，以解决任何测试失败的问题(例如，提交缺陷问题单来跟踪失败的测试，并信任他们以适当的紧迫性处理缺陷)。

5.18 结论

测试是CD跳动的心脏。如果没有测试，你就不知道你试图持续集成的代码变更是否安全。但可悲的事实是，随着时间的推移，我们维护测试套件的方式往往会导致它们的价值下降。特别是，这通常源于对测试噪声意味着什么的误解，但这是你可以主动解决的问题！

5.19 本章小结

- 测试套件对CD至关重要。
- 测试失败和通过都可能导致噪声；有噪声的测试是指任何模糊了测试套件要提供的信息的测试。
- 恢复带噪声的测试套件价值的最佳方法是尽快变为绿色(测试套件运行通过)。
- 将测试失败视为缺陷，并理解测试的适当修复通常在代码而不是测试本身。无论哪种方式，失败都代表系统行为与测试预期行为之间的不匹配，失败值得彻底调查。
- 重试整个测试很少是一个好主意，应该谨慎行事。

5.20 接下来……

在第6章中，我们将继续研究随着时间的推移测试套件所面临的各种问题，特别是它们变得越来越慢的趋势，这通常会降低功能开发的效率。

第6章 让那些缓慢的测试套件变得更快

本章内容：

- 通过先运行更快的测试用例来让测试套件变得更快
- 使用测试金字塔来确定从单元测试到集成测试到系统测试的最佳比率
- 使用测试覆盖率度量值来获得并保持适当的比率
- 通过使用并行和分片执行的方式从缓慢的测试用例中获得更快的信号
- 学习如何以及何时使用并行和分片式的方法来执行测试用例

“在第5章，我们学习了如何处理不能提供良好信号的测试套件，但那些运行速度很慢的测试用例，又该如何处理呢？无论信号有多好，如果它需要很长时间才能得到，那么都会减慢你的整个开发过程！让我们看看能对那些运行特别慢的测试套件做些什么。”

6.1 狗狗图片网站

还记得第2章的猫咪图片网站吗？它最大的竞争对手，狗狗图片网站 ，一直在为自己的开发速度而挣扎。产品经理Jada为此感到不安，因为即使是用户要求的简单功能，也需要几个月时间才能投入生产。

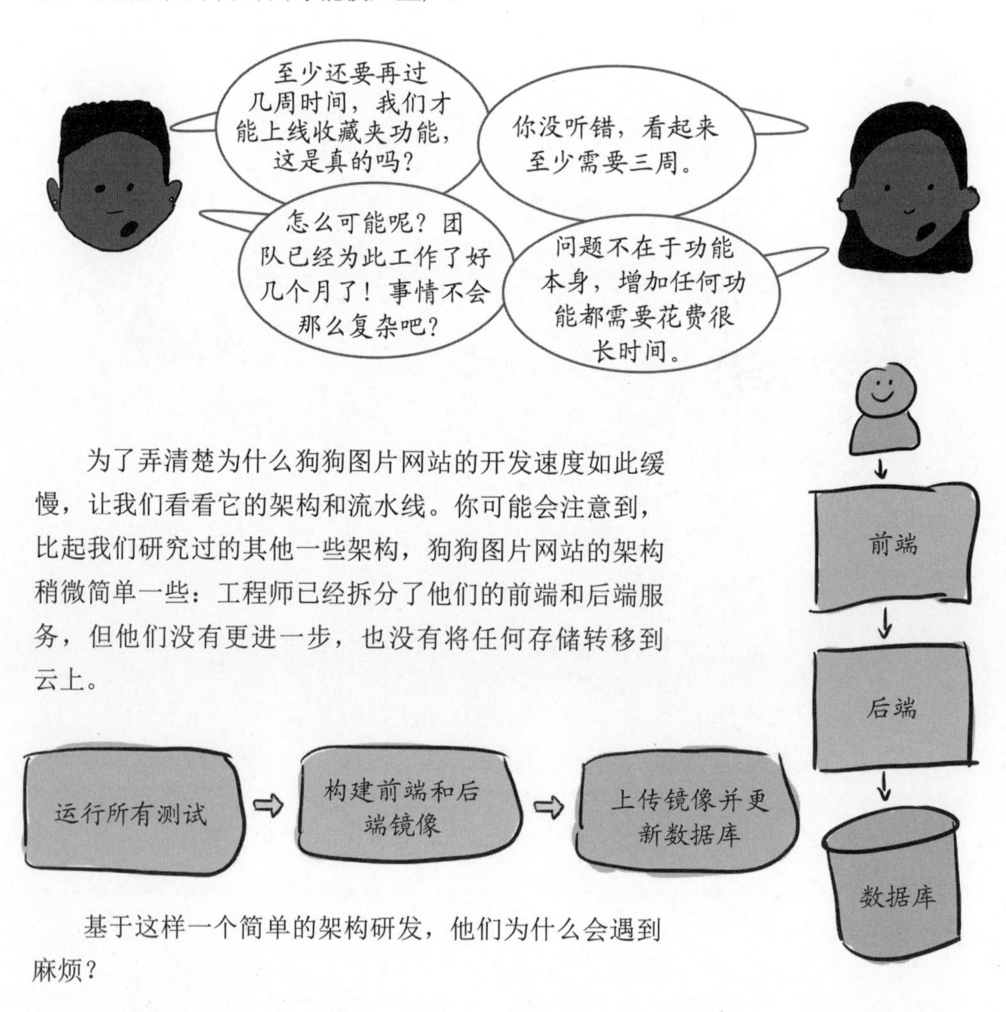

为了弄清楚为什么狗狗图片网站的开发速度如此缓慢，让我们看看它的架构和流水线。你可能会注意到，比起我们研究过的其他一些架构，狗狗图片网站的架构稍微简单一些：工程师已经拆分了他们的前端和后端服务，但他们没有更进一步，也没有将任何存储转移到云上。

基于这样一个简单的架构研发，他们为什么会遇到麻烦？

迁移到云端才是解决方案吗？

你可能会注意到，狗狗图片网站和猫咪图片网站之间的一大区别是，猫咪图片网站使用了云存储。这是解决方案吗？不是，这不是解决问题的方式！这么做不但不会解决问题，还会使测试过程复杂化，因为工程师能直接控制的组件会更少。(其他方面优点确实比缺点多，但这是另一本书的内容！)

6.2 当流水线过于简单时

狗狗图片网站正在使用的流水线似乎简单合理。乍一看，它可能和你迄今为止看到的流水线一样。但这里有一个重要的区别。

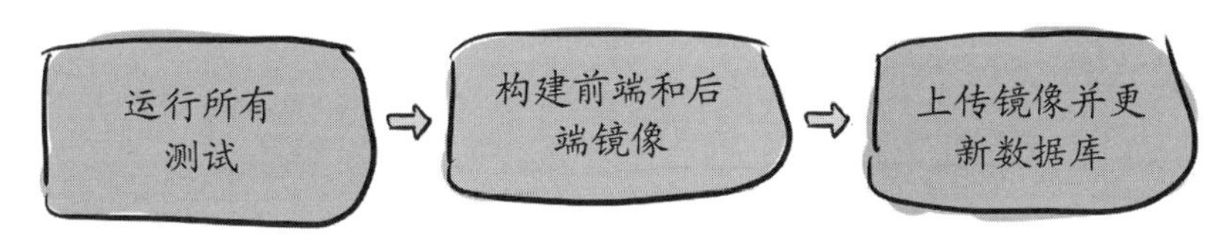

这是狗狗图片网站使用的唯一流水线。它的工程师使用它来测试、构建和上传他们的前端和后端服务镜像。没有其他流水线。让我们回到第2章，看一下狗狗图片网站最大的竞争对手猫咪图片网站使用的架构和流水线设计。

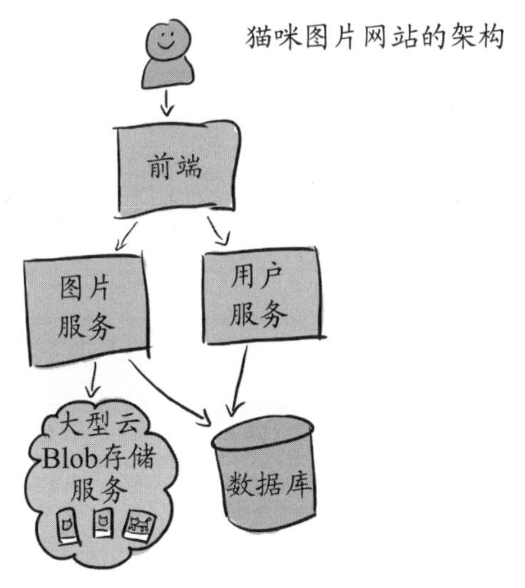

猫咪图片网站为每项服务使用单独的流水线。

狗狗图片网站决定为整个系统提供单一的流水线，这是一个很好的起点，但该公司从未试着基于已有的功能迭代。特别是进行一次测试就不得不运行所有的测试用例。就其流水线设计的先进性而言，狗狗图片网站远远落后于其最强的竞争对手！

6.3 新工程师试图提交代码

让我们看看尝试向狗狗图片网站提交代码，流水线设计，特别是测试方面，是如何影响速度的。Sridhar是狗狗图片网站的新员工，他一直在开发Jada要求的新的收藏夹功能。事实上，他已经编写了他认为符合该功能需求的代码，并编写了一些测试用例。接下来会发生什么？

星期二

下午2:00：Sridhar推送他的代码变更。

下午3:14：另一位开发者推送代码变更。

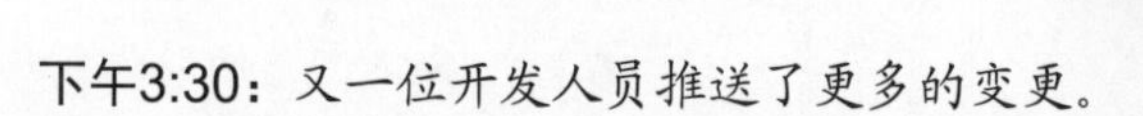

下午3:30：又一位开发人员推送了更多的变更。

晚上11:00：CD系统开始流水线的夜间运行。

星期三

凌晨1:42：测试失败。

CD系统给Sridhar和其他两名推送变更的开发人员发了电子邮件，告诉他们流水线中断了。

下午4:02：在花了一整天的时间试图调试问题后，Sridhar和其他两名开发人员回滚了他们的变更以修复流水线。Sridhar将尝试调试故障，并希望明天再次推送。

狗狗图片网站的问题与我们在第5章中看到的不同：它的测试套件总是绿色的，但测试用例只在每天晚上运行一次，早上他们必须找出谁破坏了什么。正如我们在第2章中看到的那样，这真的让开发节奏慢了下来！

6.4 测试和持续交付

这是提出有趣问题的好机会：通过这个过程，狗狗图片网站是否在实践持续交付(CD)？在某种程度上，答案总是肯定的，因为该公司有一些实践要素，包括部署自动化和持续测试，但让我们再次回顾你在第1章中学到的内容。你在做CD的时候：

- 你可以随时安全地对软件进行变更。
- 交付该软件就像按下按钮一样简单。

考虑到第一个要素， 狗狗图片网站能在任何时候安全地进行变更吗？Sridhar在夜间自动化系统发现测试失败前的几小时就合并了他的变更。如果狗狗图片网站想在当天下午进行部署，会发生什么呢？那会是安全的吗？

不，绝对不是！因为他们的测试只在晚上进行：

- 工程师总是要等到至少一次变更后的第二天才能部署它。
- 他们唯一知道自己处于可发布状态的时刻是在测试刚刚通过后，并在添加任何其他变更之前(比如测试在晚上通过，有人在早上8点推送了变更：这会立即使他们回到不知道是否可以发布的状态)。

所以结论是，狗狗图片网站还没有达到CD的第一个标准。

词汇时间

持续测试是指将测试用例作为CD流水线的一部分来运行。与其说这是一种独立的实践，不如说这是对测试用例需要持续运行的理念认可。仅仅有测试用例是不够的：你可能有测试用例，但从来没有运行过。或者你可能自动化了测试用例，但偶尔只运行一次。

6.5 诊断：速度太慢

幸运的是，Sridhar是一位经验丰富的工程师，以前也见过这种问题！

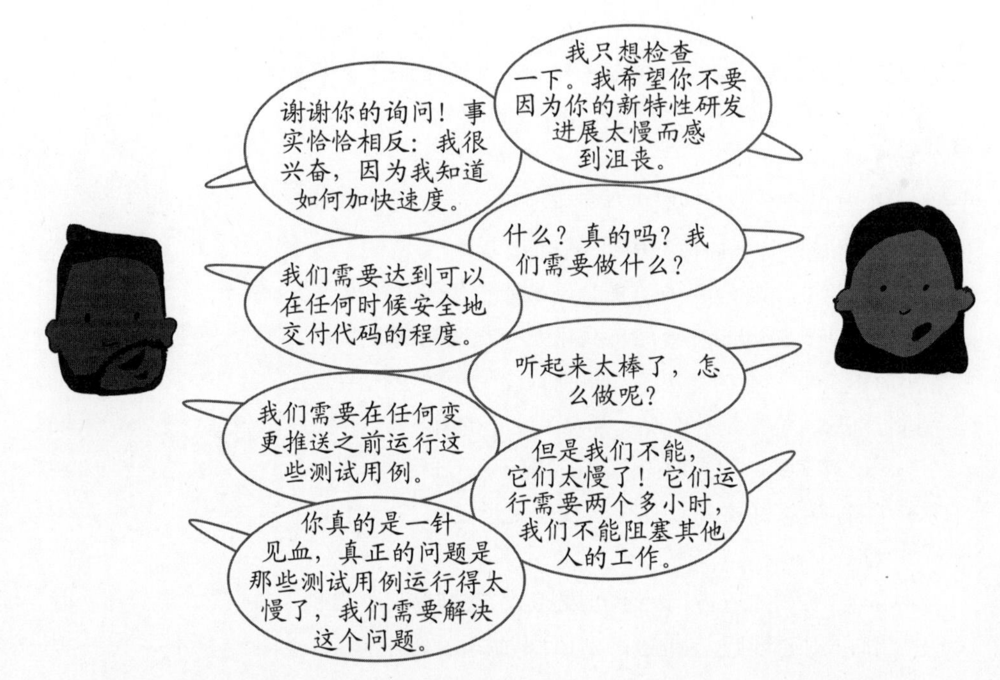

他的经理持怀疑态度，但Sridhar很有信心，他们的产品经理Jada对采取措施提升测试用例运行的速度感到非常高兴。Sridhar查看了过去几周测试套件的平均运行时间：2小时35分钟。他设定了以下目标：

- 在推送变更前，应该对每个变更进行测试。
- 整个测试套件应该平均在30分钟或更短的时间内完成运行。
- 集成测试和单元测试应该在不到5分钟的时间内完成运行。
- 单元测试应该在不到1分钟的时间内完成运行。

你选择的测试套件目标数量将取决于你的项目而定，但在大多数情况下，应该与Sridhar选择的数量级相同。

> ***如果疼，带着疼痛前进！***
>
> Jez Humble和David Farley于2011年在Addison-Wesley出版的书《持续交付》中提到的这句话令人受益匪浅。
>
> “如果疼痛，就更频繁地尝试解决问题，带着疼痛前进。”
>
> 当某件事很困难或需要很长时间时，我们的本能可能是尽可能长时间地拖延，但最好的方法是对症下药！如果你把自己与问题隔离开来，你就没有动力去解决它了。所以处理坏流程的最好方法就是不断尝试！

6.6 测试金字塔

你可能已注意到，Sridhar设定的目标因所涉及的测试类型而异：

- 整个测试套件应该平均在30分钟或更短的时间内完成运行。
- 集成测试和单元测试应该在不到5分钟的时间内完成运行。
- 单元测试应该在不到1分钟的时间内完成运行。

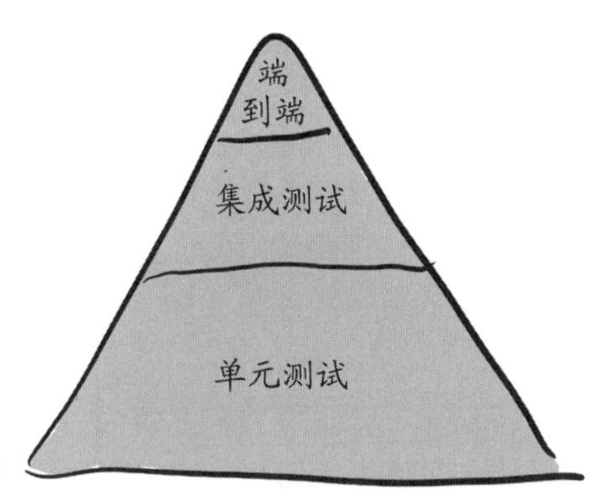

这里说的这些测试是什么？Sridhar指的是测试金字塔，这是常见的可视化大多数软件项目所需测试类型的方式，以及每种测试之间的恰当比例。

这个想法是，套件中的绝大多数测试将是单元测试，集成测试的数量要少得多，最后是少量的端到端测试。

> 一般来说，我不会详细说明这些测试类型之间的具体差异。请找一本关于测试的书进行更加深入的学习！

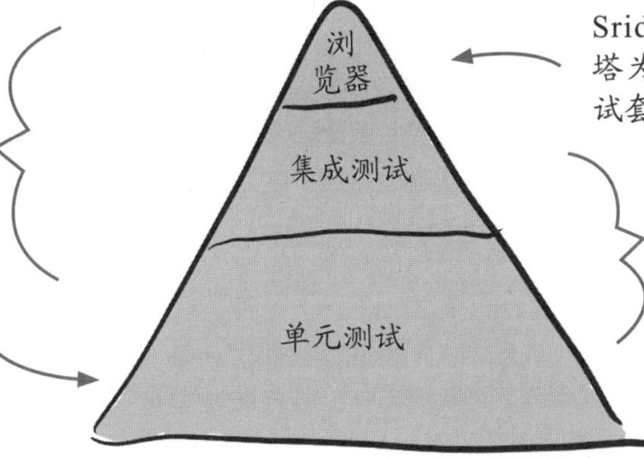

> *服务测试与UI测试与端到端测试与集成测试与……*
>
> 如果你以前见过测试金字塔，你可能还见过其他类似的术语。但不管怎么来命名这个特性，金字塔底部的测试耦合性最小，顶部的测试耦合性最大这个特性的本质才是最重要的。(耦合是指正在测试的组件之间的相互依赖性不断增加，通常会导致复杂的测试用例运行时间变长。)

6.7 先运行执行快的测试用例

Sridhar采取基于金字塔的测试方法的一个重要原因是，他知道快速获得反馈的一个直接方法是开始根据测试类型对测试进行分组和执行。Paul M.Duvall在《持续集成》(Addison Wesley，2007)中提出了以下建议：

先运行最快的测试用例。

目前，狗狗图片网站可以同时运行所有测试，但当Sridhar在代码库中挑选出单元测试并独立运行时，他发现它们已经在不到一分钟的时间内运行完了。他已经完成了他的第一个目标！

如果他能让所有狗狗图片网站的开发人员轻松地只运行单元测试，那么这些开发人员就可以快速得到代码变更的反馈。他们可以在本地运行这些测试用例，并且可以在代码合并之前针对变更运行测试。他所需要做的就是找到一种方法，使独立运行这些测试用例变得容易。他有以下几个选择。

- 围绕测试类型位置进行约定是最简单的方法。例如，你可以始终将单元测试用例存储在它们的目标测试代码旁边，并将集成和系统测试用例保存在不同的文件夹中。要只运行单元测试，请在包含代码的文件夹中(或在名为单元测试的文件夹中)运行测试；要运行集成测试，请在集成测试文件夹中运行，以诸如此类的方式组织测试。
- 许多语言允许你以某种方式指定测试的类型，例如，通过在Go中使用构建标志(可以通过将集成测试用例的构建标识为“集成”来运行，以独立运行集成测试)，或者如果你在Python中使用pytest包，则通过使用装饰器来标记不同类型的测试用例。

幸运的是，狗狗图片网站已经差不多遵循了基于测试位置的约定：浏览器测试位于一个名为tests/browser的文件夹中，单元测试位于代码旁边。集成测试用例混入到了单元测试用例中，因此Sridhar将它们移到了一个名为tests/integration的文件夹中，然后以如下的顺序更新它们的流水线。

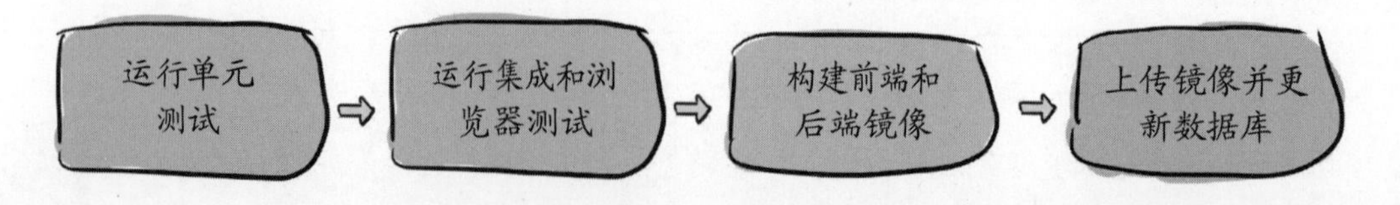

6.8 两条流水线

到目前为止，过去因为流水线运行需要很长时间，工程师不得不等到夜间流水线运行完后才能获得反馈的情况一去不复返了。Sridhar新设计的“运行单元测试用例”任务可以在不到一分钟的时间内运行完，因此在每次代码变更时都可以安全地运行这个任务，甚至在合并变更之前也可以运行它。Sridhar更新了狗狗图片网站的自动化机制，以便在代码提交后和合并前运行以下只包含一个任务的流水线。

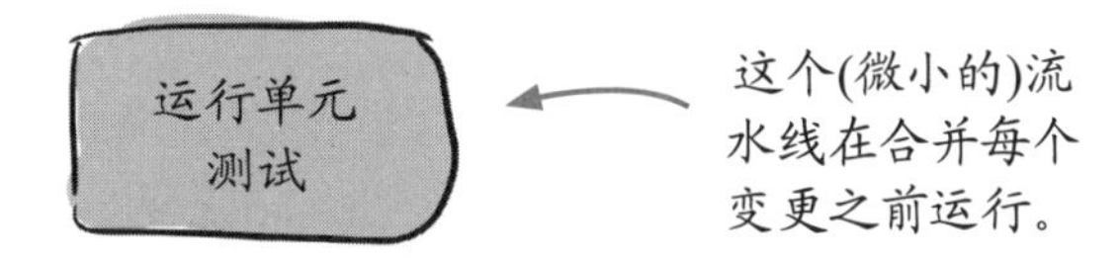

狗狗图片网站现在有两条流水线，前一条流水线在每次代码变更时运行，另一条流水线更长、更慢，在每晚运行。

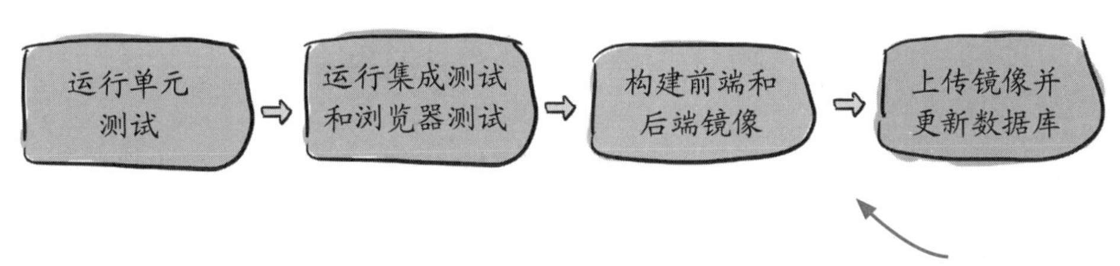

有两条流水线是不好的做法吗？我们的目标是向左移，尽早获得尽可能多的信息(第7章将对此详细介绍)，因此这种做法还不够理想。但通过创建独立的、更快的流水线已能够针对每一个代码变更进行测试，Sridhar已经解决了之前的问题：以前，工程师在合并之前根本没有办法得到任何关于代码变更的反馈。现在他们至少会得到一些有用的信息。根据你项目的需要，你可能有一条流水线，也可能有多条流水线。有关这方面的更多信息，请参阅第13章。

当处理一组运行缓慢的测试用例时，通过让最快的测试用例独立运行，并在其他测试之前先运行这些测试用例，来快速获得反馈。尽管整个测试套件仍将像之前一样慢，但这已经可以提前让你获得一些信号了。

6.9 获得正确的平衡

Sridhar已经改善了情况，但他的改变对集成测试和浏览器测试几乎没有影响。它们和以往一样慢，开发人员在推送代码变更后仍然要等到第二天早上才能看到结果。

对于Sridhar的下一个改进目标，他再次回顾测试金字塔。当他上一次看的时候，他在想每组测试套件的相对速度。但现在他要研究测试运行结果的相对分布。

金字塔还为你提供了指导方针，让你知道针对每种测试类型(确切地说，数量)进行多少次测试。为什么？因为当你顺着金字塔往上爬的时候，测试套件运行会更慢。(而且也很难维护，但这是另一本书的故事！)

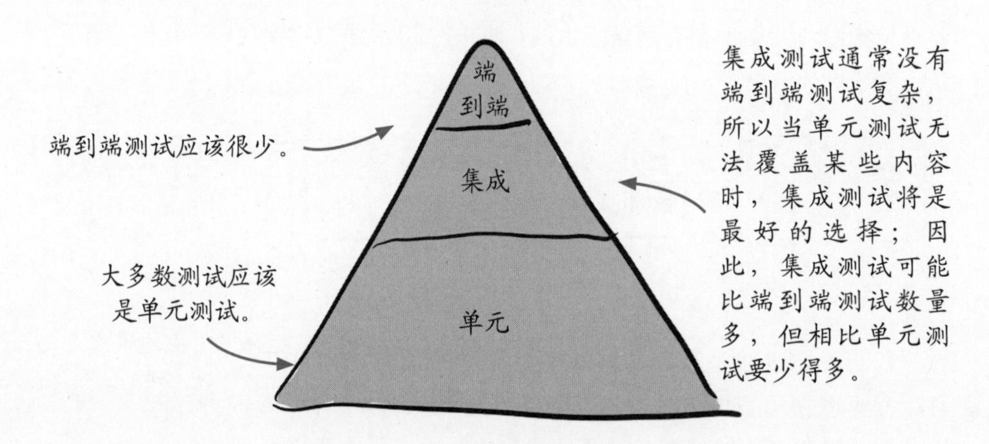

Sridhar统计了狗狗图片网站测试套件中的测试用例，这样他就可以将其通过金字塔与理想值进行比较。狗狗图片网站的用例数量看起来更像下面这样。

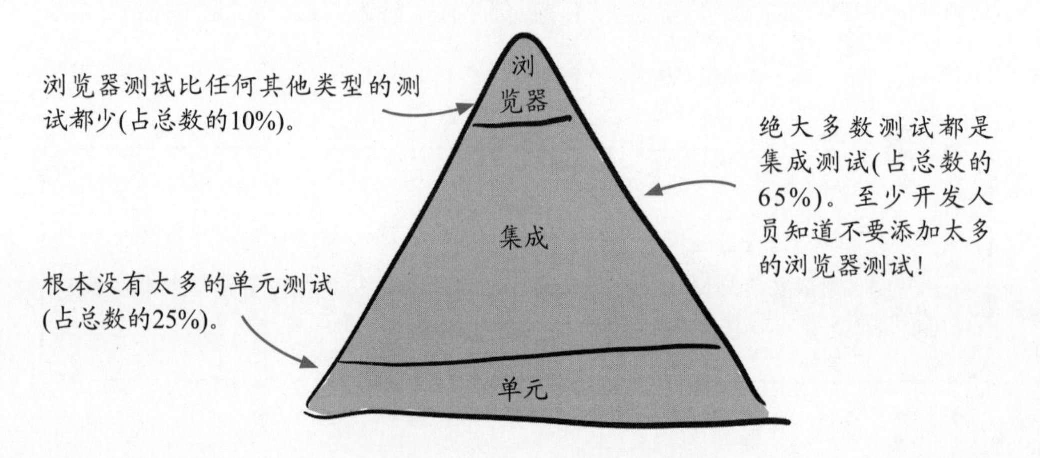

6.10 改变金字塔比例

Sridhar为什么要看金字塔中测试用例的比例？因为他知道这个金字塔中的比例并不是一成不变的。不仅可以改变这些比例，而且改变比例可以提升测试套件的运行速度。让我们再来看看他针对执行时间设定的目标。

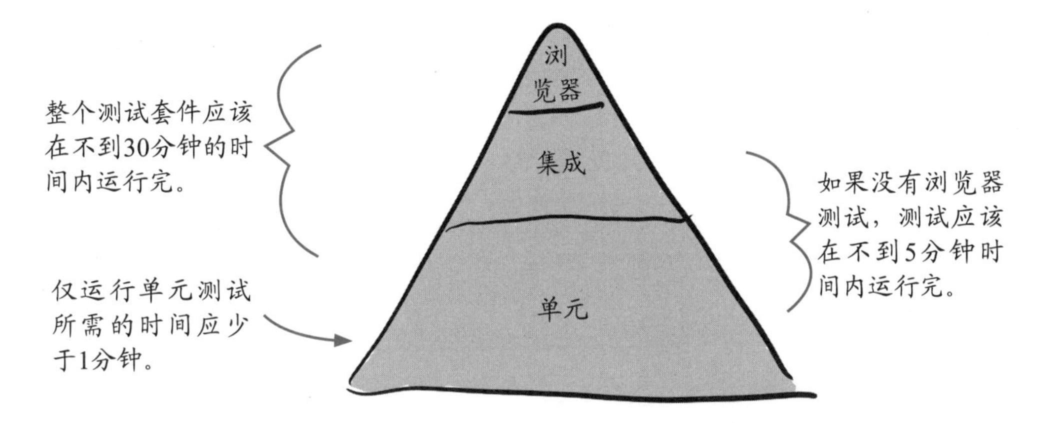

Sridhar希望集成测试和单元测试能在5分钟内运行完。目前集成测试占测试总数的65%。剩下的是10%的浏览器测试和25%的单元测试。考虑到集成测试比单元测试慢，想象一下如果改变比例(假设测试用例总数相同)——如果集成测试用例仅占测试用例总数的20%，而单元测试用例则为70%，会有什么不同。这意味着删除大约2/3的现有(缓慢的)集成测试，并用(更快的)单元测试用例取代它们，这将立即影响整体执行时间。

最终目标是调整比例以加快测试套件的整体速度，Sridhar设定了一些新目标：

- 将单元测试的百分比从25%提高到70%。
- 将集成测试的百分比从65%降低到20%。
- 将浏览器测试的百分比保持在10%。

6.11 安全地调整测试用例

Sridhar希望改变单元测试与集成测试的比例。他想做以下事情：

- 将单元测试的百分比从25%提高到70%
- 将集成测试的百分比从65%降低到20%

他需要增加单元测试用例的数量，同时减少集成测试用例的数量。他将如何安全地做到这一点，他可以从哪里开始？

> 测量覆盖率也需要运行单元测试，因此有时你会将这些组合视为一项任务。(如果单元测试任务失败，覆盖率测量任务可能也会失败！)

Sridhar注意到狗狗图片网站的流水线不包括任何测试覆盖率度量的概念。流水线运行测试，然后构建和部署，但在任何时候都不能确保任何测试提供的代码覆盖率。他将要做的第一个改变是将测试覆盖率度量添加到这个流水线中，与运行测试并行。

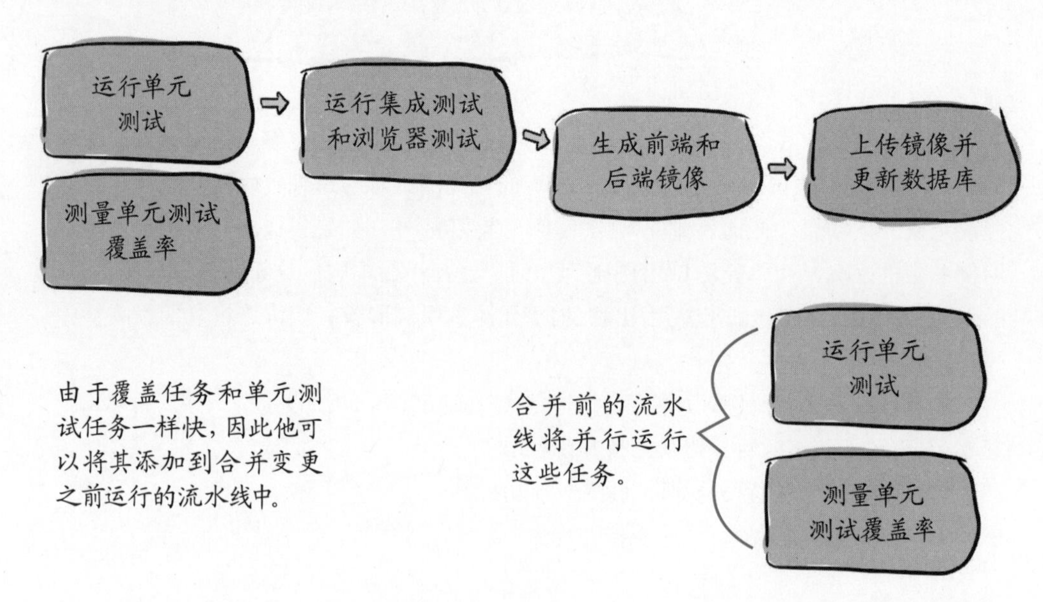

> *等等！静态代码检查在哪里？我读过第4章，知道静态代码检查也很重要。Sridhar难道不应该增加静态代码检查吗？*
>
> 我完全同意，这可能是Sridhar处理完这些测试后接下来要做的事情，但他一次只能解决一个问题！在第2章中，你可以看到CD流水线应该具备的要素，包括静态代码检查。

6.12 测试覆盖率

Sridhar决定，安全地调整单元测试与集成测试比例的第一步是通过开始采取度量测试覆盖率的方法。什么是测试覆盖率度量，为什么它这么重要？

测试覆盖率是一种评估测试用例如何有效运行被测代码的方法。具体来说，测试覆盖率报告将逐行告诉你，测试用例正在运行哪些被测代码，哪些还没有被测试到。例如，狗狗图片网站就有这个单元测试，测试其按标签搜索的逻辑。

```
def test_search_by_tag(self):
  search = _new_search()
  results = search.by_tags(["fluffy"])
  self.assertDogResultsEqual(results, "fluffy", [Dog("sheldon")])
```

这个测试用例是通过Search对象测试by_tags方法，如下所示。

```
def by_tags(self, tags):
  try:
    query = build_query_from_tags(tags)
  except EmptyQuery:
    raise InvalidSearch()
  result = self._db.query(query)
  return result
```

测试覆盖率度量将运行测试用例test_search_by_tag，并观察by_tags中的哪些代码行正在执行，从而生成一份关于覆盖行百分比的报告。test_search_by_tag对by_tags的覆盖率如下，浅色行说明已经被执行的行，深色行是还未被执行的行。

```
def by_tags(self, tags):
  try:
    query = build_query_from_tags(tags)
  except EmptyQuery:
    raise InvalidSearch()
  result = self._db.query(query)
  return result
```

这个测试用例没有测试任何错误条件，一般来说这是合理的；好的单元测试实践是把它留给另一个测试用例。但目前情况下，test_search_by_tag是by_tag的唯一单元测试用例。因此，这些代码分支路径根本没有被任何测试用例覆盖。对于这个方法来说，测试覆盖率为3/5，即60%。

覆盖率标准

前面的例子使用了一个称为语句覆盖率的覆盖率标准，它评估每个语句以查看它是否已被执行。可以使用其他更细粒度的标准，例如条件覆盖率。如果If语句有多个条件，则语句覆盖率将考虑在完全命中的情况下覆盖该语句，但条件覆盖率要求充分探索每个条件。在本章中，将坚持陈述覆盖率，这是一个很好的切入点。

6.13 强制要求测试覆盖率

重要的是要记住，尽管Sridhar正在进行这些代码变更，但人们仍在工作和提交新功能代码。人们正在提交更多的功能(和错误修复)，有时(希望大多数时候！)也会提交测试用例。这意味着，即使Sridhar查看测试覆盖率，这个数值也可能会下降！

但是，幸运的是，Sridhar知道一种方法，不仅可以阻止这种情况的发生，还可以利用这种方法来帮助他增加单元测试用例的数量。

在继续深入之前，Sridhar将更新覆盖率度量任务，以便在覆盖率下降时使流水线中断。从他引入这一变化的那一刻起，他就可以保证代码库中的测试覆盖率至少不会下降，而且理想情况下还会上升。

除了帮助解决整体问题外，这是一个分担负载的好方法，这样Sridhar就不是唯一一个承担了所有工作的人了！他更新了运行测试覆盖的任务来运行这个脚本。

> 这听起来很熟悉吗？你可能会认为这是一种非常类似于Becky在第4章中使用静态代码检查的方法。度量静态代码检查和度量覆盖率有很多共同点。

> 你可能会觉得这是Becky在第4章创建的静态代码检查脚本的变体。

```
    # 当流水线运行时，它将传递到在PR中变更的文件的路径作为参数
    paths_to_changes = get_arguments()

    # 测量变更的文件的代码覆盖率
    coverage = measure_coverage(paths_to_changes)

    # 测量变更前文件的覆盖率；这个可以通过从某个地方的存储中检索值，
也可以很简单，对trunk中的相同文件再次运行覆盖率(即在变更之前)
    prev_coverage = get_previous_coverage(paths_to_
changes)

    # 将覆盖率与之前覆盖率的变更进行比较
    if coverage < prev_coverage:

    # 如果变更降低了覆盖率，则不应合并这些变更
    fail('coverage reduced from {} to {}'.format(prev_coverage, coverage))
```

6.14 流水线中的测试覆盖率

通过将这个脚本引入预合并流水线，Sridhar已经解决了现有的覆盖问题:人们对他们如何引入单元测试并不那么吹毛求疵。通过增加自动化方法度量覆盖率并阻止降低覆盖率的PRs合并，工程师可以就覆盖什么和不覆盖什么做出更明智的决定。随着Sridhar更新单元测试覆盖任务，以强制测试覆盖的需求，预合并流水线看起来像下面这样。

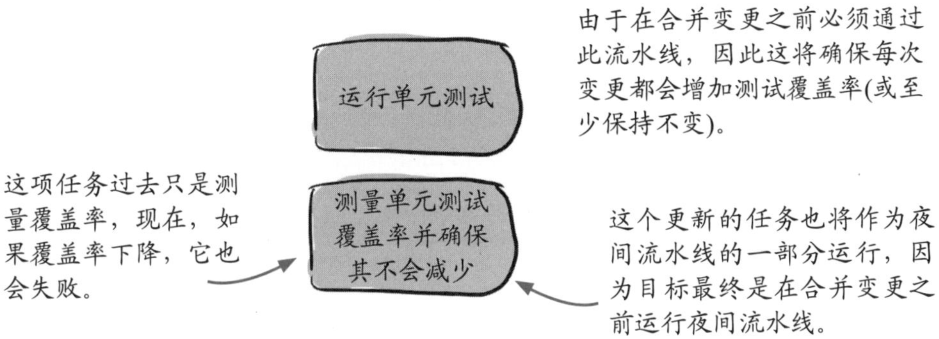

与上一次迭代相比，这是一个非常微妙的变化，但现在Sridhar可以继续他的工作，并确保在他工作时合并的功能和错误修复将增加覆盖率，或者在最坏的情况下保持不变。

我需要自己构建这些功能吗？

这得看情况！对于大多数语言，你可以从许多现有工具中进行选择，以度量你的覆盖率，甚至可以随着时间的推移存储和报告覆盖率。不管怎样，许多人都选择编写自己的工具，因为实现起来并不难，而且你对行为有更多的控制权。你需要调查可用的工具并自行决定。

6.15 在具备覆盖率的金字塔中移动测试用例

在这一点上，即使没有任何进一步的干预，单元测试的数量可能会开始稳步增加，因为Sridhar已经要求在工程师做出代码变更的同时提交单元测试。

这足以让他实现目标吗？请记住，他的目标如下：

- 将单元测试的百分比从25%提高到70%
- 将集成测试的百分比从65%降低到20%

随着时间的推移，比率可能会朝着这些方向发展，但速度还不够快，无法达到Sridhar所期望的巨大变化。Sridhar需要编写额外的单元测试用例，并可能删除现有的集成测试。他如何知道该添加哪些，该删除哪些呢？

Sridhar查看了代码覆盖率报告，找到覆盖率百分比最低的代码，并查看哪些行未被覆盖。例如，他查看了前面的by_tags函数的覆盖率。

```
def by_tags(self, tags):
  try:
    query = build_query_from_tags(tags)
  except EmptyQuery:
    raise InvalidSearch()
  result = self._db.query(query)
  return result
```

空查询的错误情况未包含在单元测试用例中。Sridhar知道这是一个他可以增加单元测试的地方。此外，如果他能找到一个涵盖相同逻辑的集成测试用例，则可能会删除它。因此，他查看了集成测试，找到了一个名为test_invalid_queries的测试用例。此测试用例创建一个正在运行的后端服务实例(这是所有集成测试所做的)，然后进行无效查询，并确保它们失败。看到这个测试用例，Sridhar意识到他可以用单元测试覆盖所有无效的查询测试用例。他编写单元测试用例，执行时间不到一秒钟，并能够删除test_invalid_queries集成测试用例，这大约需要20秒或更长时间。他仍然相信测试套件会发现与变更前相同的错误。

我应该度量集成测试和端到端测试的覆盖率吗？

为了全面了解你的测试套件覆盖率，你可能会尝试度量集成和端到端测试的覆盖率。这有时是可能的，通常需要使用额外的调试信息来构建被测系统，这些信息可以用于在执行这些更高级别的测试用例时度量代码覆盖率。你可能会发现这很有用；然而，这通常是你必须建立的东西，可能会给你一种错误的自信感。你的最佳选择始终是要有高的单元测试覆盖率，这样的度量标准在孤立的情况下是很重要的。如果你只从整体上看整个测试套件的覆盖范围，那就会错过这些指标。

6.16 沿着金字塔往下移动什么

为了继续增加单元测试的百分比，Sridhar将此模式应用于测试套件中。

1. 他寻找单元测试覆盖率的缺口(未覆盖的代码行)。他首先查看百分比最低的包和文件，以最大限度地达到效果。

2. 对于他发现的没有覆盖的代码，他增加了覆盖这些行的单元测试。

3. 他查看了较慢的测试用例(特别是在本案例中的集成测试)，以便找到那些测试目标已被单元测试用例替代的集成测试用例，并更新或删除它们。

通过这样做，他能够显著地增加单元测试的数量，并减少集成测试的数量(增加快速测试的数量并减少运行缓慢的测试用例的数量)。最后，他对集成测试进行评审，以寻找重复的覆盖率。对于每个集成测试用例，他都会问以下问题：

- 单元测试中是否涵盖了这种情况？
- 当单元测试通过时，有什么因素可以导致这个测试用例失败呢？

如果单元测试中已经涵盖了该用例，并且当单元测试通过时，没有任何因素(其他地方没有)会导致集成测试失败，那么就可以安全地删除这个集成测试用例。

等等，如果我这样做，我不会丢失一些信息吗？集成测试不是比我的单元测试更好吗？我看过这些论点；单元测试是不够的。

你说得对！问题是，你需要多少集成测试？集成测试的目的是确保所有单个单元正确连接在一起。如果你测试单个单元，然后测试这些单元是否正确连接在一起，那么你就几乎涵盖了所有内容。在这一点上，这件事变成了一个成本效益权衡问题：运行和维护与单元测试覆盖相同领域的集成测试的成本值得吗，因为它们可能会抓住你错过的一个罕见问题？答案取决于你在做什么。如果是那种人命关天的大问题，那么答案是肯定的；权衡利弊是很重要的。

轮到你了：找出遗漏的测试

Sridhar发现Search类的覆盖率通常很低，他正在通过报告来增加覆盖率。他查看from_favorited_search方法的覆盖率，发现如下：

```
def from_favorited_search(self, favorite):
  try:
    cached_result = self._cache.get_result(favorite.query())
  except CacheError:
    cached_result = None
  if cached_result is None:
    result = self._db.query(favorite.query())
  else:
    result = cached_result.result()
  return result
```

他寻找涵盖favorited search参数的集成测试，并找到了以下测试用例：

```
test_favorited_search_many_results
test_favorited_search_no_results
test_favorited_search_cache_connection_error
test_favorited_search_many_results_cached
test_favorited_search_no_results_cached
```

Sridhar应该考虑删除哪些集成测试用例？他可能会添加单元测试吗？

答案

这看起来像是一个经典的场景，其中集成测试完成了所有繁重的工作。单元测试只覆盖一个路径，即没有缓存结果和没有错误的路径，集成测试试图覆盖所有内容。Sridhar的计划是反转这一点：他将用test_favorited_search替换所有集成测试，并添加单元测试来覆盖所有集成测试用例，而不是让单元测试覆盖简单的测试路径，让集成测试处理所有其他场景。

6.17 遗留的测试用例和FUD

对已经存在很长时间的测试用例进行变更，甚至删除这些测试，可能会让人感到害怕！这是一个你经常会遇到FUD的地方：恐惧(Fear)、不确定性(Uncertainty)和怀疑(Doubt)。

如果你听从FUD，则可能会认为对现有的测试套件进行变更太危险了：测试用例太多了，很难判断它们在测试什么，而且你会害怕成为删除测试用例的人，因为这种行为可能会阻碍整个测试工作。

如果你发现自己是这样想的，那么值得花点时间考虑一下FUD到底是什么以及它来自哪里。这最终都是关于F：恐惧。这出于你可能做错了什么，或者让事情变得更糟，这会阻碍你做出改变。

然后，想想为什么我们要做所有测试：这些测试旨在赋予我们权利，让我们有信心做出我们想要的变更，而不必过度担心会出问题。FUD与我们的测试想达到的目的恰恰相反。我们的测试是为了给我们信心，而FUD夺走了我们的信心。

不要让FUD阻碍你！当你听到FUD低声对你说做出任何变更都太危险时，你可以用冷酷的事实来反驳。记住什么是测试用例：它们是那些测试用例作者编写的关于系统应该如何正常运行的代码。它们甚至不是系统本身！与其屈服于恐惧，不如深呼吸，问问自己：我明白这个测试用例要做什么吗？如果没有，花点时间阅读并理解它。如果你理解了它，就会认为自己有能力做出变更。如果你不做这些，也许没有人会做，人们对测试套件的FUD感觉只会随着时间的推移而增长。

总的来说，以恐惧为基础的心态工作，并对FUD投降，会阻止你尝试任何新的东西。这将阻止你改进，如果你不随着时间的推移改进你的测试套件，我可以向你保证，它只会变得更糟。

对FUD说不！

要点

当处理慢速测试套件时，通过测试金字塔的视角来看待它们可以帮助你关注哪里出了问题。如果你的金字塔头重脚轻(这是一个常见的问题)，你可以使用测试覆盖率调整你的比例，确定哪些测试用例可以被更快、更容易维护的单元测试取代。

6.18 并行运行测试用例

在努力进行集成测试和单元测试之后，Sridhar已经做出了他认为目前可以做的最大改进。他实现了调整测试用例比例的目标：

- 他已经将单元测试的百分比从25%提高到72%(他的目标是70%)。
- 他已经将集成测试的百分比从65%降低到21%(他的目标是20%)。

单元测试仍然只运行不到一分钟，但即使达到了这些目标，集成测试仍然需要大约35分钟才能运行。他的总体目标是在不到5分钟的时间内完成集成测试和单元测试。尽管他已经改善了总时间(比总时间缩短了1个多小时)，但这些测试仍然比他希望的要慢。他希望能够在代码合并前进行测试，在35分钟已经比较合理了，但他还有一些妙招，可以让他在增加这一改变之前大幅缩短运行时间。

他将并行运行集成测试用例。默认情况下，大多数测试套件将一次运行一个测试用例。例如，以下是在Sridhar减少了集成测试用例的数量和平均执行时间后剩下的一些集成测试用例：

(1) test_search_query (20 seconds)

(2) test_view_latest_dog_pics (10 seconds)

(3) test_log_in (20 seconds)

(4) test_unauthorized_edit (10 seconds)

(5) test_picture_upload (30 seconds)

每次运行一个测试套件平均需要90秒(20+10+20+10+30=90)。相反，Sridhar更新集成测试任务以并行运行这些测试用例，尽可能多的同时单独运行这些测试用例。在大多数情况下，这意味着每个CPU核一次运行一个测试用例。在八核机器上，五个测试可以很容易地并行运行，这意味着执行它们所需的时间只有最长测试的时间：30秒，而不是整个90秒。

> 如果一个测试运行的时间比其他测试长，那么你仍然会被这个测试所挟持；例如，如果一个测试本身需要30分钟，那么并行化就没有帮助，解决方案是修复测试用例本身。

经过清理， 狗狗图片网站有116个集成测试用例。他们每次平均跑18秒，每次跑一个，大约需要35分钟。在八核机器上并行运行它们意味着可以同时执行八个测试用例，整个套件可以在大约1/8的时间内执行，即大约4.5分钟。通过并行运行集成测试用例，Sridhar终于实现了他的目标，即能够在不到5分钟的时间内运行完单元测试和集成测试。

6.19 何时可以并行运行测试用例

可以并行运行任何测试用例吗？不完全是这样。为了使测试用例能够并行运行，它们需要满足以下标准：

- 测试用例不能相互依赖。
- 测试用例必须能够以任何顺序运行。
- 测试用例不得相互干扰(例如，通过共享公共内存)。

编写不以任何方式相互依赖或相互影响的测试用例是一种很好的做法。因此，如果你正在编写好的测试用例，那么使它们并行运行可能不会有任何问题。

最有技巧的需求可能是确保测试用例不会相互干扰。这很难实现，尤其是在测试用例使用了全局存储的代码时。只要有一点技巧，你就可以找到修复测试用例的方法，使它们能够完全隔离，然后结果可能会是更好的整体代码(耦合更少、更有内聚力的代码)。

当Sridhar更新狗狗图片网站测试套件以并行运行时，他发现一些测试用例相互干扰，必须进行更新。但一旦他进行了这些修复，他就可以在不到5分钟的时间内运行单元测试和集成测试。

并行运行单元测试是一种坏味道

请记住，单元测试的目标是在隔离状态下测试功能，并且速度要快，大约几秒或更快。如果你的单元测试需要几分钟或更长的时间，迫使你通过并行运行来加快速度，这表明你的单元测试做得太多了，这些测试用例可能本属于集成测试或系统测试；很有可能单元测试是完全缺失的。

我是否需要亲自构建这种“并行测试”功能?

可能不需要！这是一种优化测试执行的常见方法，大多数语言都会为你提供一种并行运行测试用例的方法，可以开箱即用，也可以借助公共库。例如，你可以通过使用诸如testtools之类的库或流行的pytest库的扩展，与Python并行运行测试。在Go中，当你用t.Parallel()编写测试时，你可以通过将测试标记为可并行来获得开箱即用的功能。通过查找关于并行或并发运行测试的文档，找到适合你语言的相关信息。

6.20 更新流水线

现在，Sridhar已经实现了在不到5分钟的时间内运行完单元测试和集成测试的目标，他可以将集成测试添加到预合并流水线中。然后，工程师将在变更合并之前获得单元测试和集成测试的反馈。

因此，他不得不对狗狗图片网站流水线中的一组任务进行一些调整，因为单个任务仍然同时运行集成测试和浏览器测试。

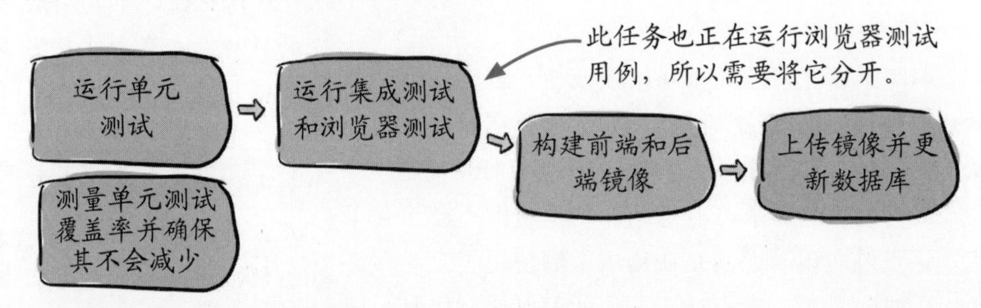

幸运的是，测试已经为这一变化做好了准备。你可能还记得，浏览器测试已经在一个名为tests/browser的独立文件夹中。当Sridhar更新流水线以首先运行单元测试时，他将集成测试用例分离，并将它们放入一个名为tests/integration的文件夹中。这使得最后一步单独运行集成测试和浏览器测试用例变得容易。

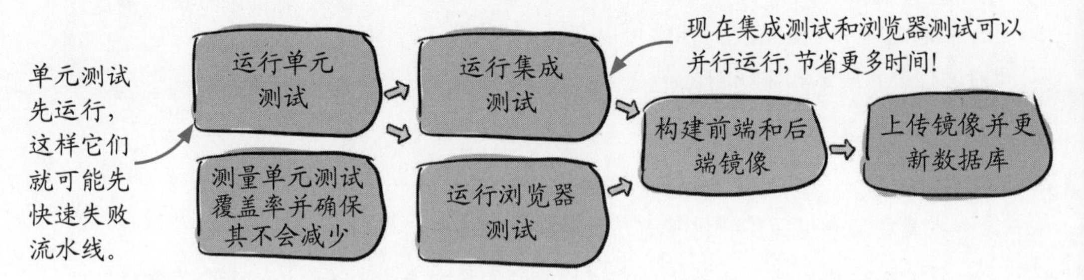

然后Sridhar可以将集成测试任务添加到预合并流水线中。如果单元测试出现问题，则流水线将很快失败，整个过程将在不到5分钟内运行。

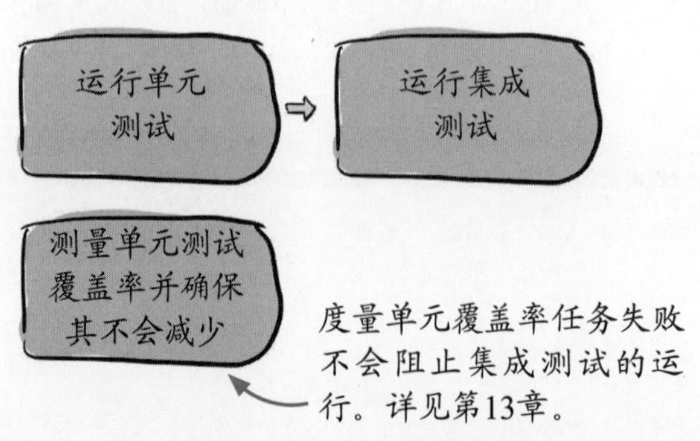

为什么不并行运行所有测试任务？

Sridhar假设，如果需要几秒钟执行的单元测试失败，那么运行集成测试就没有意义，因为它们很可能也会失败，但两者都是不错的选择。详见第13章。

6.21 还是太慢了

在努力进行集成测试和单元测试之后，Sridhar已经做出了他认为目前可以做的最大改进。他实现了调整测试用例比例的目标：

- 他已经将单元测试的百分比从25%提高到72%(他的目标是70%)。
- 他已经将集成测试的百分比从65%降低到21%(他的目标是20%)。

他做完了吗？他退后一步，审视自己的总体目标：

- 在推送代码变更之前，应该对每个变更进行测试。他几乎做到了：现在运行单元测试和集成测试，但不运行浏览器测试。
- 整个测试套件应该平均在30分钟或更短的时间内运行。Sridhar减少了集成测试的执行时间；它们过去需要35分钟，现在大约需要5分钟。整个测试套件过去需要2小时35分钟，现在减少到2个多小时。这是一个很大的进步，但Sridhar仍然没有达到他的目标。
- 集成测试和单元测试应该在不到5分钟的时间内运行。完成！
- 单元测试应该在不到1分钟的时间内运行。完成！

整个测试套件平均运行2小时5分钟：

- 单元测试——小于1分钟
- 集成测试——大约5分钟
- 浏览器测试——另外的2小时

剩下的最后一个问题是浏览器测试。一直以来，浏览器测试都是测试套件中最慢的部分，需要平均2小时的运行时间。无论Sridhar如何优化测试套件的其余部分，如果他不对浏览器测试做点什么，总体运行时间还是需要2个多小时。

Sridhar是否可以采取类似的方法，删除浏览器测试用例，代之以集成测试和单元测试？这绝对是一个选项。但当Sridhar查看浏览器测试套件时，他找不到任何可删除的选项！这些测试用例已经非常集中，并且设计得很好，而且只占整个测试套件的10%(大约有50个独立的测试用例)，浏览器测试用例的数量是相当合理的。

6.22 分片测试，又称并行++

Sridhar被浏览器测试所困扰，它们需要大约2个小时才能运行。这是否意味着他必须放弃每一次变更之后在不到30分钟的时间内运行完整个测试套件的目标？

幸运的是不需要！因为Sridhar还有最后一个技巧：分片化。分片是一种与并行运行测试非常相似的技术，但通过在多台机器上并行化测试，增加了可以同时执行的测试用例数量。

现在，所有50个浏览器测试用例都在一台机器上运行，每次一个。每次测试平均运行约2.5分钟。Sridhar首先尝试并行运行测试，但它们占用了大量的CPU和内存，因此收益微不足道(在某些情况下，测试用例会相互争夺资源，从而降低了有效性)。一台正在执行的机器一次只能运行一个测试用例。

通过对测试用例执行进行分片，Sridhar将划分这组浏览器测试用例，这样他就可以使用多台机器，每台机器执行一个子集的测试用例，一次一个，从而减少总体执行时间。

词汇时间

我们将跨多台机器的并行测试称为分片，但你会发现CD系统使用不同的术语。一些系统会称之为**测试用例拆分**，而另一些系统则简单地将其称为**并行运行测试用例**。在这种情况下，**并行**是指跨多台机器，而不是本章使用并行来指在一台机器上运行多个测试。无论如何，你可以将分片视为与测试用例并行化(多核)相同的基本思想，但可以跨多台机器(多机)进行。

如果Sridhar加强了机器呢？那么，他能在一台机器上并行运行测试吗？

这可能会有所帮助，但正如你可能知道的，计算机一直在变得越来越强大，相应地，我们可以创建更复杂的软件和更复杂的测试用例！因此，虽然使用更强大的计算机可能会对Sridhar有所帮助，但我很快将展示如果这不是一种选择的话，你能做什么。我不打算深究他正在使用的机器的具体CPU和内存容量，因为今天看起来强大的事物明天可能将会微不足道！

6.23 如何分片

测试分片允许你执行一套需要长时间运行的测试用例，并通过在更多的硬件(多台执行机器而不是一台)上运行来加快测试执行速度。但它实际上是如何工作的呢？你可能会想象出一个复杂的系统，它需要某种工作节点与中央控制器配合，但不用担心，它可能比这简单得多！

基本思想是，你有多个分片，每个分片都负责运行测试套件的子集。你可以使用各种方法来决定在哪个分片上运行哪些测试用例。按照复杂性的增加顺序：

1. 以确定的顺序运行测试用例，并为每个分片分配一组要运行的索引序号。

2. 为每个分片分配一组要运行的显性测试用例(例如，按名称)。

3. 跟踪前序测试用例的属性(例如，每次运行需要多长时间)，并使用这些属性在分片之间分发测试用例(可能使用它们的名称，如选项2所示)。

词汇时间

每台能够执行测试子集的机器都被称为一个**分片**。

让我们用选项1来更好地研究测试分片。例如，想象一下在三台正在执行的机器上分割以下13个测试用例。

我们在3个分片上进行了13次测试：13/3=4.33，我将其四舍五入到5个。对前2个分片中的每个进行5次测试，对最后一个分片进行剩余的3次测试。

```
0. test_login
1. test_post_pic
2. test_rate_pic
3. test_browse_pics
4. test_follow_dog
5. test_view_leaderboard
6. test_view_logged_out
7. test_edit_pic
8. test_post_forum
9. test_edit_forum
10. test_share_twitter
11. test_share_instagram
12. test_report_user
```

第一个分片，分片0，将进行5次测试：从索引0开始到索引4结束。

分片1继续进行5次测试：从索引5开始到索引9结束。

分片2负责剩余部分，从索引10开始到索引12结束。

你可以使用第一种方法对这些测试用例进行分片，方法是在我们的三个分片中的每一个机器上运行前面测试套件的子集。如果你使用Python，一种方法是使用Python库pytest shard：

```
pytest --shard-id=$SHARD_ID --num-shards=$NUM_SHARDS
```

例如，分片1将运行以下操作：

```
pytest --shard-id=1 --num-shards=3
```

6.24 更复杂的分片

按索引进行分片会相对简单，但异常值呢？Sridhar的浏览器测试平均运行2.5分钟，但如果其中一些测试需要更长的时间呢？

这就是更复杂的分片方案派上用场的地方。例如，我们列出的第三个选项将跟踪以前测试运行的测试属性，使用这些属性并使用它们的名称在分片之间分发测试用例。

为此，需要在执行测试时存储测试用例运行的时长信息。例如，以前面例子中的13个测试为例，想象一下存储在最后三次运行中每个测试分片所花费的时间：

```
 0. test_login (1.5, 1.7, 1.6)                  Average = 1.6 minutes
 1. test_post_pic (3, 3.1, 3.2)                 Average = 3.1 minutes
 2. test_rate_pic (0.8, 0.9, 0.7)               Average = 0.8 minutes
 3. test_browse_pics (2, 2, 2)                  Average = 2.0 minutes
 4. test_follow_dog (0.8, 0.8, 0.8)             Average = 0.8 minutes
 5. test_view_leaderboard (1.8, 2.0, 1.9)       Average = 1.9 minutes
 6. test_view_logged_out (1.7, 2.1, 1.9)        Average = 1.9 minutes
 7. test_edit_pic (2.1, 2.6, 2.2)               Average = 2.3 minutes
 8. test_post_forum (1.8, 1.9, 1.7)             Average = 1.8 minutes
 9. test_edit_forum (1.6, 1.5, 1.7)             Average = 1.6 minutes
10. test_share_twitter (2.1, 1.9, 2.0)          Average = 2.0 minutes
11. test_share_instagram (2.0, 1.9, 2.1)        Average = 2.0 minutes
12. test_report_user (1.3, 1.2, 1.1)            Average = 1.2 minutes
```

为了确定下一次运行的分片，需要查看平均计时数据并创建分组，以便三个分片中的每一个都能在大致相同的时间内执行完测试用例。

我们将跳过这个算法的细节(尽管它确实是一个有趣而实用的面试题！)。如果你想要这种分片，你可能需要自己构建，但你也可能会发现你正在使用的CD系统(或你语言中的工具)会为你做这件事。例如，CD系统CircleCI允许你通过将测试用例的名称输入到语言无关的拆分命令来实现这一点。

```
circleci tests split --split-by=timings
```

分片0: 7.4 分钟
```
test_edit_pic (2.3)
test_share_instagram (2.0)
test_post_forum (1.8)
test_report_user (1.2)
test_follow_dog (0.8)
```

分片1: 8.1 分钟
```
test_post_pic (3.1)
test_view_leaderboard (1.9)
test_login (1.6)
test_rate_pic (0.8)
```

分片2: 7.5 分钟
```
test_browse_pics (2.0)
test_share_twitter (2.0)
test_view_logged_out: (1.9)
test_edit_forum: (1.6)
```

6.25 分片流水线

你可以决定在流水线的一个任务中执行所有的分片步骤，或者如果你的CD系统支持它，则可以将其分解为多个任务。

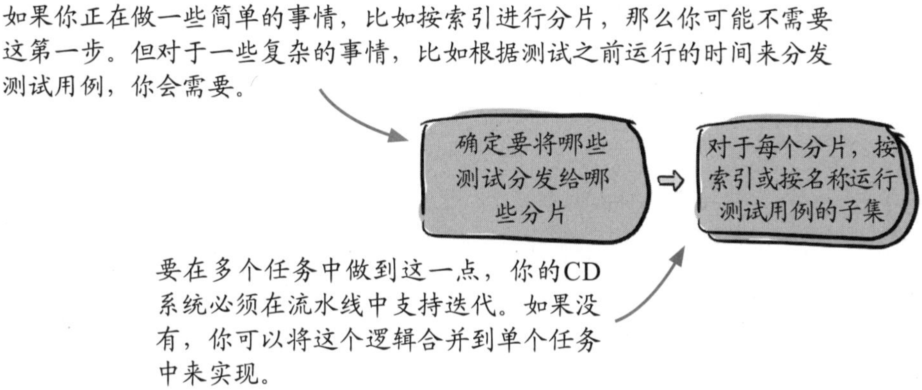

如果你正在做一些简单的事情，比如按索引进行分片，那么你可能不需要这第一步。但对于一些复杂的事情，比如根据测试之前运行的时间来分发测试用例，你会需要。

确定要将哪些测试分发给哪些分片 ⇨ 对于每个分片，按索引或按名称运行测试用例的子集

要在多个任务中做到这一点，你的CD系统必须在流水线中支持迭代。如果没有，你可以将这个逻辑合并到单个任务中来实现。

为了支持使用分片运行，一组测试用例必须满足以下要求：

- 测试分片不能相互依赖。
- 测试分片不得相互干扰。如果测试分片共享资源(例如，所有测试分片都连接到依赖项的同一实例)，它们可能会相互冲突(或者可能不是，最容易确定是否有问题的方法是进行尝试)。
- 如果你想按索引分发测试用例，那么必须能够以确定的顺序运行测试，以便索引代表的测试用例在所有分片中都是一致的。

如果并行运行单元测试是一种坏味道，那么将它们分片就是一种恶臭！

如前所述，如果你的单元测试足够慢，以至于你需要并行运行它们，以便它们在合理的时间内运行，那么这就意味着单元测试有些地方不太对劲(它们可能做得太多了)。如果它们太慢了，以至于你想把它们分片，那么我可以用99.9999999%的把握说，你所拥有的不是单元测试，用(真正的)单元测试用例来代替(现有的)一些伪装起来的集成/系统测试用例，会使你的代码质量变得更好。(我在此建议称真正糟糕的代码味道为代码恶臭。)

6.26 对浏览器测试套件进行分片

Sridhar将通过分片来解决浏览器测试速度慢的问题！以下是Sridhar的总体目标：

整个测试套件应该平均在30分钟或更短的时间内运行。

单元测试和集成测试总共平均需要5分钟，因此Sridhar需要在大约25分钟内运行完浏览器测试。

浏览器测试平均需要2.5分钟，总共有50分钟。每个测试执行所需的时间是相当一致的，因此Sridhar决定使用更简单的方法和索引分片。他需要多少分片才能达到目标？

由于目标是在25分钟内完成所有测试，因此这意味着每个分片最多可以运行25分钟。25分钟内可以运行多少次浏览器测试？

如果每次平均花费2.5分钟，则25分钟/2.5分钟=10。在25分钟内，一个分片可以运行10次测试。

总共有50个测试，每个分片能够在25分钟内运行10个测试，他需要50/10 = 5 个分片。

使用5个分片可以实现他的目标，但他知道有足够的硬件，他可以更加慷慨，他决定为浏览器测试分配7个分片。

有了7个分片，每个分片将需要运行50/7个测试用例；最多的分片将在50/7=8次测试的上限下运行。平均2.5分钟的8次测试将在20分钟内完成。这让Sridhar稍微超过了他25分钟的目标，并在需要添加更多的分片之前，给了每个人更多的空间来添加更多的测试用例。

6.27 流水线中的分片

简单的基于索引的分片将适用于浏览器测试，因此Sridhar所要做的就是添加并行运行的任务，每个分片一个，并让每个任务使用pytest分片来运行浏览器测试套件的子集。他分片后的浏览器测试任务将运行这个Python脚本，使用Python调用pytest。

```
# 当流水线运行时，它将传递给这个脚本
# 分片的索引和分片总数作为参数
shard_index, num_shards, path_to_tests = get_arguments()

# 我们将调用pytest作为命令，为这个分片运行正确的测试集
run_command(
   "pytest --shard-id={} --num-shards={} {}".format
        ( shard_index, num_shards, path_to_tests
))
```

要将这个脚本添加到流水线中，他所要做的就是添加一组并行运行的任务，在现在的情况下是七个，七个分片中的每一个都有一个任务。他是否需要将七项单独的任务硬编码到他的流水线中才能实现这一点？这取决于他正在使用的CD系统的功能。大多数CD系统都会提供一种分配任务的方法，允许你指定要运行的任务实例数量，通过向正在运行的任务提供参数(通常是环境变量)信息，说明总共有多少实例在运行，以及它们是哪个实例。例如，使用GitHub Actions，可以使用矩阵策略多次运行同一作业。

运行测试用例 分片索引 0

运行测试用例 分片索引1

运行测试用例 分片索引2

运行测试用例 分片索引3

运行测试用例 分片索引 4

运行测试用例 分片索引5

运行测试用例 分片索引 6

```
jobs:
  tests:
    strategy:
      fail-fast: false
      matrix:
        total_shards: [7]
        shard_indexes: [0, 1, 2, 3, 4, 5, 6]
```

GitHub Actions使用jobs来指代本书所称的tasks)。

这是为了确保如果一个分片失败，其他分片仍然可以完成。

有了这种配置，测试作业将运行七次，每个作业中的步骤都可以提供以下上下文变量，这样他们就可以知道分片的总数以及它们作为哪个分片运行。

```
${{ matrix.total_shards }}
${{ matrix.shard_indexes }}
```

这些矩阵选项名称是任意的；请参阅GitHub Actions jobs.<job_id>.strategy.matrix文档来了解更多信息。

6.28 狗狗图片网站的流水线

现在，Sridhar已经实现了在25分钟内(事实上，在20分钟内)运行完浏览器测试的目标，他可以将所有测试组合在一起，整个套件平均可以在30分钟或更短的时间内运行。这意味着他可以回到自己的最后一个目标：

在推送代码变更之前，应该对每个变更进行测试。

Sridhar将浏览器测试添加到预合并流水线中，并与集成测试并行运行。预合并流水线现在可以运行所有测试，并且只需要分片浏览器测试(20分钟)+单元测试(不到1分钟)的时间长度。

单元测试先运行，如果失败，则不会运行更长的测试。

运行单元测试

测量单元测试覆盖率并确保其不会减少

运行集成测试

集成测试大约需要5分钟，与分片浏览器测试并行运行。

为索引运行测试用例分片

对于每个分片0..6

浏览器测试的所有7个分片将在大约20分钟内运行。

为什么预合并流水线与夜间流水线不同?

这是个好问题！他们不一定要保持一致；有关他们之间权衡的更多信息，请参阅关于流水线设计的第13章。

Sridhar也对夜间发布流水线进行了同样的更新，以便获得同样的速度提升。

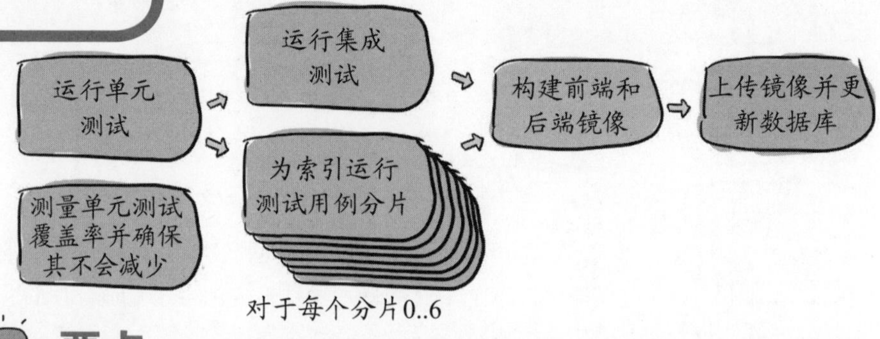

要点

并行运行测试将增加你的硬件占用，但它将为你节省另一项宝贵的资产：时间！当测试缓慢时，首先通过利用单元测试来优化测试分布；然后在需要时利用并行化和分片技术。

实时做出对项目有效的权衡

Sridhar需要5个分片才能在25分钟或更短的时间内运行50个测试用例，他额外添加了2个分片，总共7个分片，从而加快了测试执行时间，并为未来的测试用例添加了余量。但是，如果测试数量不断增长，这是否意味着要添加越来越多的分片呢？这样行吗？

一旦浏览器测试的数量从50个增加到70个，7个分片中的每一个都将运行10个测试，总体执行时间将为25分钟。

如果添加更多的测试用例，浏览器测试将需要超过25分钟的时间才能运行，并且需要添加更多的分片。这是否意味着他们将不得不无限地添加分片？这最终不会太多？

这种情况可能会发生；你可能还记得 狗狗图片网站的架构是相当单体的。

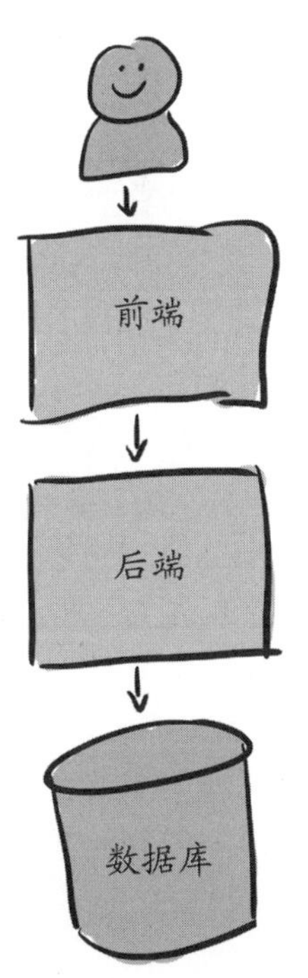

如果狗狗图片网站的功能基础继续扩大，该公司将需要开始将后端服务的职责划分为单独的服务，每个服务都可以有自己的测试套件。

这意味着，当某些事情发生变化时，工程师只能运行与该变更相关的测试，而不需要运行所有的测试。为了适应公司的发展，可能也需要这种责任划分(随着人员的增加，他们需要被划分为更加高效的团队，每个团队都有各自负责的领域)。

值得思考的是：展望未来，狗狗图片网站由多个服务组成，每个服务都有自己的端到端测试。单独运行每套设备是否足以让工程师确信整个系统能正常工作？是否应该在发布之前将所有测试运行一遍？答案是视情况而定；但请记住，你永远不可能百分之百确定系统没有问题。关键是要做出对你的项目有效的权衡。

轮到你了：加快测试速度

狗狗图片网站和猫咪图片网站有一个共同的竞争对手：后起之秀的鸟图网站。鸟图网站正在处理一个类似的测试缓慢的问题，但情况有点不同。

它的整个测试套件运行时间约为3小时，但与狗狗图片网站不同的是，工程师为每个PR运行整个套件。当工程师准备提交变更时，他们打开一个PR，然后将其保留到第二天，等待测试运行。这种方法的一个优点是，他们在合并之前会发现很多问题，但工程师通常会花几天时间试图合并他们的变更(有时称为与测试搏斗)。

鸟图网站使用的测试套件有以下分布：

- 10%的单元测试
- 没有集成测试
- 90%的端到端测试

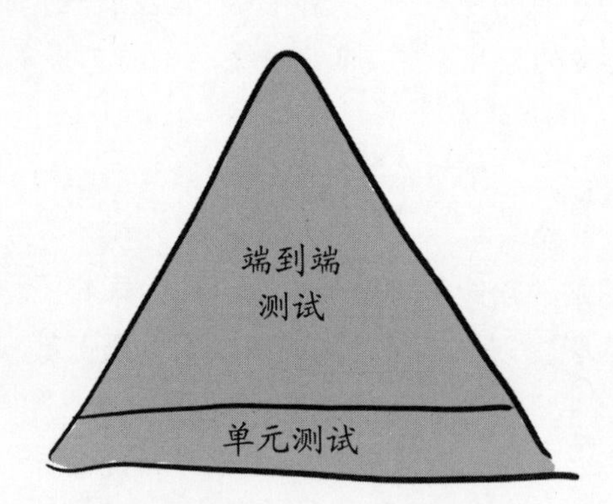

单元测试覆盖了34%的代码，运行需要20分钟。鸟图网站要加快测试套件的速度，接下来有哪些好的步骤？

答案

鸟图网站的测试套件有以下几点很突出。

- 他们称之为“单元测试”的测试用例相对于单元测试所期望的执行速度相当慢；理想情况下，它们最多只需要几分钟执行完(如果不是几秒钟的话)。它们更像是集成测试。
- 单元测试(或者可能是“集成测试”)的覆盖率非常低。
- 与单元测试的数量相比，该公司有很多端到端测试；可能总体上没有太多测试，但鸟图网站也有可能过于依赖这些端到端测试。

根据这些信息，鸟图网站上的人员可以做的一些事情如下。

- 对缓慢的单元测试进行排序；如果其中任何一个实际上是单元测试(在几秒钟或更短的时间内运行)，请将它们与其他较慢的测试用例(实际上是集成测试用例)分开运行。这些单元测试可以先快速运行，然后立即发出信号。
- 度量这些快速单元测试的覆盖率；它将甚至低于已经很低的34%的覆盖率。将没有覆盖的区域与大量端到端测试进行比较，并确定可以用单元测试取代的端到端测试。
- 引入一项任务来度量和报告每个PR的单元测试覆盖率，不要合并任何降低单元测试覆盖率的PR。
- 做到以上这些要点后，重新审视测试的分布，并决定下一步该做什么。许多端到端测试很有可能降级为集成测试，也许同样的用例只需要针对几个组件来进行测试而不需要启动运行整个系统，这样测试速度可能会更快。

6.29 结论

随着时间的推移，狗狗图片网站的测试套件运行时间越来越长。工程师没有直接面对这个问题，也没有找到加快测试速度的方法，而是将测试从日常工作中移除，尽可能长时间地推迟问题的处理。尽管这可能在一开始帮助他们加快了速度，但现在却让他们放慢了速度。Sridhar知道，答案是批判性地看待测试套件，并尽可能地对其进行优化。当无法进一步优化时，他可以使用并行化和分片来使测试运行足够快，从而使测试可以再次成为预合并例行动作的一部分，这样工程师可以更快地获得反馈。

6.30 本章小结

- 通过使独立运行最快的测试用例成为可能并首先运行它们，就能从慢速测试套件中获得立竿见影的效果。
- 在用技术解决慢速测试套件问题之前，首先对测试用例本身进行批判性的审视。使用测试金字塔将帮助你集中精力，强制执行测试覆盖率将帮助你保持强大的单元测试基础。
- 话虽如此，也许你的测试套件非常稳健，只是测试运行需要很长时间。当你认识到这一点时，你可以使用并行化和分片来以硬件换时间加快测试速度。

6.31 接下来……

在第7章中，我们将通过观察缺陷何时会潜入来扩展在正确的时间获取信号这一主题。你将了解尽早发现问题信号的流程。

第7章 在正确的时间发出正确的信号

本章内容：

- 在代码变更生命周期中，识别可能引入缺陷的时间点
- 保证冲突的代码变更不会引入缺陷
- 权衡冲突处理技术的利弊
- 通过在合并前、合并后和定期运行CI，捕获代码变更生命周期各阶段的缺陷

“在前面的章节中，你已经看到CI流水线在代码变更生命周期的不同阶段运行。我们已经讨论了它们在提交变更后运行的情况，并由此引出了一个关键规则：在流水线出现问题时不要提交代码。此外，我们还研究了在合并代码变更前运行静态代码检查和测试的实践，旨在理想情况下防止代码库崩溃。

在本章中，将为你展示一个完整的代码变更生命周期。你将了解所有可能引入缺陷的阶段，并学会如何在适当的时机运行流水线，以便在发现缺陷时尽早获得信号并进行修复。”

7.1 CoinExCompare网站

CoinExCompare是一个发布数字货币之间汇率的网站。用户可以登录网站，比较猫币和狗币等货币之间的汇率。

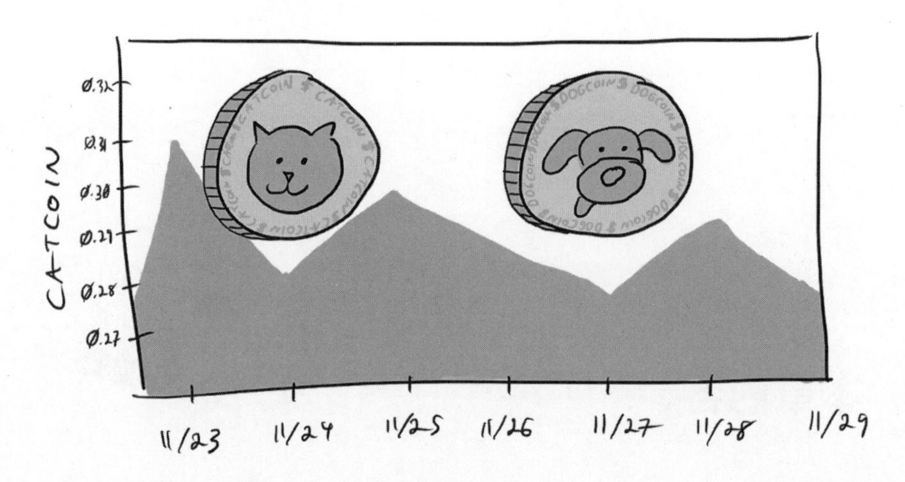

该公司一直在快速发展，但最近却遭遇到了一些系统缺陷和系统宕机的问题。工程师感到困惑，因为他们一直在仔细审查他们的流水线，并认为他们已经相当全面地考虑了所有方面。

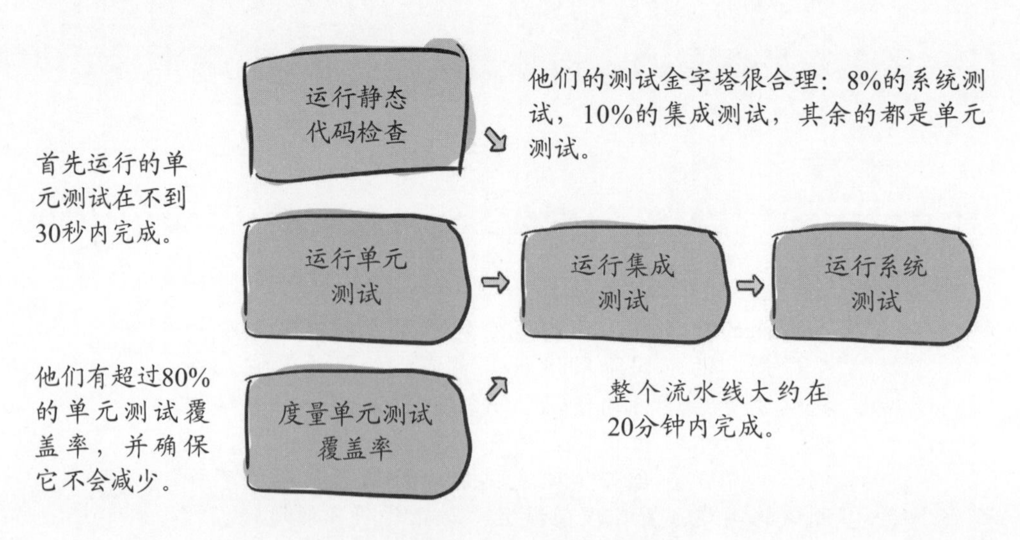

有如此出色的CI流水线，他们可能还犯了哪些错误呢？

7.2 代码变更的生命周期

为了弄清楚CoinExCompare网站可能出了什么问题，工程师绘制了代码变更的时间表，这样他们就可以思考一路上可能出了什么问题。他们使用基于主干的开发(详见第8章)，使用非常短暂的分支和PR。

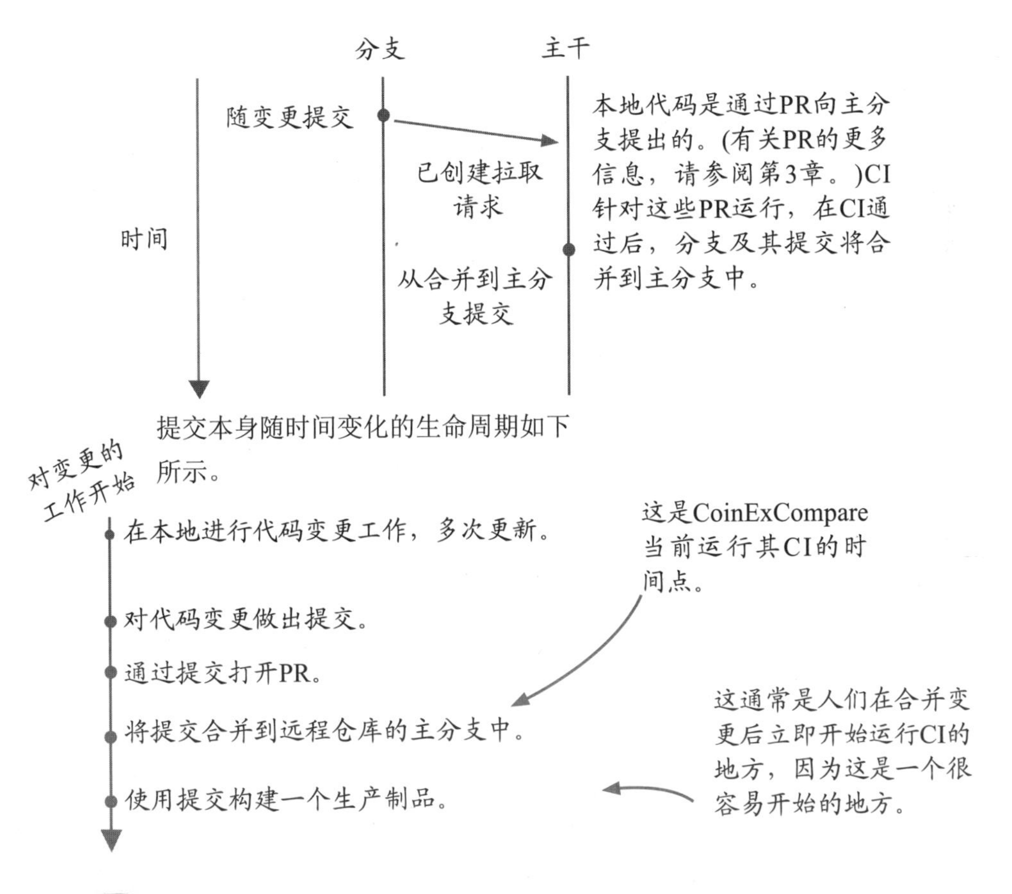

提交本身随时间变化的生命周期如下所示。

词汇时间

术语**生产**是指你向客户提供软件的环境。如果你运行一个服务，那么对你的客户可用的端点可以称为**生产**。在这种环境中运行的工件，如图像和二进制文件，(或直接分发给客户)可以称为**生产制品**(例如生产镜像)。该术语用于与任何中间环境(例如预发环境)或工件进行对比，这些中间环境或工件可能在过程中用于验证或测试，但从未直接提供给你的客户。

7.3 仅在代码合并前进行的CI

如果你根本没有从自动化开始，那么最容易开始运行CI的地方通常是在合并变更之后。

你在第2章中看到了这一点，当时Topher为猫猫图片网站设置了webhook自动化，该网站将在推送代码变更时运行测试。这很快导致团队采用了一条重要规则：

在流水线出现问题时不要提交代码。

这仍然是一个很好的起点，也是连接自动化的最简单方法，尤其是如果你使用的版本控制软件没有开箱即用的自动化功能，而你需要自己构建它的时候(正如Topher在第2章中所做的那样)。然而，它也有一些明显的缺点，如下。

> 合并变更后从CI开始是否是最简单的第一步取决于你已经使用的工具。一些工具，如GitHub，可以很容易地设置基于PR的CI，正如你在本章中看到的，它可以更早地发出信号。

- 只有在问题已添加到代码库之后，你才会发现这些问题。因此，你的代码库可能会进入一种不能安全发布的状态，而持续交付(CD)的目标之一是软件要达到一种可以随时安全发布变更的状态。允许代码库经常处于故障状态直接影响了这个目标。
- 当CI中断时，要求每个人都停止推送代码变更会使每个人都无法取得进展，这往好里说是令人沮丧的，往坏里说是昂贵的。

大约六个月前，CoinExCompare网站就处于这样的状态。但该公司决定投资自动化，使其能够在合并前运行CI，这样工程师就可以防止他们的代码库陷入故障状态。这减轻了在代码变更已经合并后运行CI的两个缺点：

- 与其在添加问题后发现问题，不如完全停止将它们添加到主代码库中。
- 避免在代码变更不好的时候阻止所有人；相反，让变更的作者处理这个问题。一旦修复，作者将能够合并变更。

这就是CoinExCompare网站的现状：团队成员在合并代码变更之前运行CI，并且在CI通过之前不会合并变更。

7.4 代码变更出错的时间线

CoinExCompare网站要求在合并代码变更之前通过CI，但在生产中仍会遇到缺陷。怎么可能呢？为了方便理解，让我们看看所有可能引入缺陷进行代码变更的地方——也就是说，当出现问题时，你需要信号的所有地方。

在本地进行变更工作，多次更新。

- 错误——创建变更时将引入缺陷。有些问题会在你工作时得到解决，有些则不会。
- 脆弱的测试——也可能引入将显示为脆弱的非确定性行为(有关测试脆弱性的更多信息，请参阅第5章)。
- 分歧——在你工作的时候，其他的变更可能会被引入主分支中，而在你的变更中没有考虑到这些变更。

对变更做出提交。

- 分歧——随着你的工作，主分支的变更不断增加。

通过提交创建PR。

(这是CoinExCompare目前正在运行测试的地方)

- 错误：在这个阶段运行持续集成(CI)，测试套件涵盖的任何错误都会被发现。只要合并之前必须通过CI检查，这些错误就会被消除。
- 脆弱的测试：这些错误可能会被发现，也可能不会。是否能被发现取决于自动化测试是否能发现非确定性行为，以及作者是否决定采取行动。
- 分歧：随着时间的推移，与主分支的差异将会继续扩大。

将提交合并到远程仓库的主分支中。

(一旦人们开始阻止CI上的PR，他们通常会在此时停止运行CI。)

- 整合分歧——这是变更再次与主分支整合的点。由于主分支可能有尚未与此新变更集成的变更，因此可能会引入新的错误。

使用提交构建一个生产制品。

- 依赖项——在构建生产制品时，可以引入依赖项，这可能会引入CI运行时不存在的进一步变更，并可能引入更多的错误。
- 非确定性构建——任何导致在一个时间点构建的制品与在另一个时间点构建的制品不同的因素，都有可能引入更多的错误。

7.5 仅在合并前运行的CI未命中缺陷

CoinExCompare网站目前在CI通过之前阻止PR的合并，但这是它唯一运行CI的地方。事实证明，在这之后，问题可能会蔓延到更多的地方。

- 与主分支的分歧——如果CI仅在变更被集成回主分支之前运行，那么主分支中可能有新变更未考虑到的变化，并且这些变化之前从未运行过CI。
- 依赖项的变更——大多数制品都需要在自己的代码库之外的包和库才能进行操作。在构建生产制品时，会引入这些依赖项的某些版本。如果这些版本与你运行CI的版本不同，则可能会引入新的缺陷。
- 非确定性——这既以未被捕获的脆弱的测试的形式出现，也以构建的制品之间细微差异的形式出现，这些差异有可能引入缺陷。

查看代码变更时间表，你可以看到，即使在基于PR的CI通过后，这三个错误源也是如何悄悄出现的。

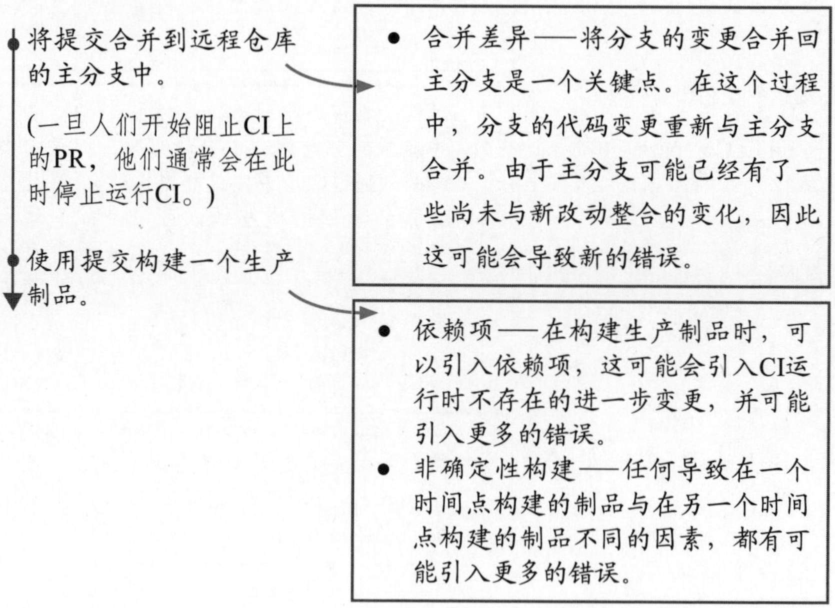

将提交合并到远程仓库的主分支中。

(一旦人们开始阻止CI上的PR，他们通常会在此时停止运行CI。)

- 合并差异——将分支的变更合并回主分支是一个关键点。在这个过程中，分支的代码变更重新与主分支合并。由于主分支可能已经有了一些尚未与新改动整合的变化，因此这可能会导致新的错误。

使用提交构建一个生产制品。

- 依赖项——在构建生产制品时，可以引入依赖项，这可能会引入CI运行时不存在的进一步变更，并可能引入更多的错误。
- 非确定性构建——任何导致在一个时间点构建的制品与在另一个时间点构建的制品不同的因素，都有可能引入更多的错误。

正确的信号

对于每一个错误可能潜入的地方，你都希望设置CD流水线，以便在问题出现之前尽早获得信号。得到出现问题或即将出现问题的信号，将给你干预和解决问题的机会。有关信号的更多信息，请参阅第5章。

7.6 两张图的故事：默认为7天

让我们看看CoinExCompare网站如何解决每一个缺陷来源。CoinExCompare网站最近遇到了一个生产缺陷，是由合并后的第一个缺陷来源引起的。

与主分支的分歧

Nia一直在开发一个功能，为每种特定货币绘制最后七天的货币活动图。例如，如果用户访问狗币的登录页，他们会看到这样的汇率表，显示过去七天中每一天的收盘价(以美元计)。

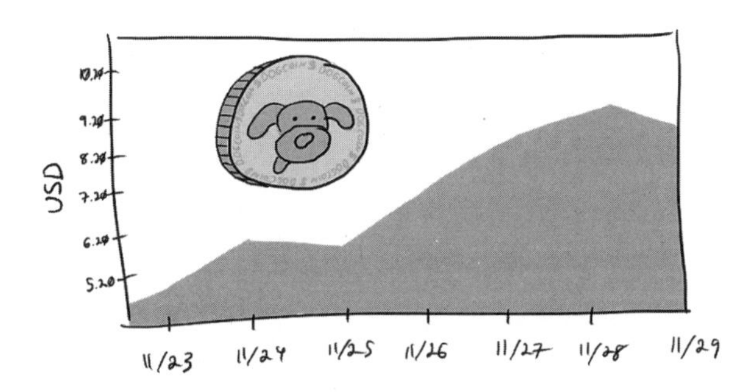

当她在开发这个功能时，她发现了一个现有的功能，看起来会让她的工作轻松很多。get_daily_rates函数将返回特定货币(相对于美元)在一段时间内的每日峰值汇率。默认情况下，该功能将返回所有时间的汇率，由值0(也称MAX)表示。

```
MAX=0

def get_daily_rates(coin, num_days=MAX):
  rate_hub = get_rate_hub(coin)
  rates = rate_hub.get_rates(num_days)
  return rates
```

环顾代码库，Nia惊讶地发现，没有一个调用方使用将num_days默认为MAX的逻辑。由于她必须调用此函数几次，她认为默认为7天是合理的，这为她提供了所需的功能，因此她将函数变更为默认值7天，而不是MAX，并添加了一个单元测试来覆盖它。

```
def get_daily_rates(coin, num_days=7):
  rate_hub = get_rate_hub(coin)
  rates = rate_hub.get_rates(num_days)
  return rates
...
  def test_get_daily_rates_default(self):
   rates = get_daily_rates("catcoin")
   self.assertEqual(rates, [2.0, 2.0, 2.0, 2.0, 2.0, 2.0, 2.0])
```

所有的测试用例，包括她的新测试用例，都通过了，所以她感觉为自己的代码变更创建PR会很好。

7.7 两张图的故事：默认为30天

但是Nia没有意识到其他人正在对同一代码进行变更！CoinExCompare网站的同事Zihao正在为另一个页面开发图形功能。此功能显示特定货币最近30天的数据。

遗憾的是，Nia和Zihao都没有意识到不止一个人在研究这个非常相似的逻辑！英雄所见略同：Zihao也注意到了Nia所做的同样的功能，并认为这将给他所需要的。

```
MAX=0

def get_daily_rates(coin, num_days=MAX):
rate_hub = get_rate_hub(coin)
rates = rate_hub.get_rates(num_days)
return rates
```

你刚刚看到Nia变更了这个功能，但她的变更还没有合并，因此Zihao根本没有意识到她的这个变更。

Zihao做了与Nia相同的调查，并注意到没有人使用该功能的默认行为。由于他必须调用它几次，因此他认为变更函数的默认行为是合理的，这样它将返回过去30天的汇率，而不是所有时间的汇率。他做出的改变与Nia有点不同。

```
MAX=0

def get_daily_rates(coin, num_days=MAX):
  rate_hub = get_rate_hub(coin)
  rates = rate_hub.get_rates(30 if num_days==MAX else num_days)
  return rates
```

Zihao还添加了一个单元测试来覆盖他的变更。

```
def test_get_daily_rates_default_thirty_day(self):
rates = get_daily_rates("catcoin")
self.assertEqual(rates, [2.0]*30)
```

Nia和Zihao都修改了同一个函数以使其行为不同，并且依赖于他们所做的变更。Nia依赖于默认返回7天汇率的功能，而Zihao依赖于它返回30天的数据。

谁改得更好？

Nia变更了参数默认值，而Zihao则不使用参数默认值并变更了参数的使用位置。Nia的改变是更好的方法：在Zihao的版本中，默认值被两次设置为两个不同的值，更不用说MAX参数将不再有效，因为即使有人明确提供了它，逻辑也会在30天内返回。这类事情有望在代码评审中被指出。事实上，这个例子有点牵强，但这样我就可以演示当进行了冲突的变更但没有被版本控制系统捕获时会发生什么情况。

7.8 冲突并不是总会被发现

Nia和Zihao都变更了同一功能中的默认逻辑，但至少在代码合并时，这些冲突的确会被发现，对吧？

遗憾的是，并没有！对于大多数版本控制系统，查找冲突的逻辑是简单的，并且不知道所涉及的变更的实际语义。当将代码变更合并在一起时，如果完全相同的行被变更，版本控制系统会意识到问题的存在，但无法深入了解更多的信息。

Nia和Zihao在get_daily_rates函数中变更了不同的行，因此这些变更实际上可以在没有冲突的情况下合并在一起！Zihao首先合并了他的变更，变更了主干中get_daily_rates的状态，使其具有新的默认逻辑。

```
MAX=0

def get_daily_rates(coin, num_days=MAX):
  rate_hub = get_rate_hub(coin)
  rreturnates = rate_hub.get_rates(30 if num_days==MAX else num_days)
  return rates
```

与此同时，Nia也合并了她的变更。Zihao的变更已存在于主分支中，因此她对Zihao更改的以上两行代码的更改也被合并进去，导致了这个函数。

```
MAX=0

def get_daily_rates(coin, num_days=7):
  rate_hub = get_rate_hub(coin)
  rates = rate_hub.get_rates(30 if num_days==MAX else num_days)
  return rates
```

Nia的变更设置了参数的默认值。

与此同时，Zihao依赖于默认为MAX的条件。

最终结果是，Zihao的代码变更首先被合并，并且在合并后表现良好。然而，问题出现在Nia的代码变更被合并后，导致了先前提到的问题。具体而言，Nia的变更影响了Zihao的变更，导致函数的默认值从MAX变为7。由于Zihao的三元条件现在会评估为false(除非调用方明确传递MAX)，因此该函数现在默认返回7天的数据。这表示尽管Nia的功能按预期运行，但Zihao的功能现在已受损。

这真的会发生吗?

确实如此！这个例子有点牵强，因为对于Zihao来说，更明显的解决方案是也变更默认参数值，这会立即被视为冲突。在日常开发中更频繁出现的更现实的场景可能涉及跨多个文件的变更，例如，根据特定功能进行变更，而其他人则对该功能进行变更。

7.9 单元测试呢

Nia和Zihao都增加了单元测试。这肯定意味着相互冲突的变更会被捕获吗？

如果他们在文件中的同一点添加了测试，版本控制系统会将其视为冲突，因为他们都会变更相同的行。遗憾的是，在我们的例子中，单元测试是在文件的不同点引入的，所以没有发现冲突！合并的最终结果将是两个单元测试都存在。

```
  def test_get_daily_rates_default(self):
    rates = get_daily_rates("catcoin")
    self.assertEqual(rates, [2.0, 2.0, 2.0, 2.0, 2.0, 2.0, 2.0])
...
  def test_get_daily_rates_default_thirty_day(self):
    rates = get_daily_rates("catcoin")
    self.assertEqual(rates, [2.0]*30)
```

Nia的单元测试预计函数将在7天内返回，默认情况下返回相当于数据的值。

Zihao的单元测试期望使用完全相同的参数调用函数时返回30天的数据。

版本控制系统无法捕捉到冲突，但至少这两个测试都不可能通过，对吧？然而，在测试运行时，问题是否会被发现并不确定。如果这两个测试用例同时运行，其中一个测试将失败(除非发生不确定的情况，否则两个测试都不可能通过)。但是这两个测试用例是否会同时运行呢？让我们看看Nia和Zihao的变更时间表。

- Zihao提交了他的PR。
- Nia提交了她的PR。
- Zihao的PR被合并，将他的更改添加到get_daily_rates以及将他的新单元测试添加到主分支。
- Nia的PR被合并，将她的更改添加到get_daily_rates以及将她的新单元测试添加到主分支——在Zihao已经进行的更改的基础上。
- Nia和Zihao的更改都已经合并到主分支，包括了那些不能同时通过的单元测试。

CoinExCompare在PR上触发单元测试，因此Zihao的单元测试运行并通过。

运行Nia的PR的单元测试也会被自动触发。

Zihao的测试通过了，因此它们不会阻止他的更改被合并。

Nia的测试也是一样通过。

仅对每个PR自动运行测试。CoinExCompare网站只依赖于在每个PR上运行其CI(包括测试)，但将它们合并在一起后，没有自动运行 CI 的机制。

7.10 PR触发器仍然会让缺陷潜入

运行由PR触发的CI是在缺陷被引入主干之前捕获缺陷的好方法。但是，正如你在Nia和Zihao中看到的那样，你的变更在自己的分支中的时间越长，并且没有集成回主分支中的时候，引入变更冲突的可能性就越大，从而导致无法预见的缺陷。

> 减少这种风险的另一种方法是尽快合并回主分支。下一章将对此进行详细介绍。

- 在本地进行变更工作，多次更新。 → 当你工作时，其他的变更可能会被引入主分支，而你在变更中没有考虑到这些变更。
- 对变更做出提交。 → 随着你的工作，主分支中的变更会不断累积。
- 打开PR。 → 随着时间的推移，与主分支的分歧将继续扩大。
- 将提交合并到远程仓库的主分支中。 → 由于可能有尚未与此新变更集成的变更，因此可能会引入新的错误。

我在工作时经常从主干分支中拉取变更；这难道不能解决问题吗？

这确实降低了错过引入主干分支的冲突变更的可能性。但除非你能保证最新的更改已被拉取，CI在合并之前立即运行，并且在此期间没有进一步的变更被引入，否则仅依赖于PR触发的CI，仍然有可能会错过一些变更。

要点

合并前在PR上运行CI不会捕获所有冲突的变更。如果冲突的变更在完全相同的行中变更，那么版本控制可以捕捉冲突并在合并前强制更新(和重新运行CI)。但如果变更在不同的行或不同的文件中，则可能最终导致CI在合并前通过，但在合并后，主干分支处于故障的状态。

7.11 合并前以及合并后的CI

CoinExCompare网站能做些什么来获得这些冲突存在的信号，并避免进入主分支故障的状态吗？Nia和Zihao都增加了测试来覆盖他们的功能。如果这些测试是在组合(合并)变更之后运行的，那么问题就会立即被发现。CoinExCompare网站设定了一个新目标：

要求在合并之前将代码变更与最新的主分支合并且通过CI。

CoinExCompare网站可以做些什么来实现这一目标？它有以下几个选项：

1. 定期在主分支上运行CI。
2. 要求特性分支在合并到主分支之前是最新的。
3. 使用自动化将变更与主分支合并，并在合并之前重新运行CI(也称为使用合并队列)。

接下来，将更详细地展示每个选项，下面是每个选项的利弊。

- 选项1将捕捉这些缺陷，但只有在它们被引入主分支之后才可以被捕获；这意味着主分支仍然可能进入故障状态。
- 选项2将防止我们一直在关注的错误注入，并且它得到了一些版本控制系统(例如GitHub)开箱即用的支持。但在实际应用中，这可能是一个巨大的麻烦。
- 选项3，如果实现正确，也可以防止这些错误进入。作为一个开箱即用的功能，它运行得很好。但如果你需要自己实现和维护它，它可能会很复杂。

7.12 选项1: 定期运行CI

下面详细介绍第一个选项。对于Nia和Zihao的情况，最令人沮丧的一个方面是，直到在生产中看到这个问题才被发现——尽管有单元测试可以发现它！

有了这个选项，你更侧重于在这种情况发生时轻松地检测它，而不是努力阻止这种边缘情况的发生。事实上，由多个更改之间的交互引起的类似这样的错误不太可能经常发生。

检测这些问题的一个简单方法是，除了针对PR运行CI外，还定期针对主分支运行CI。这可能看起来像是CI的夜间运行，如果任务足够快，则可能更频繁(例如每小时)。当然，它有以下几个缺点。

- 这种方法将使主分支进入一种故障状态。
- 这需要有人监控这些定期测试，或者至少负责在测试失败时采取行动。

如果CoinExCompare网站决定使用定期性CI作为解决这些冲突变化的解决方案，Nia和Zihao会是什么样子？假设CoinExCompare网站决定每小时运行一次定期测试：

- Zihao的PR被合并，将他的变更添加到get_daily_rates，并将他的新单元测试添加到主分支。
- Nia的PR被合并，在Zihao已经做出的变更的基础上，将她对get_daily_rates的变更和她的新单元测试添加到主分支。

此时，主分支处于故障状态。

- Nia和Zihao的变更都是在主分支上的，包括单元测试。
- 在接下来的一个小时内的某个时间，定期性CI会针对主分支的当前状态运行。
- 定期性CI故障；Nia和Zihao引入的单元测试不能通过。

冲突已经被捕捉；然而，需要有人看到定期性CI失败，诊断问题，然后要么解决问题，要么将信息传递给Nia和Zihao。

至少现在这个问题会被发现，并可能在生产之前停止，但这符合CoinExCompare网站的目标吗？

要求在合并之前将变更与最新的主分支合并且通过CI。

由于所有事情都发生在合并后，因此选项1不符合标准。

7.13 选项1：设置定期运行的CI

> 请继续关注：定期运行的CI还有其他好处，我将在本章稍后介绍。

CoinExCompare网站(目前)还不打算推进定期运行的CI，但在我继续讨论其他选项之前，让我们快速了解一下如何设置它。CoinExCompare网站正在使用GitHub操作，因此进行此变更很容易。比如说，工程师希望每小时运行一次流水线。在他们的GitHub Actions工作流程中，他们可以使用时间表语法，在触发部分包括一个时间表目录。

```
on:
  schedule:
    - cron:  '0 * * * *'
```

GitHub操作计划指令使用用于表示何时运行的cron选项卡语法。

尽管设置定期(又称计划性)触发很容易，但更大的挑战是对结果采取措施。当针对PR运行CI，在它失败时，谁需要采取行动就更清楚了：PR本身的作者。他们会有动力这样做，因为他们需要在合并之前通过CI。

对于定期运行CI，责任更加分散。为了使CI变得有用，你需要有人在发生故障时得到通知，并且你需要一个流程来确定谁需要修复故障。可以通过邮件列表或创建仪表板来处理通知；更困难的部分是决定谁需要采取行动并解决问题。

处理这一问题的常见方法是建立一个排班制度(类似针对生产方面的问题进行值班)，并在整个团队中分担责任。当故障发生时，目前的责任人需要决定如何分类和处理问题。

如果定期运行的CI经常出现问题，那么处理突然出现的问题可能会对必须处理这些问题的人的生产力产生重大负面影响，并可能会影响士气。这使得更加重要的事是要共同努力来确保CI的可靠性，以使中断变得不太频繁。

> 有关修复有噪声CI的技术，请参见第5章。

要点

定期运行CI可以捕获(但不能防止)此类错误。虽然启动和运行CI非常容易，但要使CI有效，你需要有人监控这些定期测试并对故障采取行动。

7.14 选项2：要求特性分支是最新的

选项1将检测到问题，但不会阻止问题的发生。在选项2中，你可以保证问题不会悄悄出现。这很有效，因为如果主分支被更新了，你将被迫在合并之前更新分支，并且在更新分支时将触发CI。

这会解决Nia和Zihao的问题吗？让我们看看会发生什么。

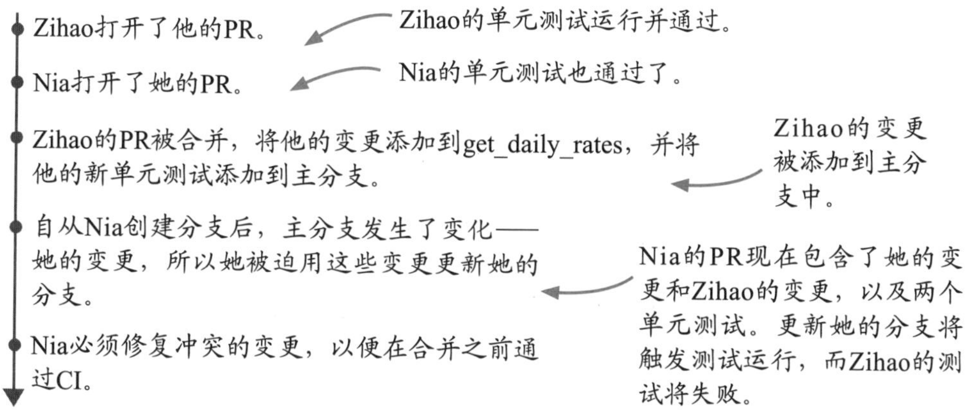

- Zihao打开了他的PR。 ← Zihao的单元测试运行并通过。
- Nia打开了她的PR。 ← Nia的单元测试也通过了。
- Zihao的PR被合并，将他的变更添加到get_daily_rates，并将他的新单元测试添加到主分支。 ← Zihao的变更被添加到主分支中。
- 自从Nia创建分支后，主分支发生了变化——她的变更，所以她被迫用这些变更更新她的分支。 ← Nia的PR现在包含了她的变更和Zihao的变更，以及两个单元测试。更新她的分支将触发测试运行，而Zihao的测试将失败。
- Nia必须修复冲突的变更，以便在合并之前通过CI。

一旦Zihao合并，Nia将被阻止合并，直到她拉取最新的主分支，包含了Zihao的变更。这将触发CI再次运行，这将同时运行Nia和Zihao的单元测试。Zihao的单元测试会失败，问题就会被捕捉！

不过，这种策略会带来额外的成本：任何时候更新主干，都需要更新不包含这些变更的分支的所有PR。在Nia和Zihao的案例中，这一点很重要，因为他们的变更发生了冲突，但无论是否重要，这一策略都将得到普遍应用。

你能自动更新每个分支吗？

自动更新所有分支是可能的(对于像Git这样的分布式版本控制系统来说，这是一个很好的支持功能)。然而，请记住，对于支持PR的分支，这些分支是开发人员在其本地编辑的分支的副本。因此，如果开发人员需要继续工作而不破坏，他们将需要提取自动添加的任何变更，这会引入额外的复杂性。此外，通过这种自动化，我们开始涉及选项3的领域。

7.15 选项2: 成本是多少

要求分支在合并前与主分支保持最新状态会遇到Nia和Zihao的问题，但这种方法也会影响每个PR和每个开发人员。这个花费值得吗？让我们看看这项政策将如何影响几个PR。

- PR #45打开。
- PR #46打开。
- PR #47打开。
- PR #45被合并，正在更新主分支。
- 主干已经更新，所以在更新之前，PR #46和PR #47现在被阻止合并。
- PR #48打开。
- PR #46被更新，然后被合并。
- 主干再次更新，所以现在PR #48在更新之前也被阻止合并，PR #47继续被PR #45和PR #46合并的变更所阻止。

每次合并PR时，它都会影响(并阻止)所有其他打开的PR！CoinExCompare网站大约有50名开发人员，他们每天都试图将自己的变更合并回主干中。这意味着大约有20～25个合并到主干中。

请参阅第8章，了解为什么如此频繁地合并是个好主意。

想象一下，在任何给定的时间都有20个PR开放，作者试图在开放后一天左右的时间内将它们合并。每次合并PR时，它都会阻止其他19个打开的PR，直到它们被更新为最新的变更。

选项2中的策略将确保CI始终与最新的更改一起运行，但可能需要大量繁琐的更新来获取所有未合并的PR。在最坏的情况下，开发人员可能会发现自己不断地争先恐后地提交PR，以免被其他人的变更阻塞。

在合并变更之前要求分支是最新的，可以防止冲突的变更偷偷进入，但当只有少数人对代码库做出贡献时，这是最有效的。否则，可能得不偿失。

7.16 选项3: 自动合并CI

CoinExCompare团队认为，在合并之前总是要求分支保持最新状态的额外开销和挫败感是不值得的。那么团队还能做些什么？

根据CoinExCompare网站目前的设置，在合并之前对Nia和Zihao的PR进行测试。如果这些PR中的任何内容发生变化，那么这些测试将被触发以再次运行。这对Zihao的变更来说很好，但没有抓住Nia的变更所带来的问题。如果Nia的CI在合并前被触发再运行一次，并且在运行这些测试时包含了主干的最新变更，那么问题就会被发现。

因此，解决这个问题的另一个方案是引入自动化来运行在合并之前最后一次执行的CI，针对已经与主分支最新代码合并的变更。通过以下方式实现这一点：

(1) 在合并之前，即使CI以前已经通过，也要再次运行CI，包括最新的主分支(即使分支本身不是最新的)。

(2) 如果主分支在最后一次运行期间发生变更，请再次运行。重复此操作，直到它成功运行，并且与你将要合并到的主分支完全一致。

如果Nia和Zihao的变更中有这种自动化，他们的变更会发生什么？

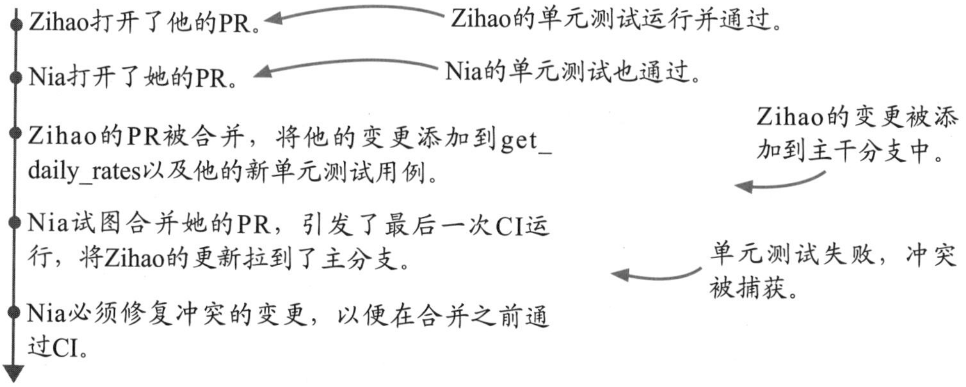

- Zihao打开了他的PR。 ← Zihao的单元测试运行并通过。
- Nia打开了她的PR。 ← Nia的单元测试也通过。
- Zihao的PR被合并，将他的变更添加到get_daily_rates以及他的新单元测试用例。 ← Zihao的变更被添加到主干分支中。
- Nia试图合并她的PR，引发了最后一次CI运行，将Zihao的更新拉到了主分支。 ← 单元测试失败，冲突被捕获。
- Nia必须修复冲突的变更，以便在合并之前通过CI。

随着CI引入最新的主分支(随着Zihao的变更)，并在允许Nia合并之前运行最后一次，冲突的变更将被捕获，无法进入主分支。

7.17 选项3: 使用最新的主分支运行CI

理论上，在与最新的主分支合并之前运行CI是有意义的，并确保在不重新运行CI的情况下主分支不能变更，但如何实现这一点？可以进一步分解这些元素。我们需要以下内容：

- 将分支与CI可以使用的主分支中的最新变更相结合的机制
- 在合并之前运行CI并在CI通过之前阻止合并发生的操作
- 一种检测主分支更新(并重新触发合并前的CI流程)的方法，或者一种在合并前运行CI以阻止主分支更改的方法

你是如何将你的分支与主分支的最新变更结合起来的？一种方法是在CI任务中通过拉取主分支并进行合并来自己完成这项工作。

但你通常不需要这样做，因为有些版本控制系统会为你处理这些问题。例如，当GitHub触发webhook事件时(或当使用GitHub Actions时)，GitHub提供一个合并的提交来再次测试：它创建一个将PR变更与主分支合并的提交。

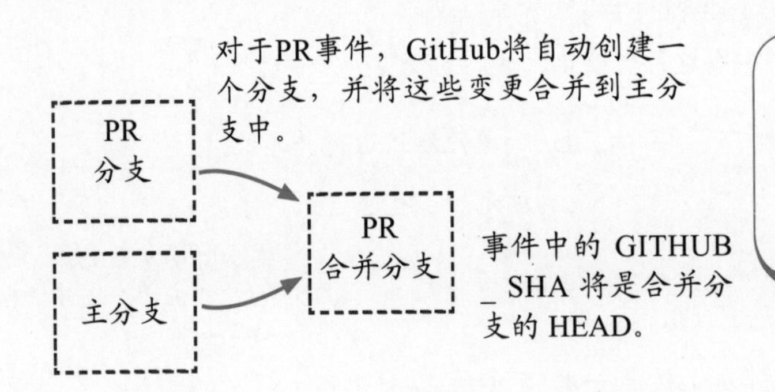

对PR触发的所有CI使用此合并提交将增加捕捉这些狡猾冲突的机会。

只要你的任务获取此合并提交(在触发事件中作为GITHUB_SHA提供)，你就覆盖了最新提交。

看待选项3(自动合并CI)的另一种方式是，它是选项2的替代方法。选项2要求分支在合并之前是最新的，选项3通过引入自动化来确保分支在运行CI之前更新到该状态，而不是阻止并等待作者用最新的变更更新其PR，从而确保分支在CI运行时是最新的。

7.18 选项3: 合并事件

现在我已介绍了方法的第一部分，下面介绍剩下的部分。我们仍然需要以下内容：

- 在合并之前运行CI并在CI通过之前阻止合并发生的操作
- 一种检测主分支更新(并重新触发合并前的CI流程)的方法，或者一种在合并前运行CI以阻止主分支更改的方法。

大多数版本控制系统都会为你提供一些运行CI以响应事件的方法，例如打开PR时、更新PR时，或者在这种情况下，合并PR时，也称为合并事件。如果你运行CI以响应合并事件，则可以在发生合并时向你发出警报，并运行CI作为响应。然而，这并不能完全满足要求。

- 合并事件将在合并发生后(PR被合并回主分支后)触发，因此如果发现问题，它将已经进入主分支。至少你会知道，但主流水线会被破坏。
- 没有机制可以确保，在此自动化运行时对主分支的任何更改都会触发再次运行CI，因此冲突仍可能被忽略，无论自动化是否捕捉到它，主流水线现在都已被破坏了。

GitHub上合并的触发有点复杂：当payload中的合并字段的值为true时，合并事件的等价物是一个活动类型为close的pull_request事件。所以，这并不是那么简单！

Zihao的PR被合并，将他的变更添加到get_daily_rates，并将他的新单元测试添加到主分支。

Zihao的合并触发了CI再次使用最新的主分支进行变更。

Nia的PR被合并，将她的变更添加到get_daily_rates，并将她的新单元测试添加到主分支。

Nia的合并触发了CI使用最新的主分支再次运行他的变更。

Nia和Zihao的变更都是在主分支上的。

这个CI是否能捕捉到冲突取决于时间：Nia的合并CI可能会在Zihao的仍在运行时触发，在这种情况下，Zihao的代码变更还没有合并到主分支，因此Nia触发的合并分支CI不会捕捉到这个问题。

无论自动化是否捕捉到它，主流水线现在都已被破坏了。

对于Nia和Zihao的场景来说，这会是什么样子？

所以，遗憾的是，合并触发器并不能给我们带来我们想要的东西。这将增加我们发现冲突的机会，但只有在引入冲突之后，而且在自动化运行时，更多的冲突仍可能悄悄出现。

7.19 选项3：合并队列

如果触发合并事件并不能给我们完整的解药，你还能做什么？我们正在寻找的完整配方需要以下内容：

- 将分支与CI可以使用的主目录中的最新变更相结合的机制
- 在CI通过之前阻止合并发生的操作
- 一种检测主分支更新(并重新触发合并前的CI流程)的方法，或者一种在合并前运行CI来阻止主分支更改的方法

我们对第一个需求有一个答案，但对另外两个需求缺乏完整的解决方案。答案是创建完全负责合并PR的自动化。这种自动化通常被称为合并队列或合并列车；合并从来都不是手动完成的，而是由执行最后两个需求的自动化来处理。

> 请参阅附录B，了解版本控制系统中的合并队列和基于事件的触发等功能。

你可以通过自己构建合并队列来获得此功能，但幸运的是，你不需要这样做！许多版本控制系统现在提供了开箱即用的合并队列功能。

顾名思义，合并队列将管理有资格合并的PR的队列(例如，它们已经通过了所有必需的CI)。

- 每个符合条件的PR都被添加到合并队列中。
- 对于按顺序排列的每个PR，合并队列会创建一个临时分支，将变更合并到主干中(使用与GitHub在PR事件中创建合并提交所使用的逻辑相同的逻辑)。
- 合并队列在临时分支上运行所需的CI。
- 如果持续集成(CI)通过，则合并队列将继续进行合并。如果失败，则不会进行合并。在此期间，没有其他内容可以合并，因为所有合并都需要通过合并队列进行。

> 对于非常繁忙的代码仓库，一些合并队列通过批量处理待合并的PR并运行CI来进行优化。如果CI失败，可以使用二分查找等方法快速定位有问题的PR，例如将批处理分成两组，对每组重新运行CI，并重复此过程，直到发现哪个PR导致了CI失败。鉴于发生合并后冲突的情况非常罕见，如果有足够多的PR在处理中，等待或合并队列变得繁琐时，这种优化可以节省大量时间。

7.20 选项3: CoinExCompare网站的合并队列

让我们看看合并队列将如何解决Nia和Zihao的冲突。

- Zihao的PR已经准备好合并了。
- Zihao的PR被添加到合并队列中。
- 合并队列从主干创建一个分支，合并在Zihao的变更中并启动了CI。
- Nia的PR准备合并。
- Nia的PR被添加到合并队列中。
- 合并队列当前正在为Zihao的PR运行CI，因此Nia的PR必须等待。
- Zihao的PR通过，合并队列将他的变更合并到主分支中。
- 轮到Nia了：合并队列从主干(包括Zihao最近合并的变更)创建一个分支，合并Nia的变更，并启动CI。
- CI失败了，Nia必须处理相互冲突的变更，然后才能合并她的PR。

即使Zihao和Nia的合并尝试重叠，合并队列也会处理竞争条件，防止任何冲突偷偷进入。

冲突在之前被捕捉到，并未进入主分支！

构建你自己的合并队列

构建自己的合并队列是可行的，但需要大量工作。在高层次上，你需要完成以下操作：创建一个了解所有待处理PR状态的系统；阻止你的PR合并(例如，通过分支保护规则)直到该系统发出允许的信号；使该系统选择准备好合并的PR，将它们与主分支合并并运行CI；最后，由该系统执行实际的合并。这种复杂性具有很大的错误潜在性，但如果你绝对需要确保不会出现冲突，并且你没有使用支持合并队列的版本控制系统，这可能值得一试。

要点

合并队列通过管理合并并确保CI通过，以确保正在合并的变更与主干分支的最新状态相匹配，防止冲突的变更悄悄引入。许多版本控制系统提供了这个功能，这很好，因为自行构建可能不值得这个努力。

轮到你了: 弥补缺点

让我们再次看看在合并之间引入的捕获冲突的3个选项。

1. 定期在主分支上运行CI。

2. 要求特性分支在合并到主分支之前是最新的。

3. 使用自动化将变更与主分支合并，并在合并之前重新运行CI(也称为使用合并队列)。

对于前面三个选项中的每一个，从以下列表中选择最适合的两个缺点。

A. 减缓合并PR的时间

B. 需要有人监控并对结果负责

C. 导致许多PR被阻止合并，直到作者解除阻塞

D. 允许主分支进入故障状态

E. 在你的版本控制系统不支持的情况下实现起来较为复杂

F. 当涉及多个开发人员时，变得繁琐

答案

1. 定期运行CI: 最适合的缺点是B和D。在合并到主分支之后，定期运行CI将会捕捉到在PR之间引入的冲突。如果没有人注意定期运行的情况，那么它们将毫无效果。

2. 要求分支保持最新状态：缺点主要体现在C和F。每次发生合并时，所有其他未合并的PR都将被阻止，直到它们更新。对于涉及少数开发人员的情况，这是可行的。但对于较大的团队来说，可能会变得繁琐。

3. 使用合并队列：最适合的缺点是A和E。每个PR在合并之前需要额外运行一次CI，并且可能需要等待队列中排在前面的PR。创建自己的合并队列系统可能会很复杂。

7.21 哪里还会发生错误

CoinExCompare团队决定使用合并队列，通过GitHub，工程师可以很容易地选择使用此功能，方法是将设置添加到他们的分支保护规则中，以便主干需要合并队列。

既然他们正在使用合并队列，CoinExCompare团队的人员是否成功地识别并解决了所有可能引入错误的地方？让我们再次看看变更的时间线以及何时可能引入错误。

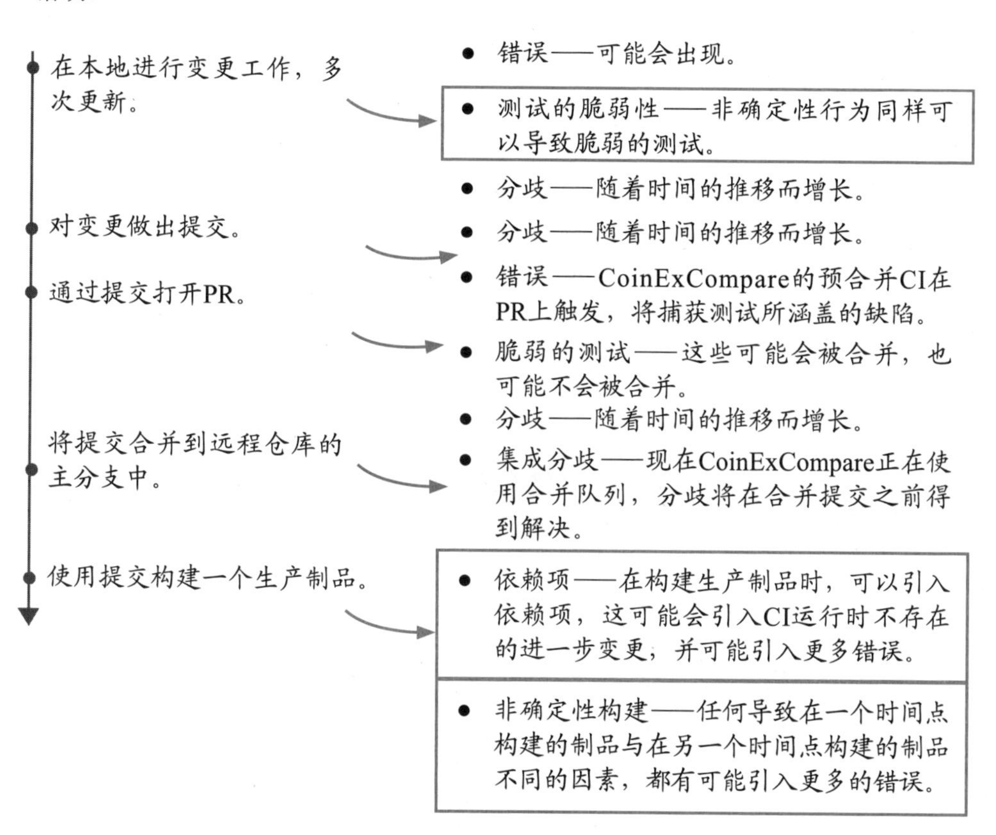

即使引入了合并队列，CoinExCompare网站仍有几个潜在的缺陷来源尚未解决。

- ~~与主分支的分歧和集成(现在已处理！)~~
- 对依赖项的变更
- 非确定性：在代码和/或测试中(即测试脆弱性)，和/或构建制品的方式

7.22 测试脆弱性和PR触发的CI

你在第5章中了解到，当测试不一致时会出现测试脆弱性：有时通过，有时失败。你还了解到，这同样可能是由测试的问题或被测代码的问题引起的，因此最好的策略是将这些问题视为缺陷并进行全面调查。但由于测试脆弱性不会一直发生，因此很难捕捉到！

CoinExCompare现在在每个PR和在合并PR之前运行CI。这是波动问题可能出现的地方，而事实上它们通常会被忽视。难以抗拒只是再次运行测试，合并并结束一天的诱惑，尤其是如果你的更改似乎没有涉及这个问题。

CoinExCompare网站有没有更有效的方法来暴露和处理这些脆弱的测试？前面我们研究了定期运行CI，并认为这不是解决狡猾冲突的最佳方式。然而，事实证明，定期运行CI是暴露脆弱的测试的好方法。想象一下，一个测试每500次运行中只有一次会测试结果不稳定。

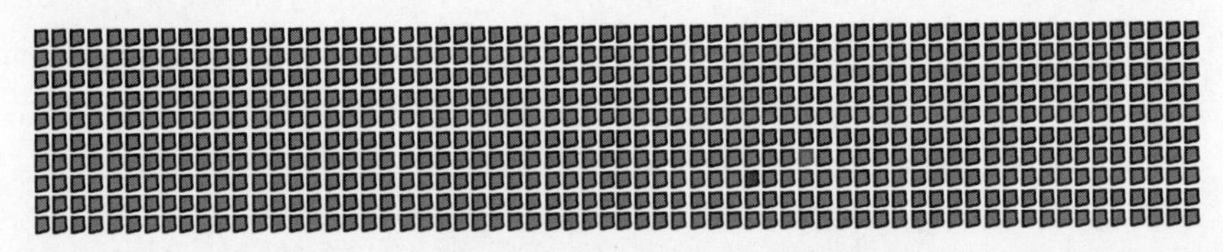

CoinExCompare团队的开发者每天大约有20～25个PR提交。假设CI对每个PR至少运行3次：一次是初始运行，一次是变更，最后一次是在合并队列中运行。这意味着每天大约有25次PR×3次跑 = 75次机会达到失败的测试。

在大约7天的时间里，有525个变更失败，因此此测试可能会使其中一个PR失败。(创建PR的开发人员也可能会忽略它并再次运行CI！)

7.23 通过定期测试捕获脆弱的测试

当仅依靠基于PR触发和合并队列的测试来发现脆弱的测试时，CoinExCompare网站将能够再现每500次发生一次的测试结果不稳定，大约每7天发生一次。当脆弱的测试被复制时，受影响的PR的作者很有可能会决定再次进行测试并继续前进。

CoinExCompare团队有什么可以做的吗？让它更容易复制脆弱的测试，而不必依赖受影响工程师的良好行为来修复它？前面谈到了定期测试，以及它们如何不是防止冲突潜入的最佳方法，但事实证明，通过定期测试捕捉脆弱的测试效果非常好！如果CoinExCompare网站将定期运行CI设置为每小时运行一次，该怎么办？如果定期运行CI被设置为每小时运行一次，那么它将每天运行24次。

这个脆弱的测试在500次运行中失败了1次，因此需要500/24天，约为21天，才能再现这个失败。

通过定期运行CI每21天再现一次失败似乎不是一个大的改进，但主要的吸引力是，如果定期测试发现了问题，它们就不会阻碍某人的不相关的工作。只要团队有一个处理定期运行CI发现的故障的流程，那么通过这种方式发现的脆弱测试问题有更好的机会得到妥善处理和深入调查，而不是突然出现并阻塞某人不相关的工作。

要点

定期测试有助于识别和修复代码和测试中的不确定性行为，而不会阻塞不相关的工作。

7.24 缺陷和构建

通过添加合并队列和定期测试，CoinExCompare网站已经成功消除了大多数潜在的缺陷来源，但缺陷仍然有办法潜入。

- ~~与主分支的分歧和集成(现在已处理！)~~
- 对依赖项的变更
- 非确定性：~~在代码和/或测试中(即测试脆弱性)~~，通过定期测试捕获，和/或构建制品的方式进行

> 剧透：处理通过依赖关系变更引入的错误的最佳答案是始终锁定依赖关系。见第9章。

这两个错误的来源都围绕着构建过程。在第9章中，我将展示如何塑造你的构建过程以避免这些问题，但与此同时，在不彻底检查CoinExCompare网站构建镜像的方式的情况下，可以做些什么来捕捉和修复构建时引入的错误？让我们再来看看流水线：

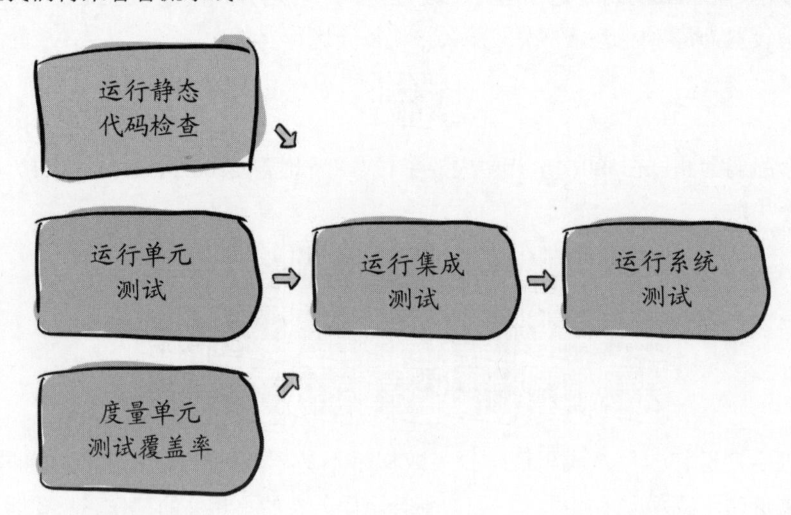

流水线中的最后一个任务是运行系统测试。与任何系统测试一样，这些测试将CoinExCompare网站作为一个整体进行测试。系统测试需要一些运行依据，因此此任务的一部分必须包括设置被测系统(System Under Test，SUT)。要创建SUT，需要构建CoinExCompare网站使用的镜像。

> **词汇时间**
>
> **被测系统(SUT)**是为了验证其正确运行而进行测试的系统。

我们目前看到的缺陷类型是在构建镜像时偷偷出现的，所以系统测试能捕捉到它们吗？答案是肯定的，但问题是，为系统测试构建的镜像与正在构建并部署到生产中的镜像不同。这些镜像将在稍后构建，届时缺陷又会不经意地产生。

7.25 CI与构建和部署

在第2章中，你看到了两种任务的示例：门禁和转换。

CoinExCompare网站将其门禁和转换任务分为两个流水线。到目前为止，我们一直在研究的流水线，即CI流水线，其目的是验证代码变更(也称为门控代码变更)。CoinExCompare网站使用不同的流水线来构建和部署其生产镜像(也就是将源代码转换为运行容器)。

有关流水线设计的更多信息，请参见第13章。

现实情况是，这两种任务之间的界限可能会变得模糊。如果你想对你的门禁任务(你的CI)所做的决定充满信心，则也需要在你的CI中进行一定的转变。这经常出现在系统测试中，系统测试通常会秘密地进行一定数量的构建和部署。

7.26 使用相同的逻辑构建和部署

CoinExCompare网站的系统测试任务正在做一些事情：

1. 准备环境以运行测试中的系统
2. 构建镜像
3. 将镜像推送到本地镜像仓库
4. 运行镜像
5. 然后才对正在运行的容器运行系统测试

但——这是非常常见的——它没有使用发布流水线用于构建和部署图像的相同逻辑。如果是这样的话，它应该使用与该流水线中使用的任务相同的任务。

这意味着在构建和部署实际镜像时，缺陷可能会偷偷出现，特别是：

- 取决于构建时间的差异，例如，在系统测试期间拉取依赖项的最新版本，但当构建生产镜像时，会拉取更新的版本。
- 取决于构建环境的差异，例如，在不同版本的底层操作系统上运行构建。

CoinExCompare网站可以进行两项改变，以最大限度地减少这些差异：

- 定期运行部署任务
- 使用与实际构建和部署相同的任务来构建和部署系统测试

7.27 通过构建改进CI流水线

CoinExCompare网站更新其CI流水线，以便系统测试使用与生产构建和部署相同的任务。更新后的流水线如下所示。

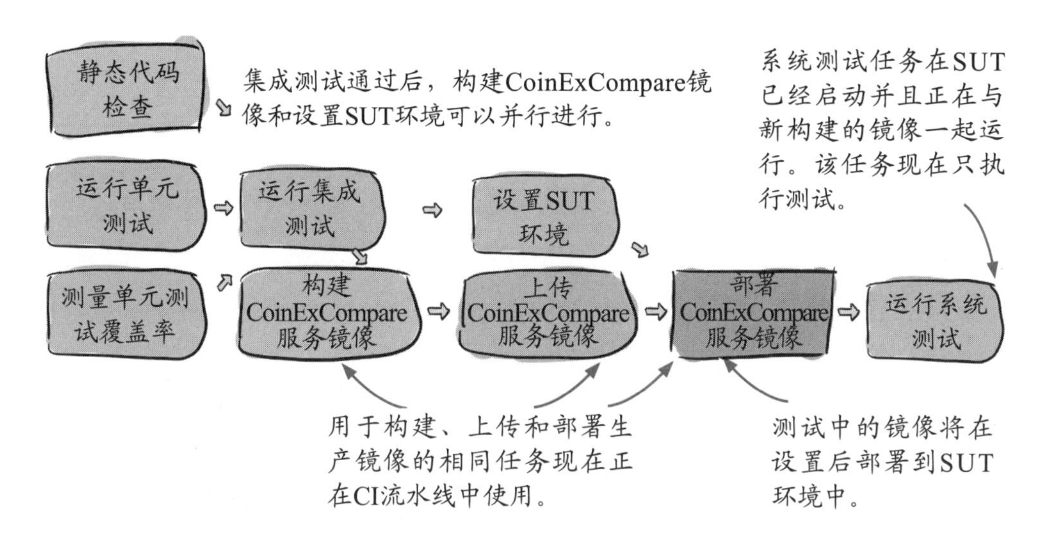

他们的定期测试将每小时运行一次这个CI流水线，现在工程师已经更新了他们的CI流水线来构建和部署，这意味着他们现在也会自动定期运行部署任务。

> CoinExCompare没有使用持续部署；有关不同部署技术的更多信息，请参阅第10章。

他们是否减轻了所有潜在的缺陷来源？让我们再看看他们试图消灭的缺陷种类：

- ~~与主分支的分歧和集成(现在已处理！)~~
- 对依赖项的变更
- 非确定性：~~在代码和/或测试中(即测试脆弱性)~~，和/或构建制品的方式

他们可能仍然有一些与这两者相关的缺陷。但是，由于发布流水线在不同的时间运行，并且使用不同的参数运行，因此出现这两种类型错误的概率现在大大降低了。

- 依赖关系的变更问题得到了缓解，因为现在每小时都在构建(和测试)镜像。如果依赖项中的变更引入了一个缺陷，那么现在缺陷能够悄悄渗透的窗口只有大约一个小时，而且很可能在下次定期CI运行时捕捉到该错误。
- 非确定性构建问题得到了缓解，因为通过使用完全相同的任务为CI构建镜像，我们减少了可能不同的变量数量。

(有关如何彻底战胜这些风险的更多信息，请参阅第9章。)

7.28 重新审视代码变更时间表

现在是否涵盖了所有缺陷可能潜入的地方？CoinExCompare团队的员工坐下来最后一次查看所有可能引入缺陷的地方。

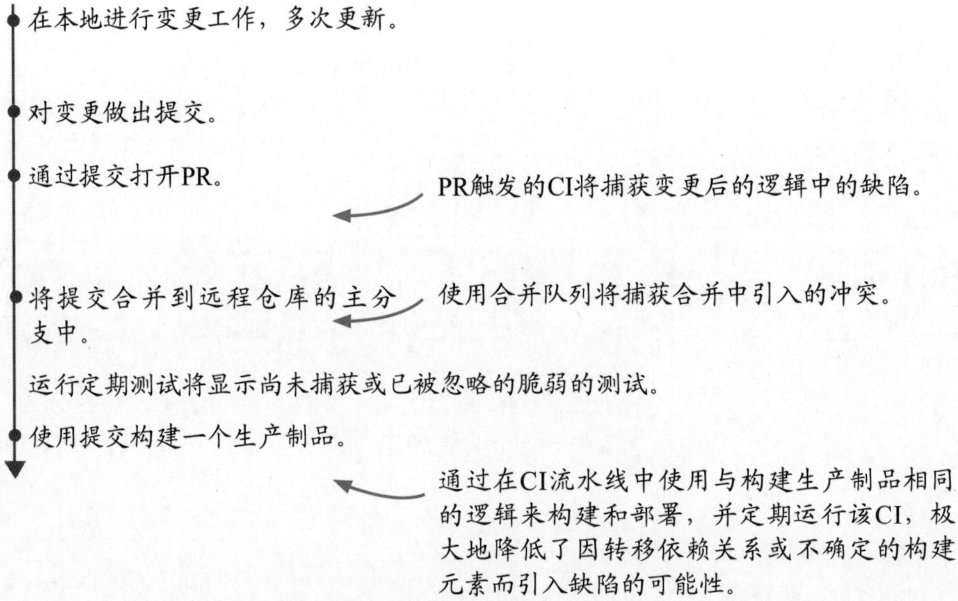

- 在本地进行变更工作，多次更新。
- 对变更做出提交。
- 通过提交打开PR。
  - PR触发的CI将捕获变更后的逻辑中的缺陷。
- 将提交合并到远程仓库的主分支中。
  - 使用合并队列将捕获合并中引入的冲突。
- 运行定期测试将显示尚未捕获或已被忽略的脆弱的测试。
- 使用提交构建一个生产制品。
  - 通过在CI流水线中使用与构建生产制品相同的逻辑来构建和部署，并定期运行该CI，极大地降低了因转移依赖关系或不确定的构建元素而引入缺陷的可能性。

CoinExCompare通过以下操作成功消除或至少缓解了缺陷可能潜入的所有地方。

- 继续使用其现有的PR触发的CI
- 添加合并队列
- 定期运行CI
- 更新CI流水线以使用与其生产发布流水线相同的逻辑进行构建和部署

有了这些额外的元素，CoinExCompare团队的工程师非常高兴地看到他们的生产错误和宕机问题大幅减少了。

> ***将定期生成CI制品视为发布候选***
>
> 最后两个缺陷来源只是得到了缓解，而不是完全消除。CoinExCompare可以做的一件简单快捷的事情是，开始将其定期运行CI生成的制品视为发布候选，并按原样发布这些镜像，即在发布之前不再运行单独的流水线来重新构建。

轮到你了：找出差距

对于以下每一种触发设置，请确定可能潜入的错误以及该方法的任何明显缺点(假设没有其他CI触发)。

1. 触发CI定期运行
2. 触发CI在合并到主干分支后运行
3. PR触发的CI
4. PR触发的带有合并队列的CI
5. 将CI触发作为生产构建和部署流水线的一部分

答案

1. 单独定期运行CI会捕获缺陷，有时还会捕获脆弱的测试；然而，这将是在它们已经被引入主分支之后。要使定期运行CI单独发挥作用，需要让人们关注定期运行CI，他们需要将发生的缺陷分类回其来源。

2. 在合并到主分支之后触发会捕获缺陷，但只有在它们被引入主分支之后。由于这种触发在合并后立即发生，因此确定谁应对这些变化负责将更容易，但也很有可能会忽略任何显示的脆弱的测试。这还需要“当CI出故障时不要合并到主分支”策略，否则错误可能会相互影响并不断增加。

3. PR触发的CI非常有效，但会错过PR之间引入的冲突。被发现的缺陷很可能会被忽视。

4. 将合并队列添加到PR触发的CI将消除PR之间的冲突，但脆弱的测试仍可能被忽略。

5. 将CI作为生产发布流水线的一部分运行将确保在发布之前捕捉到由更新的依赖引入的错误(以及一些非确定性因素)，但跟踪这些错误将中断发布过程。如果无法立即修复这些错误，并且重新运行使错误看起来消失了，很有可能它们会被忽视。

7.29 结论

CoinExCompare团队的工程师认为，在每个PR上运行触发的CI足以确保他们在变更引入缺陷时始终获得信号。然而，经过仔细研究，他们意识到这种方法不可能涵盖所有内容。通过使用合并队列，添加定期测试，并更新他们的CI以使用与发布流水线相同的逻辑，他们现在几乎涵盖了所有内容！

7.30 本章小结

缺陷可能随着变更一起产生，可能在处理变更和主分支合并时产生，也可能在构建过程中产生。

合并队列是防止PR之间冲突的变更偷偷进入的一种非常有效的方法。如果合并队列在版本控制系统中不可用，那么要求分支是最新的对于小团队来说可以很好地工作，或者定期测试是有效的(尽管这意味着主分支可能会进入破坏状态)。

无论如何，定期测试都是值得添加的，因为它们可以在不中断无关PR的情况下识别脆弱的测试，但有效地使用它们需要围绕它们建立一个处理流程。

在CI流水线中以与生产发布相同的方式构建和部署，将有助于减轻在运行CI和发布流水线之间可能潜入的错误。

7.31 接下来……

在第8章，我将开始过渡到深入研究超越CI的CD流水线的细节：用于构建和部署代码的转换任务。下一章将深入探讨可以使流程更加顺利的有效版本控制方法，以及如何度量这种效果。

第Ⅲ部分 让交付变得简单

现在你已经了解如何保持软件的可交付状态，我们接下来将越过软件变更验证环节，进入如何发布该软件的领域。

第8章将再次审视版本管理这个话题。通过从DORA指标的角度审视版本控制的使用方式，你将了解版本管理的使用方式对发布频率的影响。

第9章将通过SLSA标准所定义的原则，来展示如何安全地构建工件，并解释制品版本管理的重要性。

第10章将回归DORA指标的话题，关注与稳定性有关的指标，并通过实验不同的部署方法，来提高软件的稳定性。

第8章 轻松交付从版本控制出发

本章内容：

- 使用度量速率的DORA指标：部署频率和变更前置时间
- 通过避免长期存在的特性分支和代码冻结，提升开发速度并加强沟通
- 通过使用小而频繁的提交来减少变更的前置时间
- 通过使用小而频繁的提交安全地增加部署频率

“在之前的章节中，着重讨论了持续集成(CI)，但是从本章开始，我将转向持续交付(CD)流水线中的其他活动，具体来说，是用于构建、部署和发布代码的转换任务。

良好的CI实践对CD的其他方面有直接影响。在本章中，我将深入探讨有效的版本控制方法，以使CD运行地更加顺畅，并介绍如何度量其有效性。”

8.1 回到Watch Me Watch项目

还记得第3章中的“Watch Me Watch”初创项目吗？现在它仍然发展强劲，实际上，它还在不断地壮大。在过去的两年中，该公司已经从仅有Sasha和Sarah两位员工壮大到拥有超过50名的员工。

从一开始，Watch Me Watch就致力于自动化部署。但随着公司业务的发展，工程师开始担心这些部署越来越有风险，因此他们开始减缓部署的速度。

现在，它们的每个服务只在每两个月一次的特定时间窗口进行发布。在发布前的一周，代码库将被冻结，不允许进行新的变更。

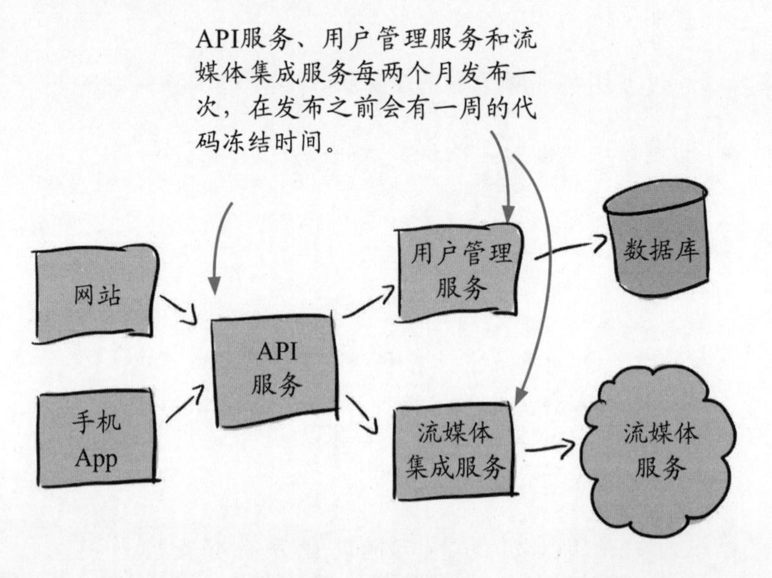

尽管做出了这些改变，但问题似乎变得更糟：每次部署仍然让人觉得非常危险，更糟的是，功能发布到生产需要的时间太长了。自从Sasha和Sarah开始创业以来，竞争对手已经不断涌现出来，由于功能发布缓慢，竞争对手似乎已经处在领先位置了！无论Sasha她们做什么，都感觉越来越慢。

8.2 DORA指标

Sasha和Sarah陷入了困境，但新员工Sandy有一些关于公司可以采取其他部署方式的想法。一天，Sandy在走廊里遇到了Sasha。

当他们俩站在走廊里，Sandy开始解释DORA指标(https://www.devops-research.com/research.html)，Sasha意识到整个团队可以从Sandy的分享中获益，并询问Sandy是否介意向公司做一个演示。Sandy很快组织了一些幻灯片，并向所有人简要介绍了DORA指标。

DORA指标的起源

DORA指的是DevOps研究和评估(DevOps Research and Assessment)团队。该团队通过近十年对DevOps的研究创建了DORA度量指标。

什么是DORA度量指标

DORA度量指标是用于度量软件开发和交付团队效能的四个关键指标。这些指标被分为两个主要类别：速率和稳定性。

DORA的速率指标

以下的指标度量速率：

- 部署频率
- 变更前置时间

DORA的稳定性指标

以下的指标度量稳定性：

- 服务恢复时间
- 变更失败率

Watch Me Watch的速率

在DORA指标的介绍后，Sandy继续与Sarah和Sasha讨论这些指标如何帮助Watch Me Watch解决公司交付缓慢的问题。Sandy建议公司关注与速率有关的两个DORA指标，并对其进行度量。这两个速率相关的DORA指标是部署频率和变更前置时间。

想知道其他两个关于稳定性的DORA 指标吗？我将在第10章讨论部署时详细介绍它们。

DORA关于速度的指标

速度通过两个指标进行度量:

- 部署频率
- 代码变更的前置事件

为了度量这些指标，Sandy需要更详细地了解它们。

- 部署频率指标度量团队成功发布到生产环境的频率。
- 变更前置时间指标度量一个提交的代码变更需要多长时间才能部署到生产环境。

生产环境是指你向客户提供软件系统的正式运行环境(与你可能用于其他目的的中间环境相比，比如测试环境)。详细定义请参见第7章。

在Watch Me Watch，只能在每两个月一次的部署窗口期内进行部署。因此，对于Watch Me Watch来说，部署频率是每两个月一次。

8.3 如果我不运行服务呢

如果你正在处理的项目并不是以服务化方式托管和运行的(有关可以提供的软件类型，包括库、二进制文件、配置、镜像和服务，请参见第1章)，你可能会想知道这些DORA指标是否对你适用。

DORA指标的确是以服务化运行为初衷而设立的。然而，同样的原则只需要对指标进行一些创造性的修改，就可以适用在其他软件类型的场景。当查看与速率相关的指标时，你可以将它们应用于其他软件(如库和二进制文件)，方法如下。

- 部署频率变为发布频率。为了保持与第1章中概述的定义(推送与部署与发布)的一致性，将该指标称为发布频率更能全面反映其意图：代码变更以何种频率最终变得向用户可用，即发布频率？(并且请记住，根据第1章的说明，通常所称的部署有时更准确地称为发布：当我们谈论持续部署时，我们真正谈论的是持续发布。)如果你需要以服务的形式托管并运行软件，这是通过将变更部署到生产环境并向用户提供来完成的。但如果你处理的是其他软件(例如库和二进制文件)，则可以通过提供新版本的软件来完成。
- 变更前置时间的定义保持不变，但是不要将其视为提交进入生产环境的时间，而是将其视为提交进入用户手中的时间。例如，在库的情况下，这将是在自己项目中依赖库的用户。从创建提交到提交内容可用于库的发布版本之间需要多长时间？

剩下的问题是，精英、高等、中等和低效能团队的指标值是否对作为服务运行的软件与作为库和二进制文件分发的软件平等适用。答案是我们不知道，但原则仍然相同：随着你频繁将变更交付给用户，每次发布时面对的风险就越少。

变更前置时间

为了度量变更前置时间，Sandy需要了解Watch Me Watch的开发流程。她们发现大多数特性都是在特性分支中创建的，并且当该特性的开发完成时，该分支将合并回主分支。一些特性可能只需要一周左右的时间就可以完成，但大多数需要至少几周的时间。以下是最近两个特性在特性分支1和特性分支2中开发的流程。

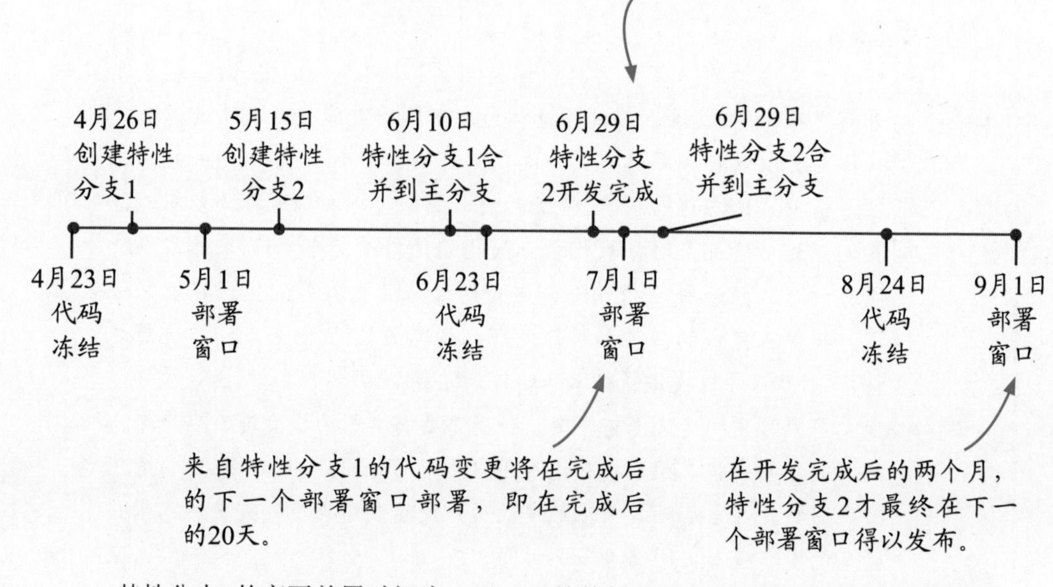

特性分支1的变更前置时间为20天。虽然特性分支2刚好在部署窗口之前完成，但由于这是在代码冻结期间，因此只能直到部署之后才能合并，这延迟了特性分支2的部署直到下一个部署窗口，即两个月后。这使得特性分支 2的变更前置时间为两个月，即大约60天。查看过去一年有价值的特性和特性分支，Sandy发现变更前置时间平均约为45天。

词汇时间

特性分支是一种分支策略，即在开始开发新功能时，创建一个新的分支(称为特性分支)。在此单独的分支上，对该功能的开发将继续进行，直到该功能完成，然后将其合并到主代码库中。你将在接下来的部分了解更多相关内容。

8.4 Watch Me Watch与精英效能团队

Sandy已经度量了Watch Me Watch的两个速率相关的DORA指标。

- 部署频率——每两个月部署一次
- 变更前置时间——45天

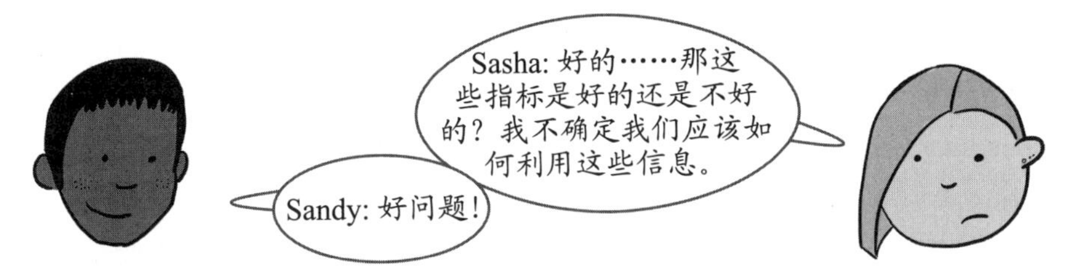

仅仅看这些指标，很难得出任何结论或得出任何可执行的方案。在确定这些度量指标的过程中，DORA团队成员还按综合效能对被访谈团队进行了排名，并将其分为四类：低、中等、高等和精英团队。对于每个指标，他们报告了每个分类中团队的指标情况。对于速率指标，其细分情况(来自2021年的报告)如下。

指标	精英效能	高效能	中等效能	低效能
部署频率	每天多次部署	介于每周一次和每月一次之间	介于每月一次到每6个月一次之间	小于6个月一次
变更前置时间	不到1小时	介于1天到1周之间	介于1个月到6个月之间	6个月以上

在精英效能团队那里，每天可以进行多次部署，变更的前置时间少于一小时！另一方面，低效能团队的部署频率不到每6个月一次，变更需要超过6个月才能交付到生产环境。将Watch Me Watch的指标与这些值进行比较，该公司与中等效能团队的水平相当。

如果我处于两个分类之间，怎么办？

DORA报告的聚类结果显示在不同分类之间有轻微的差距。这是基于他们调查的团队中看到的数值，它并不是准则。如果你发现自己的值介于两个分类之间，你可以自行决定将自己视为低效能分类的高端或高效能分类的低端。从整体上看，通过观察所有指标值进而获得你的整体表现可能会更加有意义。

8.5 给Watch Me Watch提升速率

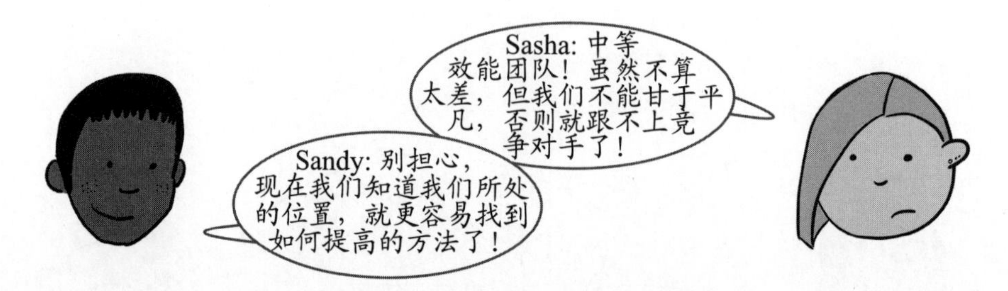

Sandy制订了一个计划，以提高Watch Me Watch的速率。

- 部署频率——要从中等效能团队变为高效能团队，团队需要从每两个月部署一次，提高到每个月至少部署一次。
- 变更前置时间——要从中等效能团队变为高效能团队，团队需要将前置时间从平均45天缩短到一周或更短。

他们目前的部署频率由他们使用的固定部署窗口确定，每两个月一次。他们变更前置时间也受到影响：特性分支直到整个功能完成后才会合并，并且只能在代码冻结期间合并。如果开发人员错过了部署窗口，则其变更将被延迟两个月，直到下一个部署窗口。

Sandy认为这两个指标都受到部署窗口(以及紧挨着部署之前的代码冻结)的严重影响，并且采用特性分支使情况变得更糟。

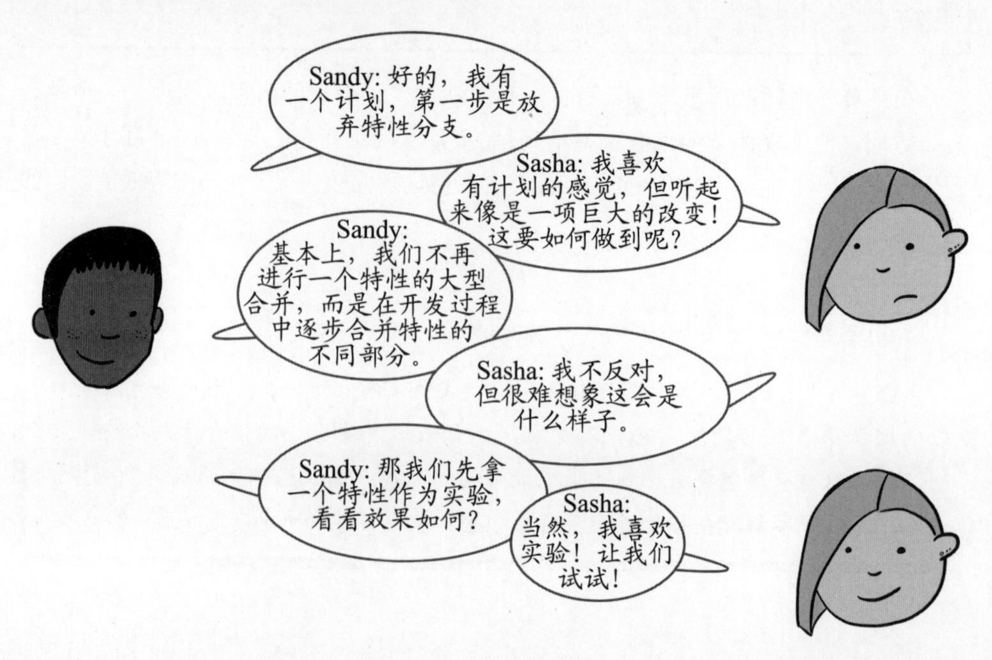

8.6 与AllCatsAllTheTime集成

为了尝试消除特性分支的影响，Sandy开始与Jan合作，尝试在他正在开发的下一个特性中采用一种新的分支管理方法。Jan负责集成新的流媒体提供商AllCatsAllTheTime(一个提供猫咪相关内容的流媒体提供商)。为了解Jan需要进行的变更，让我们再次查看Watch Me Watch的总体架构。尽管自上次查看其架构以来，该公司已经壮大，但Sasha和Sarah的初始设计对他们仍然非常有效，因此架构并没有改变。

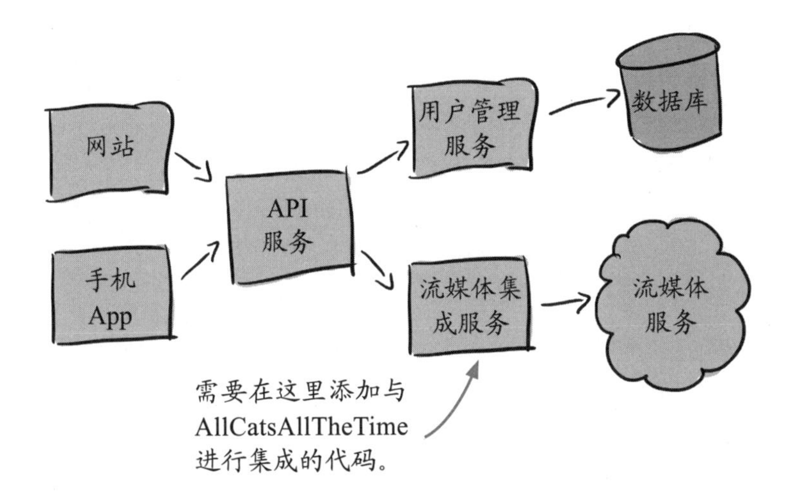

将AllCatsAllTheTime作为一个新的流媒体服务提供商进行集成，意味着需要修改流媒体集成服务。在流媒体集成服务的代码库中，每个集成的流媒体服务都被实现为一个单独的类，并且应该从StreamingService类继承和实现以下方法。

```
def getCurrentlyWatching(self):
  ...
def getWatchHistory(self, time_period):
  ...
def getDetails(self, show_or_movie):
  ...
```

这个接口提供了Watch Me Watch需要从流媒体服务提供商获取的大部分功能，包括展示用户观看的内容以及获取用户观看的特定电视节目或电影的详细信息。

8.7 主干开发

Sandy所倡导的方法是主干开发(trunk-based development)，开发人员经常将代码合并回代码库的主分支(也称为主干分支)。这种方法取代了特性分支开发(feature branching)，在特性分支开发中，为每个特性创建长期存在的分支，随着特性的开发，将变更提交到该分支中。最终，某个时刻，整个特性分支将被合并回主分支。特性分支开发的过程如下：

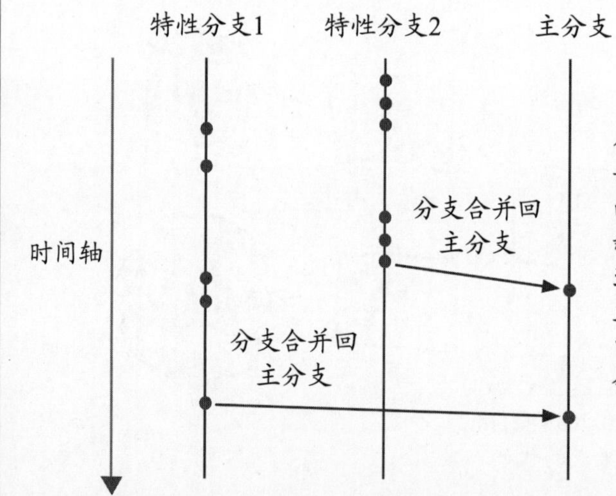

在特性分支开发模式中，每个特性分支会随着开发的进行而继续存在，并有新的提交添加到其中，直到特性被认为已经完成为止。只有在此时，该分支中的(可能很多)变更提交才会合并回主分支。

在主干开发模式中，尽可能频繁地向主分支进行提交，即使整个特性尚未完成(不过每个改动仍应该是完整的，这一点将在本章中得到说明)。

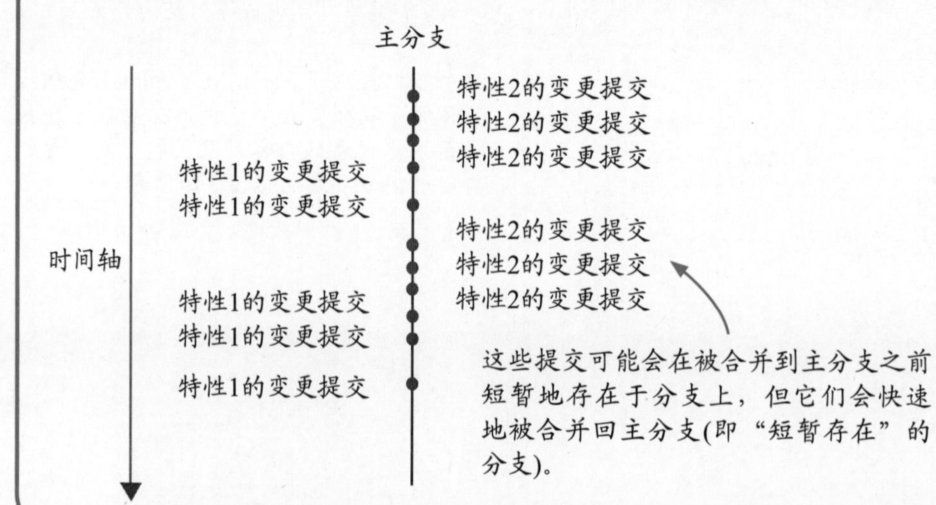

8.8 特性增量式交付

Sandy和Jan讨论了Jan正常处理这个特性的方法。

1. 从主分支创建一个特性分支。
2. 开始编写端到端测试。
3. 实现新流媒体服务类的框架，并编写测试。
4. 逐个使每个方法正常工作，同时编写更多测试和新类。
5. 如果他记得，会时不时地合并来自主分支的变更。
6. 当一切准备就绪时，将该特性合并回主分支。

采用Sandy建议的方法，Jan仍然会创建分支，但是他会尽快将这些分支合并回主分支，如果可能的话，每天进行多次合并。由于这与Jan通常的工作方式非常不同，Sandy和Jan讨论了最初如何开始此操作。

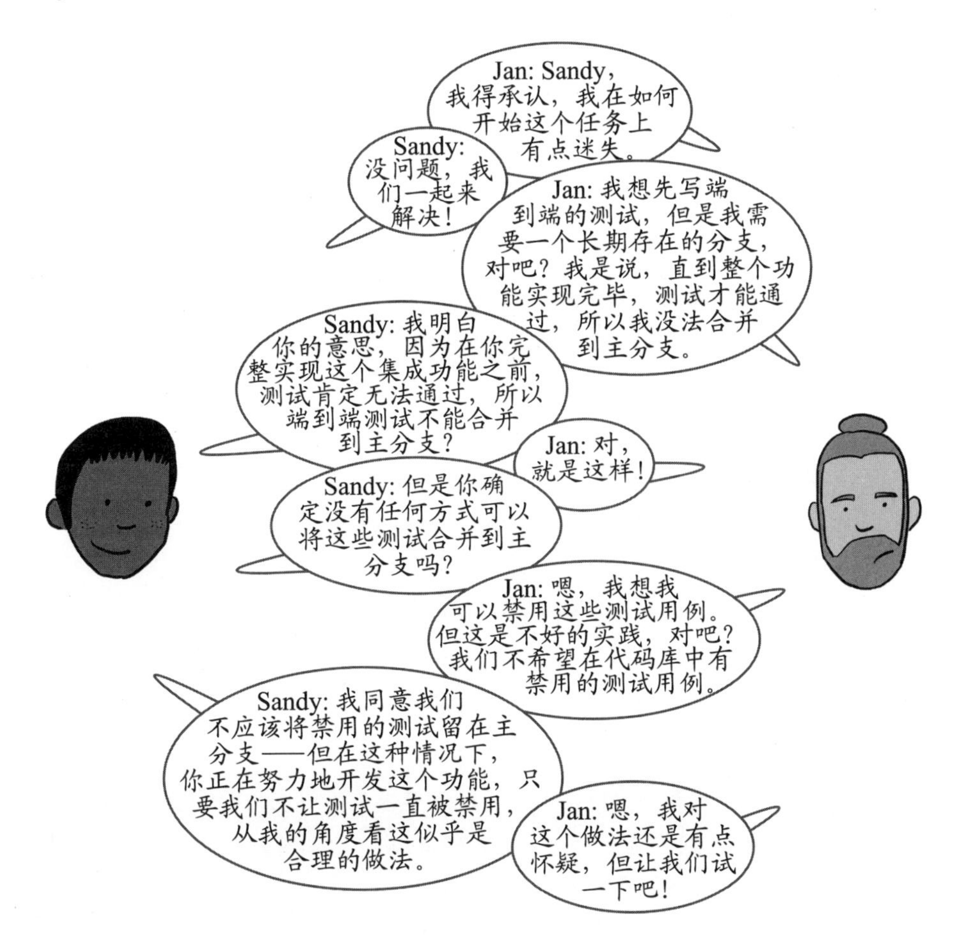

8.9 跳过测试的提交

Sandy说服了Jan，他可以创建初始的端到端测试，并且即使在功能完成之前测试不会全部通过，他仍然可以将它们作为禁用的测试提交回主分支。这将使他能够快速提交到主分支，而不是将测试保留在长期存在的特性分支中。

Jan为新的AllCatsAllTheTime集成创建了一组初始的端到端测试。这些测试将与真实的AllCatsAllTheTime服务进行交互，因此他设置了一个测试账户(WatchMeWatchTest01)，并为该账户提供了一些可视化的操作，以便他的测试可以进行交互。例如，这是其中一个覆盖了getWatchHistory方法的端到端测试。

```
def test_get_watch_history(self):
  service = AllCatsAllTheTime(ACATT_TEST_USER)
  history = service.getWatchHistory(ALL_TIME)

  self.assertEqual(len(history), 3)
  self.assertEqual(history[0].name, "Real Cats of NYC")
```

因为Jan还没有实现测试调用的任何功能，所以当他运行测试时，它们当然会运行失败。尽管Jan对此感到非常怀疑，但他还是按照Sandy的建议禁用了这些测试，使用了unittest.skip，并在注释中说明该测试用例实现正在进行中。他包括了一个指向问题跟踪系统中AllCatsAllTheTime集成的问题(#2387)的链接，以便其他工程师如果需要的话可以找到更多信息。

```
@unittest.skip("(#2387) AllCatsAllTheTime integration WIP")
def test_get_watch_history(self):
```

Jan非常怀疑这个新想法，那么他是一个糟糕的工程师吗？

当然不是！当尝试新事物时，尤其是当你有很多不同经验的时候，怀疑是很自然的。重要的是Jan愿意尝试新事物。一般来说，愿意实验和给新想法一个机会是确保你和团队可以不断成长和学习的关键要素。这并不意味着每个人都必须立刻喜欢每个新想法。

8.10 代码评审和“不完整”的代码

这样的方法如何与代码评审结合使用呢？这样细小、不完整的提交肯定很难评审吧？让我们看看会发生什么！

Jan创建了一个包含跳过端到端测试的 PR，并提交了评审。当他们团队的另一位工程师Melissa去评审这个PR 时，她有点困惑，因为她习惯了评审完整的特性。她的初步反馈反映了她的困惑。

Melissa

嘿，Jan，我不太确定如何评审这个，这个PR似乎不完整。你可能忘记添加一些文件了吗？

迄今为止，Watch Me Watch 的工程师一直期望一个完整的 PR 应该包括一个可用的特性，以及所有相关测试用例(全部通过且无测试被跳过)以及该特性的文档。

适应这种新的增量式方法将意味着需要重新定义“完整”的概念。Sandy重新定义何为一个完整的PR，为继续推进打下一些基础。

- 所有代码都完成了静态代码检查。
- 在未完成方法的注释中说明其未完成的原因。
- 每个代码变更都由测试用例和文档支持。
- 被禁用的测试用例包括解释并指向一个被跟踪问题。

Sandy和Jan与Melissa和团队的其他成员会面，解释他们试图做什么，并分享他们新的完整定义。会议结束后，Melissa返回到 PR 并留下了一些新的反馈。

Melissa

好的，我现在明白了！我认为采用这种新的增量式方法，唯一缺少的是更新我们的流媒体服务集成文档？

Jan意识到Melissa是对的：他虽然添加了测试用例，但是没有更新代码库中解释其流媒体服务集成的文档，因此他在 PR 中添加了一些非常简略的初始文档。

```
*AllCatsAllTheTime - (#2387) 与提供猫相关内容的服务提供商的集成还在开发中
```

Melissa批准了变更，并且合并了这段被禁用的端到端测试代码。

但是无用代码不是不好吗

基于合理的原因出发，许多组织都有规定，不允许无用代码存在于代码库中！无用代码是指提交到代码库中，但无法访问的代码；它不会被任何在运行时执行的代码路径调用。(它也可以指被执行但不会改变任何内容的代码，但这不是我在这里使用的定义。)

了解为什么要避免代码库中存在无用代码是非常有必要的。主要原因与随着时间推移代码库的维护有关。随着开发人员贡献新代码，他们将遇到这些无用代码，必须至少阅读它才能理解它未被使用，并且在最糟糕的情况下还要浪费时间更新它。但是，只有在代码真正消亡时(它将来不会被使用)才是浪费。在我们的场景中，Jan正在添加一些可能的无用代码，因为它看上去没有被使用，但它只是尚未被使用而已。其他开发人员投入维护此代码的任何时间都不是浪费的；实际上，正如你将在接下来的部分中看到的那样，这是非常有用的。

只有当出现在代码库的代码导致维护它们的时间是浪费时，它才是无用代码。

也就是说，努力避免在代码库中留下无用代码是值得的。(例如，假设Watch Me Watch 最终决定不与 AllCatsAllTheTime 集成，并且Jan停止开发此功能。在代码库中留下该代码将导致干扰和浪费时间。)有两种方法可以确保你的代码库中不会混杂无用代码。

- 通过在合并之前检测它并阻止其合并，完全禁止将无用代码(不可访问，未执行的代码)提交到你的代码库中。
- 定期运行自动化程序以检测死代码并自动清理它。最好的选择是让自动化建议变更删除代码，而不是自动合并这些变更，它允许开发人员决定代码是否应该继续保留。

第二种选项是最灵活的，并且允许你使用像Jan使用的方法，与安全措施保持平衡，以确保代码在永远不会被使用的情况下被删除。

如果你的组织采用第一种选项，则仍然可以采用增量式特性开发方法，但看起来有些不同。请参见“你可以频繁提交！”框中的一些提示。

8.11 保持这个势头

Jan合并了他的初始(已禁用)端到端测试用例。接下来呢？Jan仍然采用相同的方法继续实现新功能，但没有创建专门的特性分支。

1. ~~从主分支创建特性分支~~(不使用特性分支)。
2. ~~开始编写端到端测试~~(完成，已合并到主分支)。
3. 填充新的流媒体服务类的框架，并编写测试。 ← 下一步
4. 开始让每个单独的方法工作，增加更多的测试用例和新的类。
5. 如果他记得的话，不时地合并来自主分支的变更。
6. 当一切准备就绪时，将特性再合并回主分支。

Jan的下一步是开始实现新流媒体服务的框架和相关的单元测试。几天后，Sandy检查了进度。

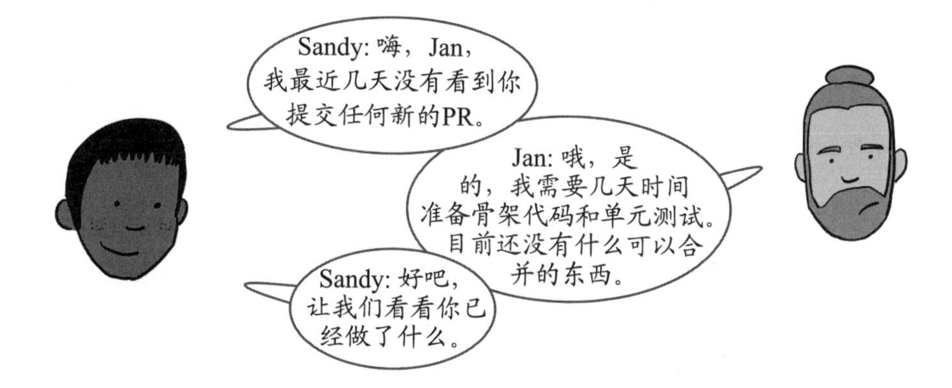

值得一提的是，Sandy不喜欢过度细节管理，通常不会像以上对话这样做！

8.12 提交不完整的代码

目前为止，Jan已经编写了 AllCatsAllTheTime 类的一些初始方法。

```
class AllCatsAllTheTime(StreamingService):
  def__init__(self, user):
    super().__init__(user)

  def getCurrentlyWatching(self):
    """返回AllCatsAllTheTime self.user当前正在观看的全部表演和电影列表"""
    return []

  def getWatchHistory(self, time_period):
    """返回AllCatsAllTheTime self.user观看表演和电影的历史记录"""
    return []

  def getDetails(self, show_or_movie):
    """返回AllCatsAllTheTime所保存的表演和电影属性列表"""
    return {}
```

他还为 getDetails 创建了单元测试(因为还没有实现任何内容，所以测试失败了)，并且为其他方法创建了一些初始的单元测试，这些测试完全为空并且始终通过。他向Sandy展示了这项工作，希望得到一些反馈。

难道Jan几天的工作只有这点吗?

可能是(也可能不是，因为创建mock和让单元测试运行起来可能是很费力的)。但我将这些示例保持简短的真正原因是为了将它们放入本章中。即使是这些小例子，所展示的思想也是正确的，即要习惯频繁提交小的变更，即使是像Jan将要进行的那样细小的提交。

8.13 评审进行中的代码

Jan提交了一个包含他的变更的PR：新类的空架子，一个禁用的失败单元测试和几个只是通过但没有做任何操作的单元测试。这时Melissa理解了为什么这个PR中有这么多的工作正在进行，也没有感到困惑。她立即提供了一些反馈。

Melissa

我们能否包括更多文档？自动生成的文档将会包含这个新类，而所有的文档字符串基本上都是空的。

Jan感到惊讶，一个几乎没有内容的PR也能得到有用的反馈。他开始为空方法实现文档字符串，描述它们的预期功能以及它们当前的功能。例如，他为新类AllCatsAllTheTime添加了以下文档字符串。

```
def getWatchHistory(self, time_period):
    """
    返回AllCatsAllTheTime self.user观看表演和电影的历史记录

    AllCatsAllTheTime 将保存用户观看的所有节目和电影的完整历史记录

AllCatsAllTheTime 集成仍在运行中 (#2387)，因此这个方法什么都不
会做，只会返回一个空列表
    :param time_period: 要么使用ALL_TIME返回完整的观看历史记录，
或者使用TimePeriod 的实例来指定开始和结束日期时间以检索历史记录进行记录
返回
    :returns:  Show对象的列表，每个对象都是已经观看过的记录
```

从他们注册的时间到当前时间，因此此函数可以返回从0个结果到无限长度的列表的任何结果。

Jan将变更后的PR更新后，Melissa对其进行了批准，并将其合并到了主分支中。

Jan：这仍然感觉很奇怪，但能够如此迅速地将这些变更合并到主分支中感觉真好。

Melissa为什么要花时间评审这些不完整的变更呢？

简短的答案是：不会浪费时间！相比评审一个巨大的特性分支，评审这些小的PR要容易得多！此外，她可以花更多的时间评审接口(例如方法签名)并在它们完全实现之前提供反馈。在代码编写之前进行变更要比在代码编写后进行变更更容易！

8.14 与此同时，让我们回到端到端测试

与此同时，不为Jan、Sandy和Melissa所知的是，代码库中的其他代码变更也在酝酿中！Jan创建了一个新分支，准备开始下一阶段的工作。当他打开端到端测试和他到目前为止所编写的骨架服务时，他惊讶地发现已经提交的代码中有新的变更，而这些变更是由其他人做出的！在端到端测试中，他注意到 AllCatsAllTheTime.getWatchHistory 的方法调用有一些新的参数。

```
def getWatchHistory(self, time_period, max, index):
  ...
  :param time_period: 要么使用 ALL_TIME 返回完整的观看历史记录，或者
使用TimePeriod的实例指定开始和结束日期时间以检索历史记录，进行记录返回或一个指定
要检索的开始和结束日期的TimePeriod
  :param max: 返回的最大结果数
  :param index: 指定完整结果列表中的其中一个下标，返回从该下标到最大结果
数的列表
  ...
```

向getWatchHistory方法增加参数来对结果进行分页。

这些新参数也已经添加到了骨架服务中。

```
def getWatchHistory(self, time_period, max, index):
  return []


def test_get_watch_history_paginated_first_page(self):
  service = AllCatsAllTheTime(ACATT_TEST_USER)
  history = service.getWatchHistory(ALL_TIME, 2, 0)
  # TODO(#2387)返回第一页的结果的断言

def test_get_watch_history_paginated_last_page(self):
  service = AllCatsAllTheTime(ACATT_TEST_USER)
  history = service.getWatchHistory(ALL_TIME, 2, 1)
  # TODO(#2387)返回第一页的结果的断言
```

测试用例永远是通过的，因为相关代码没有实现，但作者已经指出了要做的事情。

并且这里还添加了一组新的单元测试用例。

Jan查看变更历史记录，发现Louis在前一天合并了一个 PR，为所有流媒体服务的 getWatchHistory 添加了分页功能。他还注意到自己收到了Louis的聊天信息。

> 来自Louis的信息：
>
> 嘿，谢谢你提前合并 AllCatsAllTheTime！我之前还在担心如何确保把分页功能变更合并到所有正在开发的服务中；我不想在合并时给你造成麻烦。现在能够立即进行这些变更真是太棒了。

由于Jan提前合并了代码，Louis能够立即为其做出贡献。如果Jan将这些代码保留在一个特性分支中，Louis就不会知道 AllCatsAllTheTime，Jan也不会知道分页变更。当他最终去合并这些变更时，可能是几周甚至几个月后，他将不得不处理与Louis变更的冲突。现在这样做，Louis就可以立即处理它们！

8.15 可见的好处

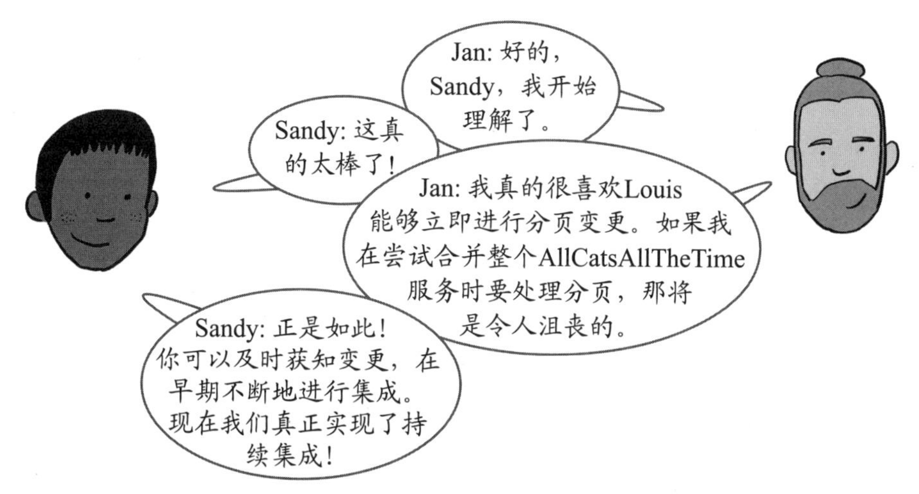

在本章中，我们开始越过CI话题，转向CI之后发生的流程(即CD的其余部分)，但事实上，CI和CD两者的界限很模糊，团队在CI流程中做出的选择会对整个CD流程产生涟漪效应。尽管Sandy的总体目标是提高速度，正如他们刚才向Jan指出的那样，采取增量式方法意味着团队的CI流程现在更接近于理想状态。那么这个理想状态是什么呢？让我们简要回顾持续集成的定义：

持续集成是频繁地合并代码变更的过程，每个变更都在提交时得到验证。

对于长期存在的特性分支，只有当将特性分支带回主分支时，才会频繁地合并代码变更。但是，通过尽可能经常地向主分支提交代码变更，Jan频繁地将自己的代码变更与主分支的内容合并(并使其他开发人员能够将他们的变更与其合并)！

要点

提高部署频率通常意味着要先提高CI水平。

要点

避免使用长期存在的特性分支，采用增量式方法，经常将变更合并回主分支(使用基于主干的开发)，不仅可以提高整个CD过程的效率，而且可以提供更好的CI。

你可以频繁提交代码

如果你正在看Jan和Sandy采取的方法，想着“这在我的项目上根本行不通”，请不要气馁！他们的方法并不是避免特性分支和频繁合并增量式进展的唯一选择。要采取增量式方法，避免不提交未完成的代码，重点在于实现Jan和Sandy试图实现的原则。

只要可能，就将变更频繁提交到代码库中，这样开发和部署就更容易、更快速。

他的目标是尽可能频繁地提交回代码库，对于你和你的情况可能与这个项目不同。最有效的方法是将工作分解为一小个一小个的功能块，每个功能块可以在一天内完成。这对软件开发来说是一个好的实践，因为它有助于思考工作，并使协作更容易(例如，允许多个团队成员在同一个功能上进行开发)。

话虽如此，实操起来并没有这么简单！而且不这样做可能会感觉更省事。以下是一些可以直接帮助创建小型、频繁PR的技巧。

- 通过开始快速的概念验证(POC)来尽早消除未知因素，而不是在编写准备部署到生产的软件时去探索新技术(例如，Jan可以在开始处理流媒体集成代码库之前创建与AllCatsAllTheTime的POC集成)。
- 将工作分解为细小的任务，每个任务最多需要几小时或一天的时间。考虑可以为它们创建的小型、自包含的PR(每个都附带文档和测试)。
- 重构时，在单独的PR中完成并快速合并。
- 如果无法避免从一个大型特性分支工作，请随时留意可以提交的代码片段，并花时间为它们创建和合并单独的PR。
- 使用特性开关参数来防止将还在实现的特性暴露给用户，和/或使用构建开关来防止它们被编译到代码库中。

简而言之，花时间事先考虑如何拆分你的工作并快速提交回代码库，并花时间创建支持此操作所需的小型、自包含的PR。这种努力非常有价值！

8.16 不断缩短的变更前置时间

通过更接近理想状态下的CI，Sandy和Jan直接影响了整个CD流程。具体而言，他们对Watch Me Watch的DORA指标产生了积极影响。记住Sandy的目标：

- 部署频率——通过从每两个月部署一次提高到每月至少部署一次，从而由中等效能团队转变为高效能团队。
- 变更前置时间——通过将平均前置时间从45天降至一周或更短的时间，从而由中等效能团队转变为高效能团队。

Jan最近的PR(包括新流式类的框架和一些正在进行中的单元测试)，与代码冻结和随后的部署窗口只是相隔几天。结果是，Jan的新集成代码作为该部署的一部分进入了生产环境。

当然，新的集成代码实际上还没有做任何事情，但是不管怎样，Jan所做的变更已经进入到生产环境。Sandy查看这些变更的前置时间。

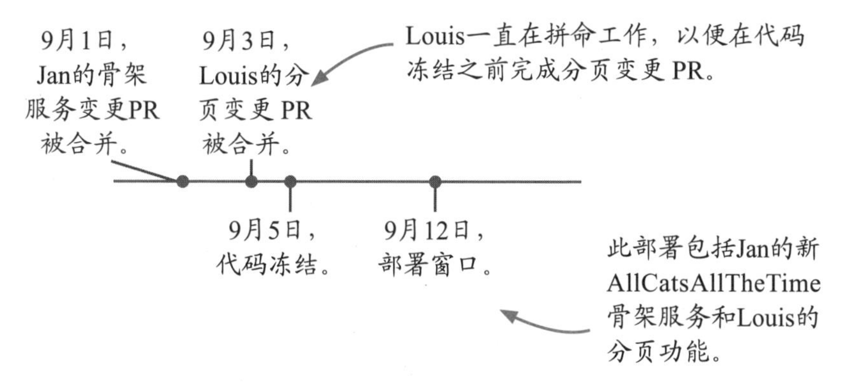

Jan在代码冻结前四天合并了骨架服务类。代码冻结前两天，Louis更新了getWatchHistory，以获取分页参数。两天后代码冻结开始，并且此后一周开始部署。

整个骨架服务类变更的前置时间始于 Jan 在 9 月 1 日合并，结束于 9 月 12 日的部署，总共为 11 天的前置时间。

下面将此与 Louis 的变更的前置时间进行对比。他从上一次部署窗口(7 月 12 日)之前就一直在特性分支上工作。他于 7 月 8 日开始，因此他的整个变更前置时间是从 7 月 8 日到 9 月 12 日，即 66 天。

尽管Jan的变更是增量式的(目前不起作用)，但Jan能够将每个单独变更的前置时间减少到 11 天，而Louis的变更前置时间则需要66 天。

8.17 继续AllCatsAllTheTime开发

Jan继续与Sandy合作，采用增量方法实现AllCatsAllTheTime集成服务的其余部分。他一个方法一个方法地继续开发，按照方法的顺序，实现方法、完善单元测试，并随时启用端到端测试。在进行了几周的工作之后，另一个团队成员Mei开始开发一个搜索功能，并向StreamingService接口添加一个新方法。

```
class StreamingService:
    ...
  @staticmethod
  def search(show_or_movie):
    pass
```

这个新的搜索方法将允许用户在流媒体提供商之间搜索特定的电影和节目，变更的作者将这个新方法添加到了每个现有的流媒体服务集成中。由于Jan一直在增量提交AllCatsAllTheTime类，因此Mei能够将搜索方法添加到现有的AllCatsAllTheTime类中；她甚至不需要告诉Jan有这个变更！有一天，Jan创建了一个新的分支开始处理getDetails方法，然后看到了Mei添加的代码。

以往在特性分支开发模式下，Jan只能在最后合并时处理这些变更，但现在Jan在开发过程中已经集成了两个主要功能(分页和搜索)。此外，在下一次部署(11月12日)之后，尽管集成服务还没有完成，但已经具备了足够的功能，用户可以开始使用它，市场营销也可以开始宣传集成服务完成后的发布。

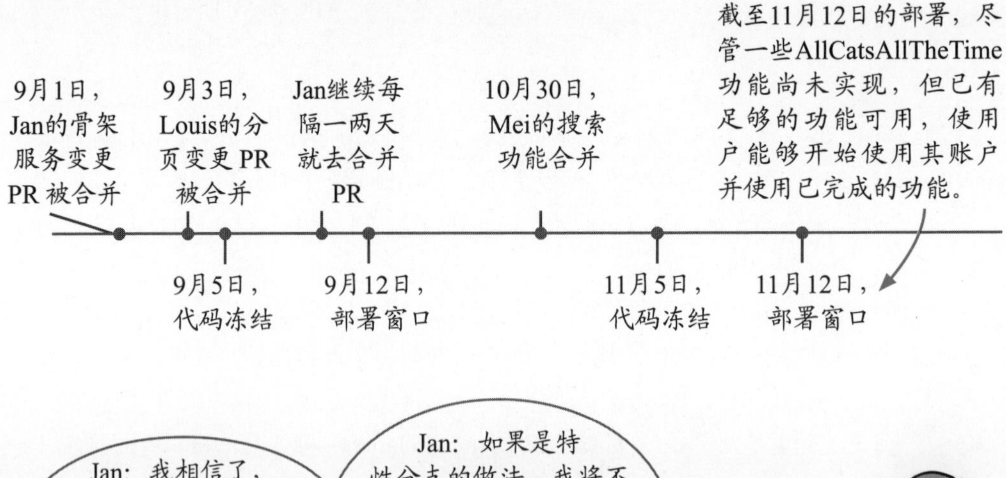

8.18 部署窗口和代码冻结

Sandy和Jan向Sasha和Sarah展示了他们试验的结果。他们避免长期存在的特性分支，采用增量式特性合并的方式，获得了多个好处。

- 更短的变更前置时间。
- 可以更早、更容易地集成多个特性。
- 用户可以更早地访问新功能。

Sasha和Sarah同意在整个公司尝试这种策略，并观察效果。于是，Sandy和Jan开始培训其他开发人员如何避免使用特性分支，采用增量式的实现方法。

几个月后，Sandy重新审视了所有变更前置时间指标，以了解它们的改善情况。前置时间已经显著降低，从平均45天降至18天。虽然单个变更更快地进入主分支，但它们仍然受到代码冻结的阻碍，如果它们在部署后不久合并，就必须等待将近两个月才能进入下一个部署。虽然指标有所改善，但它仍然达不到Sandy的目标，即将他们的变更前置时间从DORA中等效能团队的水平提升到高效能团队的水平(一周或更短时间)。

他们商讨了一个计划，并同意尝试每周部署一次并完全取消代码冻结。

8.19 速率提高

Sandy对接下来几个月的指标进行了跟踪，并观察功能的开发情况，以确定没有代码冻结和更频繁的部署是否能加速开发进度，并且能够将其DORA指标提高到更高的水平。

Melissa负责与新的流媒体提供商“Home Movie Theatre Max”进行集成。这个集成花了她大约5周时间来完成，在此期间，进行了4次部署，每次部署都包含了她的一些变更。

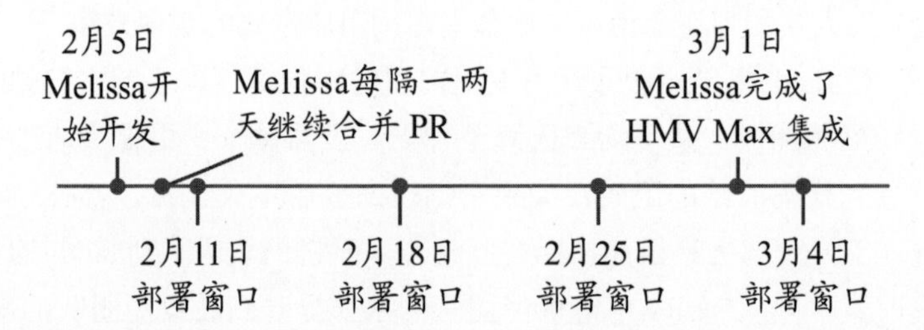

Melissa的变更的前置时间最多为5天。有些变更在合并后仅一天就被部署了。

Sandy查看了Watch Me Watch的统计数据，发现最长的变更前置时间为8天，但这种情况很少发生，因为大多数工程师已经养成了每隔一两天合并回主分支的习惯。部署频率和变更前置时间的最新平均数如下。

- 部署频率：每周一次
- 变更前置时间：4天

通过改变部署窗口之间的时间间隔，就可以使这个指标达到高效能团队的目标。

Sandy已经实现了他们的目标：就速率而言，Watch Me Watch现在与DORA的高效能团队表现一致了！

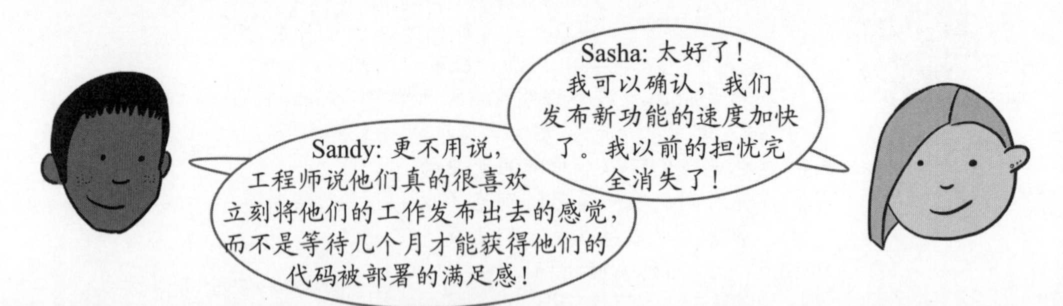

Sasha、Sarah和Sandy也在想如何从高效能团队进一步提升到精英效能团队，但这部分内容将在第10章详细讲解！

8.20 结论

Watch Me Watch曾通过引入代码冻结和低频的部署窗口来希望使发布更加安全。然而，这种方法只是让发布变慢。通过以DORA指标的视角来审视其流程——具体来说，是与速率相关的指标——开发人员能够规划出更快的路径。

放弃长期的特性分支，取消代码冻结，提高部署频率直接改善了他们的DORA指标。新方法让公司改善了功能发布耗时越来越长的问题，从而避免了被竞争对手超越的现状——更不用说，工程师感受到这是一种更加令人满意的工作方式！

8.21 本章小结

- DevOps研究和评估(DORA)团队确定了4个关键指标来度量软件团队的效能，并将它们划分为精英、高、中等和低效能团队。
- 部署频率是两个与速率相关的DORA指标之一，用于度量部署到生产环境的频率。
- 另一个与速率相关的DORA指标是变更前置时间，用于度量完成变更到将其部署到生产环境之间的时间。
- 减少变更前置时间需要重新审视和改进持续集成(CI)实践。CI做得越好，变更前置时间就越短。
- 在CI之外改进CD实践通常也需要重新审视CI。
- 部署频率对变更前置时间有直接影响；提高部署频率很可能会缩短变更前置时间。

8.22 接下来……

在第9章，将探讨源代码在CD流水线中经历的主要转换过程：将源代码构建成最终发布(可能也是部署)的制品，以及如何安全地构建该制品。

第9章 安全可靠的构建

本章内容：

- 通过自动化构建、构建配置即代码以及在短期环境的专用服务上运行构建来安全地构建
- 如何使用语义化版本控制和哈希来明确和唯一地标识制品
- 如何通过将依赖项固定在特定的唯一版本来消除依赖项中的意外错误

“构建是持续交付(CD)过程中非常重要的一部分，通常称为构建任务和流水线。本章将介绍构建软件制品中常见的陷阱，这些陷阱会注入错误并使得这些制品的使用者面临麻烦。此外，本章还将介绍如何构建CD流水线以避免陷入这些陷阱。”

9.1 Top Dog Maps

Top Dog Maps(顶级狗狗地图公司)是一家运营宠物狗公园查找网站的公司。它允许用户在特定区域内查找狗公园、对公园进行评级，甚至可以签到。签到次数最多的用户，他的狗会被标记为该公园的狗领袖。

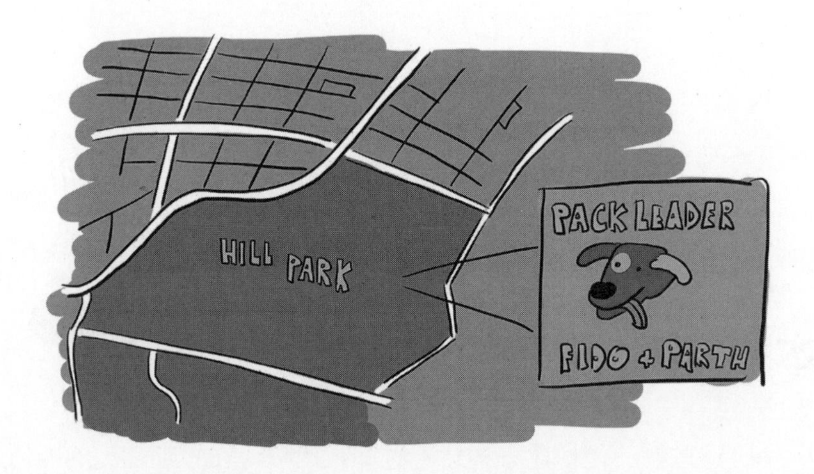

Top Dog Maps的架构被分解成几个服务，每个服务都由单独的团队负责：前端服务、地图搜索服务和用户账户服务。每个服务都以容器镜像的方式分布式运行，服务的部署由前端团队管理。地图搜索和用户账户团队发布构建好的容器镜像，前端团队决定何时在何处部署它们，以便可以随时使用更新。

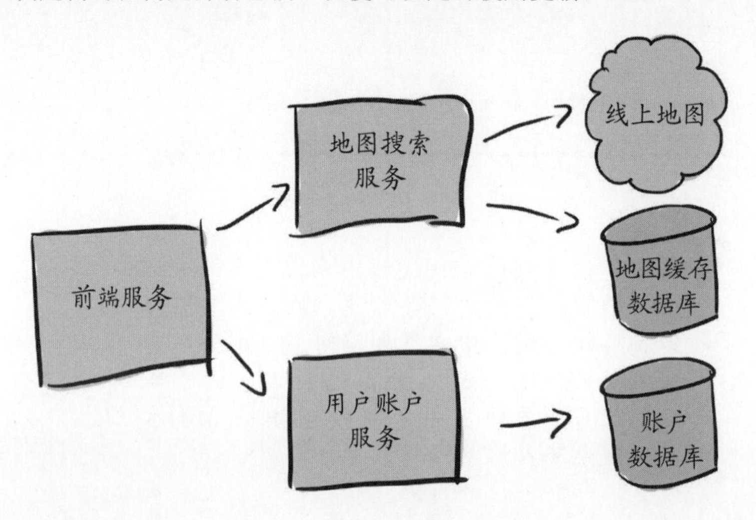

地图搜索团队最近经历了一些动荡：Julia曾负责构建地图搜索服务的容器镜像，但她最近转到另一家公司工作，给团队留下了空缺。

9.2 当构建流程仅仅记录在文档中时

现在，Julia已经离开了 Top Dog Maps，需要地图搜索团队中的同事接手该服务的镜像构建工作。幸运的是，现有团队成员Miguel热衷于改进他们的构建流程，并自愿承担这项工作。

他的第一步是评估当前构建地图搜索服务镜像的工作方式。他很快了解到，构建过程包含在Julia编写的指示文档中。

构建地图搜索服务镜像

步骤1：
克隆地图搜索代码仓库

```
$ git clone git@github.com:topdogmaps/map-search.git
```

步骤2：
切换到代码仓库目录

```
$ cd map-search
```

步骤3：
构建容器镜像

```
$ docker build --tag top-dog-maps/map-search.
```

你是否已经注意到镜像没有打上版本标签？别担心，Miguel会处理的！但是，Miguel有更重要的事情要处理。

步骤4：
将镜像推送到 Top Dog Maps 镜像注册中心

```
$ docker push top-dog-maps/map-search
```

Miguel：至少Julia已经把这个过程写下来了！这是一个很好的开始。

然而，Miguel立即发现了这个过程存在几个问题。

- 这个过程依赖于人来阅读文档并正确执行每个列出的指令。这可能存在人为错误的风险；很容易意外地跳过一条指令或打错一条指令。
- 这些步骤可以在任何地方运行：在Julia的机器上，在Miguel的机器上，谁知道呢！没有一致性，这意味着即使构建相同的源代码，当在不同的机器上执行这些步骤时，结果也可能不同。

9.3 安全和可靠构建的属性

在制订改进构建过程的计划时，Miguel列出了他希望地图搜索服务遵循的安全和可靠构建的属性列表，最终将它们推广到Top Dog Maps的其他团队。

始终可发布	源代码应始终处于可发布状态。
自动化构建	构建执行应该是自动化的，而不是手动创建的。
构建即代码	构建配置应该像代码一样对待，并存储在版本控制中。
使用CD服务	构建应该通过CD服务运行，而不仅仅是在任意的机器上运行，例如开发人员的工作站。
临时环境	构建应该在临时环境中运行，每次构建都会创建和销毁该环境。

当有人提到**构建**时，他们指的是从源代码构建软件制品的任务或任务组合。

安全CD制品的标准：SLSA

前面提到的要求是来自最近出现的一组安全构建软件制品的标准，称为软件制品供应链级别(Supply Chain Levels for Software Artifacts，SLSA)，它们受到了Google内部用于保护生产负载的标准的启发。SLSA(https://slsa.dev)定义了一系列渐进实现的构建制品安全级别。我在此讨论的要求具体来自实现SLSA版本0.1中级别3的构建流程要求。如果你有兴趣保护软件供应链的安全性，SLSA级别是一个很好的资源，可以概述如何从你当前的流程逐步过渡到更加安全的流程。

可隔离和可复现的构建

一旦你的构建过程符合之前列出的要求，它将符合SLSA版本0.1中级别3的构建要求(请注意，对于SLSA级别3还有其他要求；我们在这里专注于构建方面的要求)。

如果你想让你的流程更加安全，下一步就是查看SLSA级别4的要求，特别是你的构建具有可隔离性(构建过程没有外部网络访问，并且除了其输入之外不能受到任何影响)和可复现性(每次使用相同的输入进行构建时，你会得到完全相同的输出)。

这些都是值得追求的伟大目标，但是要实现它们可能需要大量的工作，特别是由于当前的CD工具状态并没有为可隔离性和/或可复现性构建提供很好的支持：即使你使用基于容器的构建，大多数CD系统也难以确保其在隔离的环境进行构建(例如，在容器内部限制网络访问)，而且难以创建不可复现的构建(即使是产生的结果中的时间戳的微小差异也会违反可复现性要求)。

尽管如此，我们可以密切关注未来CD工具在这个领域中对此的更多支持。同时，满足先前列出的要求已经可以给我们的构建带来很大的信心了！

9.4 始终可发布

下面详细介绍Miguel概述的每个要求，首先是保持源代码始终可发布。在整本书中，我们大部分时间都在研究如何使用CI确保你的软件始终处于可发布状态。记住，持续集成是

一个保证代码频繁变更，并且每个变更都能在提交时得到验证的流程。

当每个变更在提交时都得到验证(请参见第7章了解应何时进行验证的更多信息)，你可以确信你的软件始终处于可发布状态。幸运的是，地图搜索服务团队已经拥有了一个强大的CI流水线，每次变更都会执行这个流水线(包括单元测试、系统测试和静态代码检查)，因此团队已经感到自信可以随时构建新的镜像。

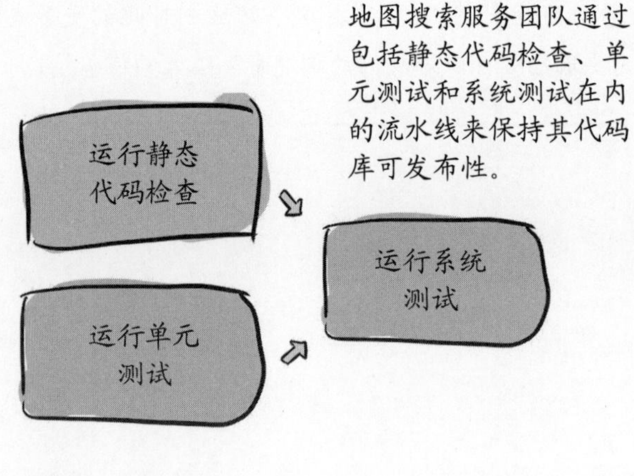

要点

使用 CI(如第 3~7 章所述)保持你的代码库处于可发布状态。

9.5 自动化构建

Miguel列出的第二个要求是自动化构建。这分为两个进一步的要求：

- 构建一个制品所需的所有步骤必须在一个脚本中定义。
- 执行该脚本应该自动触发，而不是手动触发。

这与一些没有自动化的构建例子形成对比：

- 假设创建制品的人“知道”该做什么(将步骤记在脑中，并通过口头传递)。
- 将步骤写在一个文档中，该文档意在由人读取和操作。
- 为构建制品创建一个脚本，但要求人工手动运行它以创建制品。

目前，地图搜索服务团队用于构建其容器镜像的方式与自动化构建的两个要求相反：构建步骤是定义在一个为人阅读而设计的文档中，并且这份文档是希望手动执行每个步骤。

要点

为了创建自动化构建，在一个脚本中定义所有的构建步骤并自动触发该脚本。

词汇时间

在本章中，**“脚本”**是指一系列由软件(而不是人)执行的指令。脚本语言通常是自解释的：每个命令都能被理解并直接运行，而不需要先进行编译。在本章的示例中，我们将使用 bash 作为我们的脚本语言。有关如何在你的任务和流水线中有效地使用脚本，请参阅第12章。

9.6 构建即代码

Miguel提出的第二个要求是将构建过程视为代码。构建即代码参考了前面的配置即代码的概念(参见第3章)。实现配置即代码需要做到以下要求：

将所有定义软件的纯文本数据存储在版本控制系统中。

构建即代码只是一种高级的说法，意味着构建配置(以及所需的任何脚本)是定义软件的纯文本数据的一部分：它定义了你的软件如何从源代码转换为发布的制品。

这意味着为了将构建配置视为代码，应该将其存储在版本控制中，并在可能的情况下，应用与源代码相同的持续集成最佳实践，包括对其进行静态代码检查，以及如果它足够复杂的话，则对其进行测试。但是即使你不走那么远，实现此要求的关键是将构建配置与它构建的代码一起存储在版本控制系统中。

如果你不将构建视为代码，会是什么情况呢？

- 仅通过Web界面设置和配置构建。
- 将构建说明和脚本存储在文档中。
- 编写定义构建的脚本，但不将它们存储在版本控制系统中(例如，将它们存储在你的计算机或共享盘中)。

你是说我要为我的构建流程编写测试吗？

这视情况而定！我们在第12章会详细讲解，但是先来一点预告：当你的脚本不再是几行简单的代码时，为它编写测试是一个好主意，就像你对自己编写的其他代码编写测试一样。

由于地图搜索服务团队成员目前将所有的构建说明都放在文档中(打算以人工的方式阅读和执行)，因此他们尚未满足构建即代码的要求。

要实践“构建即代码”，将你的构建配置和脚本存储到版本控制系统中。

9.7 使用CD服务

Miguel要求使用CD服务进行安全构建。这个要求的目标是确保触发和执行构建的一致性。运行构建的CD服务可以是在公司内部自研、托管和运行的服务；也可以是在公司内部托管的第三方解决方案(例如GitLab的实例)；或者是一个完全云CD服务提供商，外部托管的服务。重要的是构建发生在托管和作为运行服务提供的CD系统上(有关CD系统的概述，请参见附录A)。这与不使用CD服务的以下方法形成对比：

- 对构建来源没有任何要求
- 在开发人员自己的工作站上运行构建
- 在特定工作站(例如某人的计算机上)或仅用于构建的随便一台云虚拟机上运行构建
- 在将要运行制品的生产服务器上运行构建

> 如果你的公司自己托管和运行CD服务，那么这个服务应该像其他生产服务一样进行处理，也就是说应该在配置和管理硬件时使用与生产软件相同的最佳实践(例如，配置即代码)。

当前地图搜索服务团队没有任何关于构建运行位置的要求，很可能Julia一直在自己的计算机上运行构建步骤，因此团队的构建过程肯定不符合这个标准。

要点

为了确保构建的一致性，使用 CD 服务运行构建。

Julia做得很糟糕吗？

看起来，Julia定义的构建流程几乎没有达到Miguel提出的任何标准，但这是否意味着她做得很糟糕呢？实际上，他们的构建流程一直以来都在良好地运行。虽然构建流程可能不是特别安全或可靠，但是要考虑到创建CD流程通常是一个迭代的过程。这意味着只要在创建这个流程时它们足够好用，即使有一些缺陷也是可以接受的。然而，随着时间的推移，如果构建流程的缺陷成为优先问题，我们就应该重新审视这些流程了。没有完美的流程，你的流程将随着时间的推移而不断演变。Julia设置的流程已经足够好用(通常这就足够了)，并且直到现在还没有理由重新审视它。因此，不要让追求完美成为好的敌人！

9.8 临时构建环境

Miguel提出的最后一个要求是，应在临时环境中进行构建。临时的意思是“持续时间非常短暂”，这正是临时环境的特点：只在构建过程中存在，并且不会被重复使用。

这些环境在构建之前不用于任何其他目的，并在构建完成后被清除和销毁。它们可以按需创建或快速准备好以供使用；关键是它们仅存在于一个构建中。不使用临时环境的常见方法包括以下内容：

- 使用一台物理机进行多个构建(例如，某人的计算机)。
- 配置一台虚拟机并将其用于多个构建。

不重用构建环境意味着没机会保存可能影响其他构建的东西。你可能尝试通过在构建之间使用自动化来清理环境以获得相同的效果，但这是有风险的，因为总有可能会漏掉某些东西。使用临时环境可以保证避免构建之间的交叉污染。

确保具有临时环境的最常见方法是为每个构建使用新的虚拟机或新的容器。越来越多的情况下，容器成为临时构建的首选，因为(相对于虚拟机)它们启动和清理非常快速。正如你已经看到的，地图搜索服务构建过程目前可以在任何地方运行，因此它们肯定没有达到临时环境要求。

虚拟机构建环境比容器更安全吗？

容器与其他容器和其主机共享一些底层操作系统，因此存在一定的交叉污染的可能性。但是，可以通过确保容器仅以最低权限运行并且不能写入可能会影响其他容器的文件系统来将此风险最小化。

词汇时间

构建环境是构建运行的上下文环境(即将源代码转换为软件制品的环境)。这包括内核、操作系统、已安装的程序和文件。构建环境的另外一个思路是它是所有可供构建使用的文件和程序的集合，可能会影响最终成果。常见的构建环境示例是容器或虚拟机，如果没有虚拟化或容器化，则可能会采用整台计算机的方法(也称为“裸金属”)。

9.9 Miguel的计划

在定义了安全可靠的构建要求之后，Miguel对地图搜索服务的构建流程进行了评估。

始终可发布	符合要求。地图搜索服务已经遵循了良好的CI实践，并在每次提交时运行静态代码检查、单元测试和系统测试来验证每个变更
自动化构建	不符合要求。构建是手动执行的
构建即代码	不符合要求。构建步骤存在于一个由用户使用的文档中
使用 CD 服务	不符合要求。构建很可能一直在 Julia 的计算机上进行
临时环境	不符合要求。对构建所在环境没有任何控制

显然，Miguel的团队还需要做很多工作才能实现自动化构建的完整要求。不过，现在Miguel已经定义了这些要求，并评估了他们当前的流程，因此他感到兴奋，因为他非常清楚接下来需要做什么。他的计划分为两个阶段：

1. 第一阶段是从文档中的手动说明转换为脚本，并将其提交到版本控制中。这使他能够实现构建即代码以及自动化构建的一半要求，即脚本化的构建。

2. 第二阶段是从开发人员的机器上构建，转向使用CD服务并在容器中执行构建。这将实现自动化构建的另一半要求(自动化触发机制)、使用CD服务，最后是临时的构建环境。

9.10 从纯文档到拥有版本控制的脚本

地图搜索服务构建过程的第一阶段是从文档中的手动说明转变为提交到版本控制的脚本。幸运的是，Julia已经为Miguel做了很多准备工作，因为尽管她没有创建脚本，但她已经将所有需要包含在最终脚本中的命令都写在了她的文档中。

构建地图搜索图片

第一步

复制地图搜索代码库：

```
$ git clone git@github.com:topdogmaps/map-search.git
```

第二步

切换到代码库所在的目录：

```
$ cd map-search
```

第三步

构建容器镜像：

```
$ docker build --tag top-dog-maps/map-search .
```

第四步

将镜像推送到top dog maps的镜像注册中心：

```
$ docker push top-dog-maps/map-search
```

利用Julia的文档作为起点，Miguel创建了一个初始的 bash 脚本。

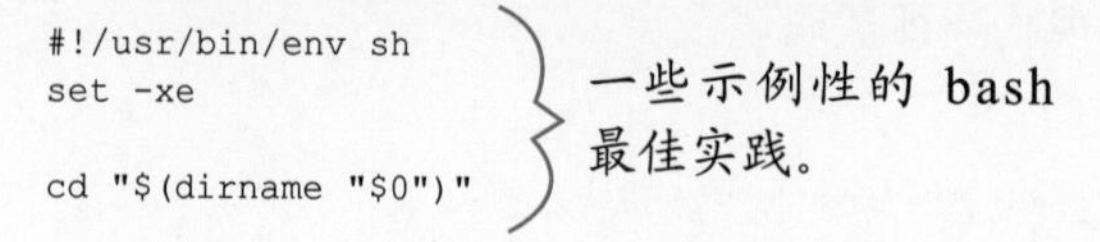


```
docker build --tag top-dog-maps/map-search .
docker push top-dog-maps/map-search
```

Julia文档中的第 3 步和第 4 步。

由于这个脚本将和源代码存在于同一个代码库中，Miguel不会在脚本中包含第1步和第2步，但它们将在第二阶段发挥作用。他将脚本提交到代码库中，第一阶段完成了。代码库内容如下：

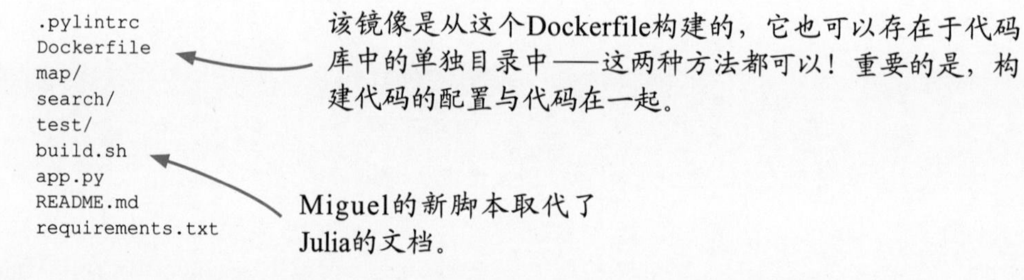

9.11 自动化容器化构建

脚本化让他们行进在路上，但是Miguel并没有停下来！他接下来需要引入逻辑，使构建可以：

- 自动触发
- 通过CD服务运行
- 在容器中运行

Top Dog Maps已经在使用GitHub Actions进行CI，因此Miguel决定也使用GitHub Actions自动化构建地图搜索服务。

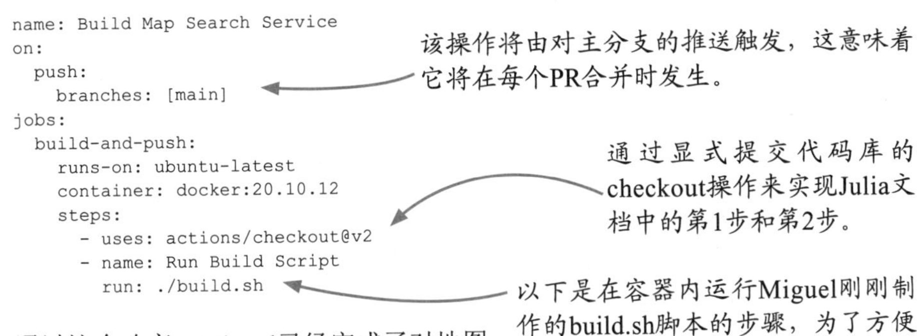

通过这个改变，Miguel已经完成了对地图搜索服务构建过程改造的第二阶段！

必须将GitHub Actions工作流配置提交到代码库中，以便GitHub可以捕获它(也因为你无论如何都需要将此配置提交到代码库中，以满足构建即代码的要求)，因此现在代码库内容如下：

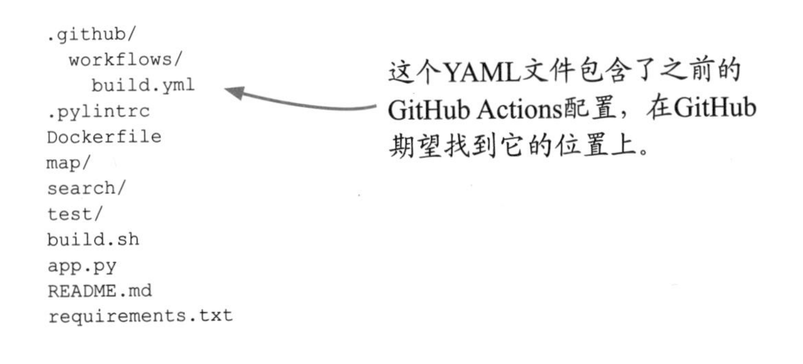

使用 GitHub Actions 的自动化构建

我是否应该像Miguel一样创建一个脚本来进行容器构建呢?

很有可能你不需要这样做。流行的 CD 系统通常都带有专门的、可重用的任务,或者GitHub Actions工具中的Actions。

例如,Miguel可以使用 Docker 专用的 GitHub Action,而不需要创建自己的脚本,该 Action 负责检出源代码、构建并推送它。

然而,Miguel采取的逐步增量进化的方法是一种非常可靠的方法,即从原始流程中逐步演进每一个环节。这种配置的下一个演进可能是Miguel开始使用官方的 Docker GitHub Action,并可能完全替换脚本。(而越少需要编写自己的脚本,就越好!有关脚本的更多信息,请参见第12章。)

如果我不使用 GitHub Actions 呢?

完全没问题!我们只是以 GitHub Actions 为例。无论你使用哪种 CD 系统(请参见附录 A 中的 CD 系统选项),关键是确保满足Miguel提出的要求。

如果可能的话,建议选择支持基于容器执行的CD系统,这已经成为隔离任务执行的标准。虽然运行在虚拟机上也可以满足隔离需求,但往往会导致更慢的执行时间,同时更容易导致在一个虚拟机上同时执行多个任务以应对这种情况,从而导致庞大的任务,这些庞大的任务做了太多的事情,不容易维护或重用。

9.12 安全和可靠的构建流程

现在Miguel已经完成了他的计划的两个阶段，即创建脚本，使用GitHub Actions进行配置，并将其提交到GitHub。他重新评估了团队的流程。

始终可发布	符合要求。地图搜索服务已经遵循了良好的 CI 实践，并在每次提交时运行静态代码检查、单元测试和系统测试来验证每个变更
自动化构建	符合要求。构建步骤在脚本中定义，并由 GitHub Actions 触发器触发，每当主分支更新时都会触发
构建即代码	符合要求。包含具有构建步骤的脚本和 GitHub Actions 配置（即完整的构建配置）都已提交到 GitHub
使用 CD 服务	符合要求。他们正在使用 GitHub Actions
临时环境	符合要求。默认情况下，GitHub Actions 会在全新的虚拟机中执行每个作业，而 Miguel 也在虚拟机内部使用全新的容器

Miguel已成功满足他设定的要求。他现在对Top Dog Maps的其他团队宣告，地图搜索服务已实现了一个安全可靠的构建流程！

我是否需要在每个提交中触发自动化构建？

Miguel已经设置了GitHub Actions配置以在每次提交时构建新镜像，但这并不是进行自动化构建所必需的。真正需要的是以某种方式自动触发构建。另一种常见的方法是在向代码库添加标记时触发新的构建，你将在稍后看到更多有关它的信息。

要点

要实现安全可靠的构建，请使用可以在容器中执行任务的CD服务，并通过将所有脚本和配置提交到与正在构建的代码并存的存储库中来练习“构建即代码”(也称为“配置即代码”)。

现在轮到你了：还有什么遗漏吗

其他团队对Miguel的发现表现出了浓厚的兴趣。在与其他团队合作的过程中，Miguel发现了一些问题，这些问题明显违反了他所提出的要求。

1. 前端服务的构建都是在几个月前配置的虚拟机上运行的，每次构建前后都需要运行脚本来清理虚拟机并删除可能残留的其他构建的内容。

2. 用户账户服务的构建由团队的构建工程师每周运行一次。

3. 前端服务团队成员在创建新版本并进行部署之前，需要运行一套全面的系统测试。这是唯一进行这些测试的时间点。

4. 用户账户服务的构建步骤在Makefile中定义，由团队的构建工程师执行。

5. 前端服务的构建由具有全面Web界面的CD服务执行。所有构建的配置都通过Web界面定义和编辑。

答案

1. 这违反了临时构建环境的要求。尽管团队试图通过脚本保持虚拟机的清洁，但并不能保证捕获到所有问题。

2. 手动运行构建意味着用户账户服务构建不符合自动化要求。

3. 前端服务团队完全没有实施CI！由于系统测试滞后了，团队成员无法确保其代码库始终处于可发布状态。

4. 使用Makefile本身并没有问题(只要它被提交到代码库中)，但是真正的问题在于构建由构建工程师在任何他认为合适的地方执行，而不是由CD服务执行。

5. 让所有配置仅存在于Web界面中，该团队未能遵循构建即代码的最佳实践。

9.13 接口的变更和导致的缺陷

Miguel已经显著改善了地图搜索服务的构建过程，但仍然会出现问题！然而，这也是解决技术债务的最佳动力。

地图搜索团队获得了一些时间来解决长期存在的技术债务，并决定更改其服务最重要的公开方法(即搜索方法)的接口。由于创建地图搜索服务以来已经有新参数有机地添加到搜索方法中，因此接口最终成为：

```
def search(self, lat, long, zoom, park_types, pack_leader_only):
```

地图搜索服务团队在每次添加新功能请求时都会向搜索方法中添加一个新参数，这使得参数列表变得非常长！

团队成员意识到，如果继续这样做，他们将无止境地添加新参数，因此他们决定改用查询语言，以便根据需要任意添加新属性进行查询。经过这次更新，搜索方法现在看起来非常不同：

```
def search(self, query):
```

以前的搜索方法接口中有6个不同的参数，现在这些信息都包含在一个查询字符串中。

为了调用这个更新后的接口，前端团队需要完全改变他们调用搜索方法的方式。例如，对于原始接口，他们是用以下的方式搜索卑诗省温哥华市中心的带有训练设施的狗公园。

```
maps.search(49.2827, -123.1207, 8, [ParkTypes.training.name], False)
```

为了调用新接口进行相同的请求，他们需要将上述参数转换为以下查询字符串。

```
maps.search(
  "lat=49.2827 && long=-123.1207 && zoom=8 && type in [{}]".format(
    ParkTypes.training.name))
```

这是一个相当大的变化——遗憾的是，在地图搜索服务团队提醒前端团队该变更之前，它已经被发布了！

9.14 当构建产生缺陷时

地图搜索服务对其最重要的方法——搜索方法进行了重大变更，并且他们忘记了提醒前端团队！地图搜索服务被前端服务所使用，前端服务不仅负责他们自身的服务，还负责其所依赖的服务(地图搜索服务和用户账户服务)的部署。

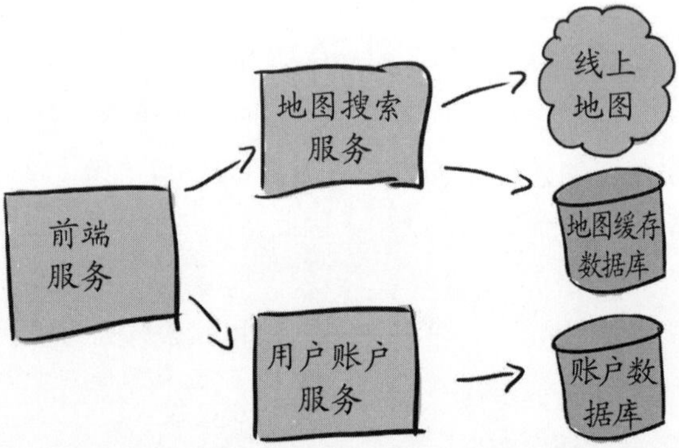

前端服务
地图搜索服务
用户账户服务
线上地图
地图缓存数据库
账户数据库

前端团队通常每周会部署新版本的地图搜索服务和用户账号服务。Miguel设置的GitHub Actions配置是在每次主分支更新时构建地图搜索服务容器镜像的新版本。

```
name: Build Map Search Service
on:
  push:
    branches: [main]
```

该操作在代码推送到主干时触发，这意味着在每次PR合并时都会发生。

地图搜索服务团队计划告诉前端团队这个变更，但并不是每个人都完全意识到Miguel的变更带来的后果。他们没有意识到他们实际上是在进行持续发布，即随着每一次变更都进行发布。遗憾的是，他们也没有意识到前端团队刚好计划在新接口合并后不久更新地图搜索服务的部署。

持续发布和持续部署有什么区别吗?

在第1章中，当定义持续部署时，我提到持续发布是更准确的名称。这就是Miguel在这里所做的，即直接将每个代码变更交付给用户。

由于没有实际的部署，如果我们称这种实践为持续发布，将更少产生混淆。

- 合并更新后的搜索方法
- GitHub Actions构建了新的地图搜索镜像
- 前端团队更新了地图搜索服务部署

前端团队拉取了最新的地图搜索容器镜像，却不知道里面包含了新接口！

这系列不幸的事件意味着，生产环境中的前端服务仍然尝试调用旧的搜索接口，但当前正在运行的地图搜索服务版本不支持该接口。这会导致严重的故障！

9.15 构建与沟通

这次故障发生后，前端团队和地图搜索团队都感到了压力和紧张。在前端团队弄清楚问题所在，并与地图搜索团队共同解决问题之后，可以理解的是，两个团队之间会依然存在一些紧张情绪。当故障发生时，前端团队值班待命，当意识到故障是由于自己未被告知地图搜索服务新的变更时，他们对此感到不满。

幸运的是，虽然Miguel理解前端工程师的感受，但他并没有气馁，并很兴奋能够迎接挑战！他与前端团队的Dani进行了讨论。

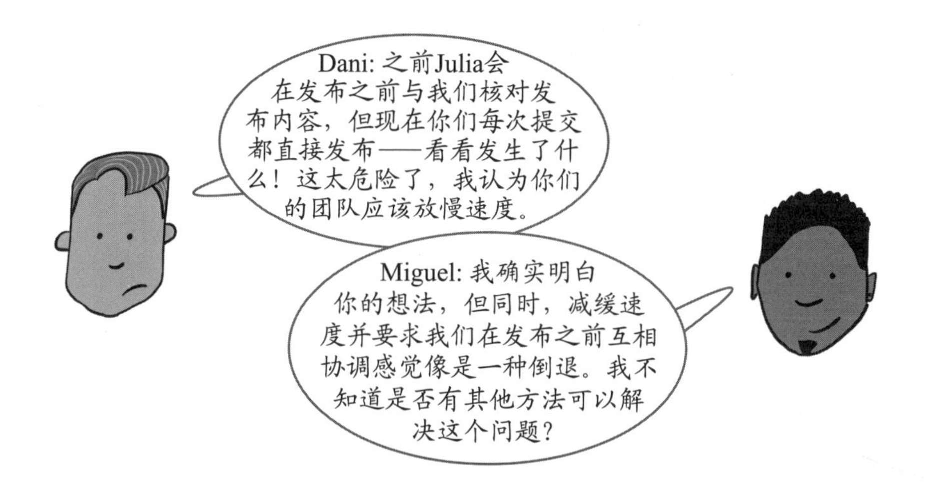

在做出任何解决方案之前，Miguel和Dani先一起确保了解清楚到底出了什么问题。他们将当前地图搜索服务的流程中存在的3个主要问题概括如下：

- 没有办法区分服务的发布版本。
- 前端团队无法控制使用的发布版本。
- 没有自动化的方式沟通发布版本之间的变化。

这3个问题可以概括为一个主要的根本问题：地图搜索服务根本没有对其发布进行版本控制！在查看Julia概述的构建流程和Miguel创建的构建脚本时，你可能已经注意到这一点。

```
#!/usr/bin/env sh
set -xe

cd "$(dirname "$0")"

docker build --tag top-dog-maps/map-search .
docker push top-dog-maps/map-search
```

每次发布都会构建并推送一个完全相同名称的镜像。

每次发布都会覆盖之前的版本！这意味着只有一个版本的地图搜索服务可用(最新的版本)，从而导致了Miguel和Dani所识别的3个问题。

9.16 语义化版本控制

为避免未来的故障和挫折，地图搜索团队需要让前端团队控制所使用的地图搜索服务的版本，并需要沟通版本之间的差异。

至少，地图搜索团队需要生成多个服务版本。发布流程不能只覆盖之前的版本；它需要创建一个新版本，并允许之前的版本仍然可用。

一种流行的软件版本控制标准是使用语义化版本控制。该标准定义了一种分配版本号的方式，以便你可以在高层次上说明版本之间的变化。语义化版本控制使用由3个数字组成的字符串版本，以句点分隔：MAJOR(主版本)、MINOR(次版本)和PATCH(修订版)。

- 主版本号(MAJOR)：当做出后向不兼容的修改时，必须增加主版本号。
- 次版本号(MINOR)：当后向兼容地添加新功能时，必须增加次版本号。
- 修订号(PATCH)：当后向兼容地进行问题修复时，必须增加修订号。

如果需要，语义化版本控制还可以包含更多标签和元数据，具体请参见 https://semver.org/上的语义化版本控制规范。

2.30.1

主版本号 2 包含了与版本 1 不兼容的变化。将其增加到 3 表示添加了更多不兼容的变化。

次版本号 30 表示自主要版本 2 发布以来，已经增加了 30 个后向兼容的功能版本。将其增加到 31 表示添加了更多后向兼容的变更。

修订号 1 表示自 2.30.0 版本发布以来，已经修复了一个或多个缺陷，并在版本 2.30.1 中发布。将其增加到 2 表示修复了更多缺陷。

词汇时间

后向兼容的变更是指在不需要使用者进行任何更新的情况下可以使用的变更。后向不兼容的变更则相反：软件的使用者需要对其使用方式进行更改，否则可能会出现错误和故障。改变搜索方法的签名是一种后向不兼容的变更。如果团队在不改变现有签名的情况下添加了一个新方法，则此更改可能是后向兼容的。尽可能减少后向不兼容的变化可以使软件使用者的生活更轻松。

9.17 版本控制的重要性

为了让地图搜索服务团队采用语义化版本控制，需要停止每次创建新版本时都覆盖之前版本的操作，而是为每个版本分配一个唯一的语义化版本。Miguel更新了build.sh 中的构建和推送代码，如下所示。

```
docker build --tag top-dog-maps/map-search:$VERSION .
docker push top-dog-maps/map-search:$VERSION
```

现在构建脚本会使用$VERSION 环境变量提供的语义化版本为构建的镜像打标签。

通过这个改变，地图搜索团队解决了Miguel和Dani识别出的3个问题。

- 之前，无法区分服务的各个版本，而现在每个版本都将由一个唯一的语义化版本进行标识。
- 解决了此前无法控制正在使用的版本的问题，前端团队现在可以明确指定部署的版本。
- 语义化版本现在将提供关于版本间有何变化的高级信息。通过查看主版本、次版本或修订版本是否被更新，前端团队将知道发布是关于修复缺陷(修订版本更新)、包含新功能(次版本更新)还是包含后向不兼容的变更(主版本更新)。

使用明确、一致的版本控制方案，如语义化版本控制，为软件的使用者提供了控制和信息，使其不会受到你所做更改的负面影响。

即使使用语义化版本控制，你仍需要写发布说明。

语义化版本仅仅在高层次上描述了变更类型，但是软件使用者通常需要更详细的信息(例如修复了哪些缺陷、添加了哪些新功能，以及进行了哪些不兼容的更改)。为了满足这些需求，发布说明就显得非常重要了。

发布说明会随着软件版本一起发布，详细列出所有使用者需要了解的变更内容。这对于软件维护尤其重要，因为即使未升级主版本，仍可能存在不兼容的更改。

这可能是人为错误，也可能是由于难以预测某些变更对使用者造成的影响(正如海拉姆定律所述，“你系统的所有可观察行为都将被某些人所依赖”)。发布说明可以通过提交消息和PR描述自动创建，但在这里不会详细解释。

在构建中包含版本号

看着Miguel对构建脚本的更新，你可能会想知道$VERSION的值实际上从哪里来。

```
#!/usr/bin/env sh
set -xe

cd "$(dirname "$0")"

docker build --tag top-dog-maps/map-search:$VERSION .
docker push top-dog-maps/map-search:$VERSION
```

一个流行的方法是从包含语义化版本的Git标签中获取版本号。当使用这种方法时，你可以配置通过添加标签来触发的自动化流水线。例如，利用GitHub Actions，你可以使用以下触发语法。

```
on:
  push:
    tags:
      - '*'
```

该操作将在新标签推送到代码库时触发。

在步骤内，可以从GitHub Actions所称的上下文中获取触发推送的标签值：例如，当由标签v0.0.1触发时，${{github.ref}}的值将是refs/tags/v0.0.1。

然而，如果Miguel采用上面提到的方法，那么他只能在将标签添加到代码库时才能发布，这违背了持续发布的理念。不过，他可以继续采用持续发布的方式，并且使用语义化版本控制的方法。其中一种方式是将当前版本号存储在代码库中的一个文件中，并要求每次有代码变更的提交都必须增加版本号。这意味着他需要更新构建流程，首先从代码库的文件中读取版本号，然后将该值传递给构建脚本。这样，他就能继续使用持续发布的方法，同时也能够保证版本控制的正确性。

Miguel可能设想使流水线比上面那种情况更复杂一些。因为有时人们可

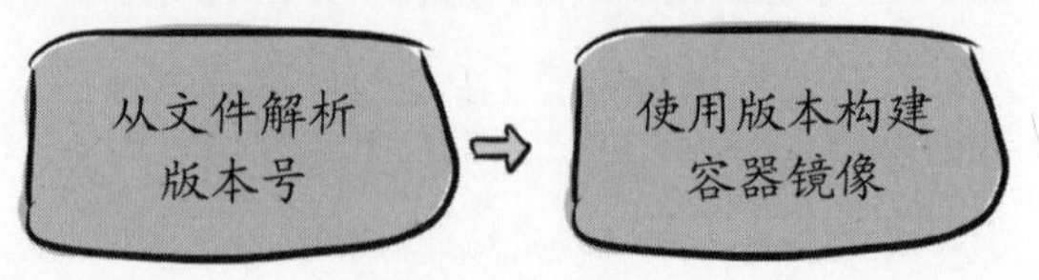

能会忘记增加版本号，所以当这种情况发生时，流水线应该构建失败。此外，如果没有发生面向用户的变更(例如，如果变更仅更新单元测试或开发人员文档)，则不应创建新版本。代码实现可能如下所示：

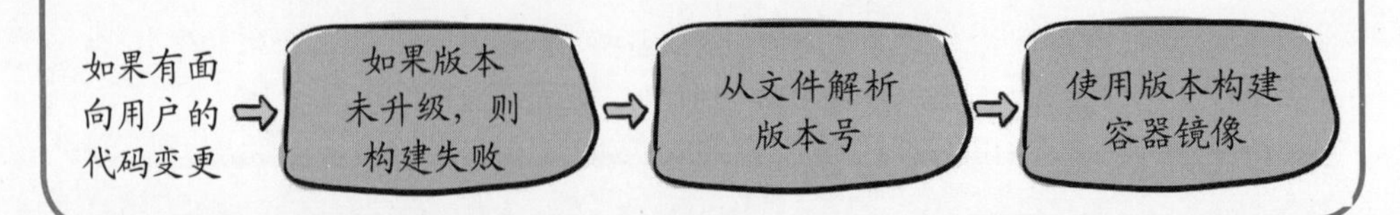

9.18 又一次故障!

就在Miguel和Dani努力修复两个团队之间的紧张关系、让前端团队控制何时以及如何从地图搜索团队获取变更时，又一个生产故障发生了。

> 关于回滚(以及其他安全部署技术)的更多内容，请参见第10章。

调查显示，这次故障是由于地图搜索服务的一个程序错误导致的。幸运的是，现在地图搜索服务已经进行了版本控制，因此前端团队能够快速回滚到之前的可用版本。前端团队向地图搜索团队报告了这个问题，然后要求他们解决该问题。(值得庆幸的是，由于前端团队的修复措施非常迅速和简便，因此两个团队之间的关系没有受到损害！)

> **词汇时间**
>
> **第三方**软件是指由公司外部开发的软件，例如由另一家公司或开源项目开发的软件。

Miguel帮助调试问题，惊讶地发现问题是源于地图搜索服务中用于SQL查询而依赖的一个第三方库(querytosql)的变更。

地图搜索服务使用querytosql库对缓存的地图数据进行查询。该库在一个看似无害的方式下改变了其中一个方法的接口，但遗憾的是这足以导致地图搜索服务无法正常工作。在querytosql库中，作为搜索功能的一部分被调用的方法之前看起来如以下代码所示。

```
def execute(query, db_host, db_username, db_password, db_name):
```

在最新版本中，querytosql的作者意识到可以通过创建一个对象来保存所有的数据库连接信息，从而简化方法签名，更新后的签名看起来更加简洁。

```
def execute(query, db _ conn):
```

新的参数现在包含了数据库主机、用户名、密码和数据库名称。

新代码更加简洁，但遗憾的是它引入了一个不兼容的变更，导致地图搜索服务中所有调用 execute 方法的地方都失效了！团队需要更新每个调用 execute 方法的实例，以使其能够兼容使用新接口的变更。

9.19 构建时依赖导致的错误

具有讽刺意味的是，地图搜索服务近期更新搜索方法签名时，被团队成员的同一个问题影响！但是Miguel感到有些困惑：为什么这个问题在CI执行的测试中没有被发现呢？

正如第7章所述，错误可能会在多个时刻潜入代码，其中一个时刻是在构建过程中，如果依赖项发生了变更。

- 构建带有提交的生产环境制品

依赖项：在构建生产环境制品时，可能会拉取依赖项，这些依赖项可能会引入之前CI未包含的进一步变更，从而可能会引入更多错误。

事实证明，这正是地图搜索服务遇到的问题。

- 开启一个包含后向兼容更改的PR。
- 触发基于PR的CI(包括测试和静态代码检查，拉取了querytosql库的1.3.2版本。
- CI中包括的测试和静态代码检查都通过了。
- PR审核后，将其合并。
- querytosql团队发布了库的新版本1.4.0，其中包括更新的execute方法。
- PR合并后，构建操作被触发，使用querytosql 1.4.0构建了一个新的地图搜索服务镜像。

在一个非常巧合的情况下，querytosql的新版本是在测试运行和构建新镜像之间发布的！

在第7章中，遇到这个问题的团队通过引入定时构建来解决它，以捕捉依赖项中的变更。但即使有定期构建，仍然存在一个窗口期，使得依赖项变更可以潜入其中(即在定期构建和发布之间)。虽然其中一种干预措施是使用定期构建生成发布制品，但确保你不会受到依赖项更改的最好方法是显式锁定软件到特定版本的依赖项。

既然这种变化是后向不兼容的，为什么querytosql没有升级它们的主版本呢？

这是一个很好的问题！事实上，项目在遵循和解释严格的语义化版本控制方面存在很大的差异。遗憾的是，我们发现这种变更没有伴随着主版本升级的情况是相当普遍的。这也是明确锁定你的依赖项版本的好处，这样你就可以控制何时接受更新并发现后向不兼容的变更！

9.20 锁定依赖项版本

要最小化依赖项变更导致的错误和意外行为，最佳方法是采用Miguel和Dani为前端团队开发的相同实践。就像前端团队现在明确依赖于特定版本的地图搜索服务一样，服务需要明确表示它所依赖的依赖项版本。以下是地图搜索服务的requirements.txt内容。

```
beautifulsoup4
pytest > 6.0.0
querytosql
```

所有的依赖都没有固定到特定的版本，最接近的是 pytest，需要最低 6.0.0 版本，但允许任何高于该版本的版本。

由于 querytosql 没有指定任何要求，因此任何版本都可以。这就是当最近一次为地图搜索服务镜像执行构建操作时会拉取最新版本的原因。Miguel意识到发生了什么，很快更新了requirements.txt，指定要固定到的显式版本。

```
beautifulsoup4 == 4.10.0
pytest == 6.2.5
querytosql == 1.3.2
```

Miguel对之前发布的 querytosql 版本进行了版本锁定，他知道地图搜索服务的代码与该版本兼容。这样，地图搜索服务团队就可以自由地在其他时间更新到最新版本的 querytosql，同时安全地构建新版本的镜像。

现在，地图搜索服务团队成员可以控制他们所依赖的库何时进行更新，并且可以在不担心依赖项带来意外功能变更的情况下安全地构建镜像！

如果我使用 Pipfile？或者根本不使用 Python 呢？

无论你使用的是哪种语言或工具，将依赖项固定到特定版本是最安全的选择。Pipfile也支持一种语法来指定依赖项的版本，对于大多数语言和工具也是如此。如果某种语言或工具不提供此类控制，请考虑将其视为不足之处。如果可以的话，请寻找替代方案(或围绕其研发自己的工具)。

为什么要固定补丁版本？我不应该自动获取错误修复吗？

与其固定到特定版本，对于某些工具和语言，你可以指定一系列版本。例如，在 requirements.txt 中，你可以指定 querytosql == 1.3.*，表示允许版本 1.3 的任何修补程序发布。但并非所有工具和语言都支持此类语法。即使是错误修复也是功能上的变更(海拉姆定律的另一个实例！)。掌控你何时消费所有变更，这会使你构建的制品更加稳定。

9.21 仅仅锁定版本还不足够

仅仅通过锁定版本来确保在使用的库的两个时间点之间不会发生更改是不可靠的。尽管听起来似乎不可能，但实际上是可能的，因为通常可以使用全新的库或镜像来覆盖先前的版本，并使用相同的版本号。这是因为版本通常被视为标签，没有任何机制可以阻止更改该标签指向的内容。例如，当querytosql库决定用一个新版本覆盖其1.3.2版本时，就有可能发生这种情况。

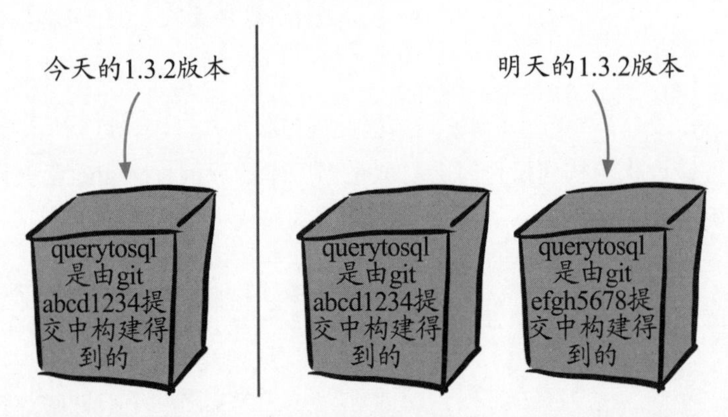

像这样覆盖已发布的版本是一种不好的做法，因为它违背了版本控制的初衷，即向消费者提供控制权和关于更改的信息。但有时，人们会出于修复漏洞等目的采取这种行为，以便更快速、更轻松地解决问题。

然而，并不是没有希望！实际上，可以采用一种比仅指定版本号更高级的依赖项锁定方式，这种方式需要额外指定软件包内容的哈希值。这样一来，你就可以确保不会意外使用未准备好的变更——如果依赖关系的内容发生更改，则哈希值也会更改，从而使锁定失效。因此，指定哈希值可以提供更高级别的控制，以确保依赖关系的稳定性和一致性。

词汇时间

这里的术语**哈希**是指应用于数据的加密哈希函数的输出的简称。在构建和依赖项的上下文中，我们正在讨论将哈希函数应用于软件制品的内容。这个想法是生成的哈希(即将哈希函数应用于制品的结果)将始终相同，因此，如果制品的内容发生更改，则哈希也会发生更改。你可能会遇到的哈希函数示例是md5和各种版本的sha，例如sha256。

9.22 锁定哈希值

Miguel想要确保地图搜索服务团队的镜像是可靠的，并且没有任何依赖项会出现意外更改，因此他对requirements.txt进行了一次更新，包括预期的依赖项哈希值。

```
beautifulsoup4 == 4.10.0 \
  --hash=sha256:9a315ce70049920ea4572a4055bc4bd700c940521d36fc858205ad4fcde149bf
pytest == 6.2.5 \
  --hash=sha256:7310f8d27bc79ced999e760ca304d69f6ba6c6649c0b60fb0e04a4a77cacc134
querytosql == 1.3.2 \
  --hash=sha256:abcd1234abcd1234abcd1234abcd1234abcd1234abcd1234abcd1234abcd1234
...
```

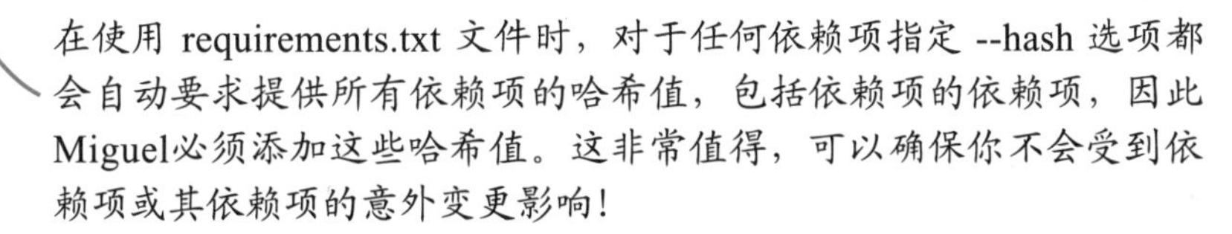

团队使用固定的包哈希值作为唯一标识符，以确保没有歧义地标识特定的内容。相比之下，版本和标签可能存在模糊性，因为它们可以被重复使用或更改，导致它们指向不同的数据。

使用其他语言和工具的无歧义标识符

在使用任何语言或工具时，指定所使用制品的期望哈希值是一个合理的需求。事实上，使用容器镜像的一个重要优势是它的内容会自动进行哈希处理，这意味着在拉取和运行镜像时可以使用哈希值来确保内容的完整性和一致性。

要点

要确保你的依赖项(以及你的依赖项的依赖项)不会在你不知情的情况下发生更改，并导致错误注入和意外行为，你需要显式地锁定依赖项到特定版本的哈希值，而不仅仅是特定版本号。

单一代码库结构和版本锁定

从另一个角度分析地图搜索服务和 querytosql 库之间的错误产生方式，是因为它们的代码存储在不同的代码库中。

在构建的时候，地图搜索服务会从querytosql代码库拉取代码。

这个问题是因为地图搜索服务镜像需要在构建时使用 querytosql 代码库的特定版本，而代码库的当前状态可能会改变。为了解决这个问题，团队采用了一种方法，即始终从相同的已标记提交中一致地拉取querytosql代码。这样可以确保地图搜索服务镜像使用的是与特定版本相对应的querytosql代码。

在构建的时候，通过锁定版本1.3.2来保证每次从querytosql代码库都拉取相同的代码。

另一种方法是通过将代码复制到地图搜索服务代码库中来避免在构建时拉取这些代码。

将querytosql的代码复制到地图搜索服务的代码库中，并用在构建上。

通过在构建时始终使用相同版本的 querytosql 代码库，可以确保代码的稳定性和一致性。

我们还可以进一步演进这个做法。在第3章中，我简要提到了单一代码库(Monorepo)的概念：一个代码库存储所有源代码，不仅仅是一个项目，而是整个公司的。如果 Top Dog Maps 使用单一代码库，则地图搜索服务、前端和所有依赖项的所有代码都将存储在一个代码库中并进行版本控制。

这种方法可以在某些情况下减少对显式版本控制的需求，但并不总是完全取消(例如，前端服务实际上依赖于地图搜索服务的镜像而不是源代码，因此该镜像本身仍然需要进行版本控制)。此外，引入单一代码库可能会引起其他复杂性，因为大多数工具并没有考虑到这种情况。但是，这种方法也可以减少很多不确定性，因为你始终可以查看正在使用的源代码，并使某些操作更加容易，例如在所有项目中进行广泛的变更。

9.23 结论

即使在项目早期可能会采用一些捷径，例如依赖某人手动构建制品，但定期检查和改进构建过程仍然是一个好主意。随着时间的推移，手动过程可能无法经受住考验。幸运的是，像Miguel在 Top Dog Maps 中发现的那样，相对简单地从手动过程迁移到自动化过程，并且明显提高了构建的可靠性。Miguel还亲身体会到使用良好的构建实践来使软件使用者更轻松的重要性，以及如何防止代码所依赖的软件引入的问题。

9.24 本章小结

- 安全可靠的构建应该自动化，并遵循 SLSA 构建要求：使用构建即代码(其实这只是配置即代码的一个子集要求)，通过 CD 服务，并在临时的环境中运行。
- 使用一致的版本控制方案，如语义化版本控制，是向软件使用者提供有关版本间更改的控制和信息的好方法。
- 通过不仅将依赖项锁定在显式版本上，而且还锁定在显式版本的哈希上，保护免受不必要的依赖性变更影响，并在需要时集成它们。

9.25 接下来……

自动化(甚至持续)发布非常好，但如果你运行一个服务，你可能会想知道如何部署这些新构建的制品。在第10章，我们将介绍如何将部署作为 CD 流水线中的一个阶段，并使用让部署变得轻松和无压力的方法。

第10章 可信赖的部署

本章内容：

- 解释了度量稳定性的两个DORA指标：变更失败率和服务恢复时间
- 通过实施回滚策略安全地部署
- 使用蓝绿部署和金丝雀发布来减少部署失败的影响
- 使用持续部署来实现精英团队的DORA效能

“对于很多项目来说，部署时刻是一个很大的挑战。如果没有自动化或预防措施，它可能成为巨大的压力来源。在本章中，我将描述如何使用自动化减轻部署过程中的很多人力负担，以及如何度量其有效性。我还将深入探讨“另一种CD”，即持续部署，以及在决定它是否对你来说是一个好的方法时要权衡哪些因素。”

10.1 部署困扰不断

Plenty of Woofs (狗狗汪汪叫公司)是另一个爱狗人士欢迎的社交网站，它帮助狗主人找到适合他们的狗的玩伴。他们可以通过体型、合群性和喜爱的游戏筛选，来寻找附近的其他狗主人，并使用该网站聊天和分享照片。

遗憾的是，在最近几个月中，Plenty of Woofs一直不断遭受生产故障的困扰，网站的主要功能一次故障长达数天！这些问题会在部署后立即出现，迫使开发团队不得不疯狂地赶工，以尽快诊断并修复问题。

该公司规模较小，总共不到20人，迄今为止，其软件架构相对简单，只有一个做所有事情的单体服务，由数据库支持。

这种架构意味着每次生产故障都会影响整个公司业务，而员工开始倍感压力。公司开始习惯寄希望于周末加班工作来修复这些生产问题，这导致员工开始出现倦怠的迹象。

10.2 DORA的稳定性指标

尽管他们一直在努力应对最近的生产故障，并且Plenty of Woofs的工程师已经采取了一些良好的实践，包括追踪他们的DORA指标。第8章介绍了DORA指标；有关更多详细信息，请参见https://www.devops-research.com/research.html。

DORA的速率指标

以下的指标度量速率：

1. 部署频率
2. 变更前置时间

DORA的稳定性指标

以下的指标度量稳定性：

1. 服务恢复时间
2. 变更失败率

在此前看到DORA指标时，我特别关注了速率，通过部署频率和变更前置时间进行衡量。但还有两个指标是关于稳定性的，而这也是Plenty of Woofs关注的焦点，用于评估故障问题。

- 服务恢复时间：度量组织从生产故障中恢复所需的时间。
- 变更失败率：度量导致生产故障的部署百分比。

你可能还记得，在确定这些指标时，DORA团队成员还将他们按综合效能分为四类：低、中等、高和精英团队。以下是与稳定性相关的数据：

1周到6个月的数据呢？这里的差距显示，从低效能到中效能的变化并不是通过像将恢复时间从6个月减少到5个月这样的变化实现的；而是通过找到在1周内恢复服务的方法来实现的。

指标	精英效能	高效能	中等效能	低效能
服务恢复时间	不到 1 小时	不到 1 天	介于 1 天到 1 周之间	超过 6 个月
变更失败率	0 ～ 15%	16% ～ 30%	16% ～ 30%	16% ～ 30%

DORA团队还发现，在变更失败率方面，精英效能团队与其他团队存在明显差异，但高、中和低效能团队的数据却几乎相同。

如果我开发的不是一个软件服务呢

如果你正在开发的项目并不是一个软件服务的项目，那么你可能不清楚这些指标是否适用于你的情况。(详见第1章中关于我们可交付软件的各种细节，包括库、二进制文件、配置、图像和服务)

所以，你可能会对本章的相关性产生疑问。本章中描述的策略是特定于部署的，所以很遗憾，它们可能对你没有太大帮助。但是，你仍然可以将DORA指标应用到你的场景中。另外，从第1章中我们可以得知，当我们谈论持续部署时，实际上我们谈论的是持续发布，即在进行每次变更时都向用户提供可用的软件版本。你仍然可以将DORA指标应用到你的情况中。

但在查看与稳定性相关的指标时，你都可以把它们应用到其他软件(例如库和二进制文件)中，方法如下。

- 变更失败率保持不变，但不要将其看作在生产环境中的部署失败比率，而是包含缺陷严重到需要发布补丁的版本的百分比(即，一个严重到你需要尽快向你的用户急于修复的缺陷，而不是一个可以在你自己的时间内修复并包含在以后的版本中的缺陷)。
- 服务恢复时间变成了发布补丁的时间，即从严重错误被报告到发布补丁可用所需的时间。

精英、高、中等和低效能的指标是否可以应用于所有场景？原则仍然是相同的：越是快速地发现问题并向用户提供修复服务，软件就越稳定。然而，在许多情况下，其他类型的软件往往无法使用显著改善服务指标的自动化解决方案(详见本章)。直接处理和修复缺陷往往无法避免，所以实现精英级的服务恢复时间或一小时内发布修复可能是不合理的。

10.3 Plenty of Woofs的DORA指标

DORA的两个稳定性指标都可能受到速率指标的影响，因此(正如你将要看到的)在查看稳定性指标时，你不能忽略速率指标。以下是所有指标及其精英、高、中等和低效能团队对应的数据列表。

指标	精英效能	高效能	中等效能	低效能
部署频率	每天多次部署	介于每周一次和每月一次之间	介于每月一次到每6个月一次之间	小于6个月一次
变更前置时间	不到1小时	介于1天到1周之间	介于1个月到6个月之间	6个月以上
服务恢复时间	不到1小时	不到1天	介于1天到1周之间	6个月以上
变更失败率	0～15%	16%～30%	16%～30%	16%～30%

以下是Plenty of Woofs自己度量的效能指标数据：

- 部署频率——每周1次(高效能)。
- 变更前置时间——小于1周(高效能)。
- 服务恢复时间——至少1天，但通常需要多天(中等效能)。
- 变更失败率——年均为10%(每10次部署中有1次失败)。最近这个值更接近每3次部署就有1次失败，大约33%(低于高效能、中等效能、低效能团队的最大值，因此可以认为其属于低效能团队)。

从速率指标看，Plenty of Woofs的表现很好，属于高效能。但从稳定性看，则滑向中等效能和低效能表现。

10.4 减少部署频率吗

Archie 和 Sarita在 Plenty of Woofs 工作，他们都非常乐意去解决一直存在的故障问题。Archie向Sarita提出了一种初步的想法，以便他们能够做得更好。

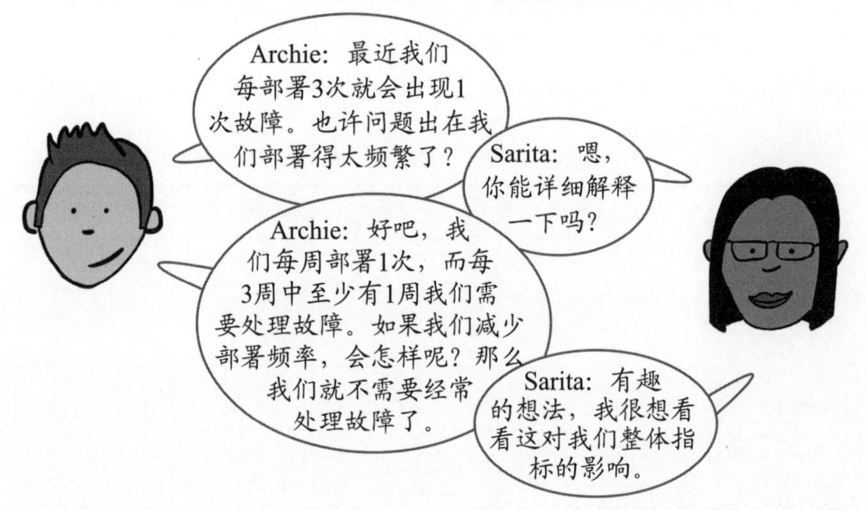

Archie建议他们改为每月部署1次，而不是每周1次，并猜测这对 DORA 指标会有什么影响。

Sarita首先试图了解变更失败率会是什么样子，通过查看以前几次部署中导致故障的情况，并将其与每月部署1次的情况进行比较。

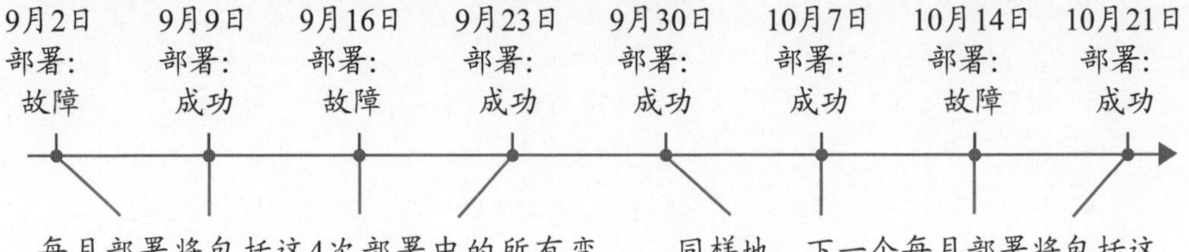

每个月的部署都将包括至少一个导致故障的变更集。每月部署将使他们的DORA 指标如下：

- 部署频率——每月一次(中等效能)。
- 变更前置时间——大约为一个月(中等效能)。
- 恢复服务时间——时长可能保持在一天或多天不变，也可能在一次处理更多的变化时变得更长(最好情况也只是中等效能)。
- 变更失败率——查看以前的故障并将其与每月发布时间进行匹配，转换到每月发布时，每次部署都可能会导致故障，即 100%(极低效能)。

10.5 增加部署频率吗

Archie建议减少部署频率可能有助于解决 Plenty of Woofs 的故障问题，但从DORA 指标来看，团队的整体效能似乎会明显下降。

- 部署频率——每周一次(高效能)变为每月一次(中等效能)。
- 变更前置时间——少于一周(高效能)变为大约一个月(中等效能)。
- 服务恢复时间——几天甚至更长时间(最好情况也只是中等效能)。
- 变更失败率——由于每月部署包含了至少4次每周部署的变更(其中1/3会导致故障)，因此每月部署都可能导致故障：100%(极低效能)。

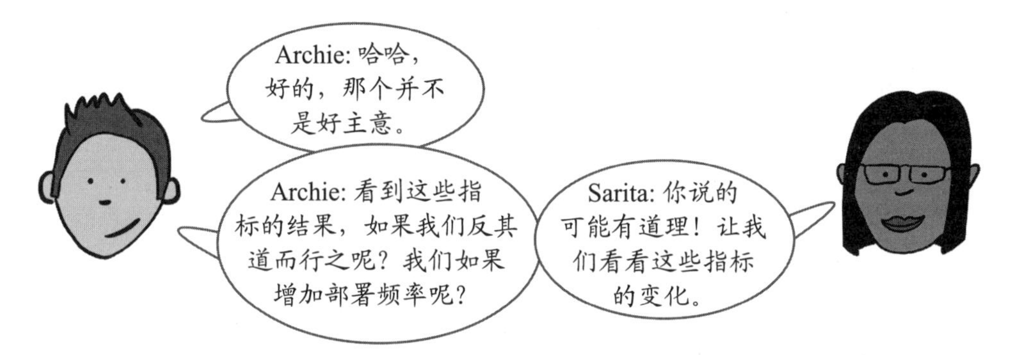

为了了解这样做会导致什么样的结果，他们深入挖掘了最近一个出现故障的部署。他们调查了引起故障的变更是何时引入的。

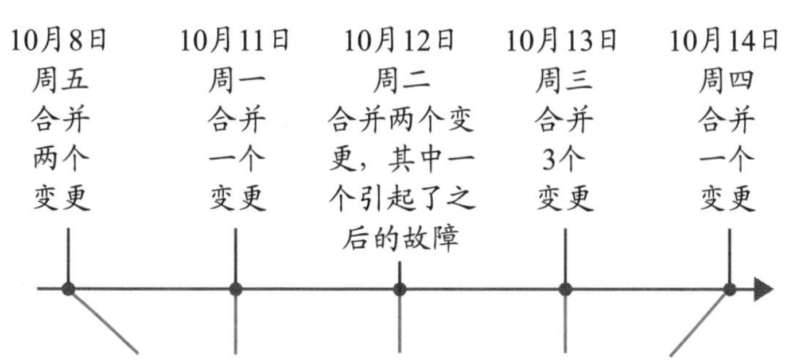

10月14日的部署包括5天的变更。如果我们在这5天中的每一天都部署的话，可能的结果会是4次部署成功和1次部署故障。

10.6 每日部署与故障

在查看10月14日的故障后，Sarita和Archie注意到引起故障的具体变更是在星期二引入的，因此，如果他们每天进行部署，只有星期二的部署会导致生产故障。他们将这个情况扩展开来，查看了过去8次部署，每次部署包含5个工作日的变更，并根据引起故障的变更引入的时间假设每天部署将导致故障的情况。

- 9月2日(故障)——5次每日部署中会有1次导致故障。
- 9月9日(成功)——当日5次成功的部署。
- 9月16日(故障)——5次每日部署中会有2次导致故障。
- 9月23日(成功)——当日5次成功的部署。
- 9月30日(成功)——当日5次成功的部署。
- 10月7日(成功)——当日5次成功的部署。
- 10月14日(故障)——5次每日部署中会有1次导致故障。
- 10月21日(成功)——当日5次成功的部署。

纵观这8周，在他们总共40次的日常部署中，其中4次会引起故障：4/40=10%的部署会引起故障。总体而言，他们采用每日部署的DORA指标如下。

- 部署频率——每日(几乎达到精英效能级别，更明确地说，仍在高效能级别)
- 变更前置时间——少于一天(也几乎达到精英效能级别，更明确地说，仍在高效能级别)
- 服务恢复时间——不确定——解决问题的诊断和修复时间可能与以前一样长，因此可能仍需要一天或更长时间(中等效能)
- 变更失败率——根据过去8周的部署情况，看起来只有10%的部署会导致故障(精英效能级别)

增加部署次数不会改变故障的数量，但会降低任何特定部署包含故障的概率。

更频繁地部署可以降低每次部署的风险。因为每次部署的变更都较少，所以在生产环境中出现导致故障的变更的概率会更低。

10.7 增加部署频率的步骤

虽然Sarita和Archie还不确定增加部署频率是如何有助于解决整体的故障问题，但他们清楚地看到，从DORA指标的角度，增加部署频率将使效能表现更好。他们开始计划如何能够进行每日部署，并希望在此过程中获得额外的洞察。他们希望对部署流程进行批判性的审视，该流程围绕着更新Plenty of Woofs Web服务器的几个部署展开。

现有的3个Web服务器实例足以处理Plenty of Woofs的负载。随着网站变得更加受欢迎，工程师可能需要添加更多的服务器实例并/或探索弹性伸缩的设计。

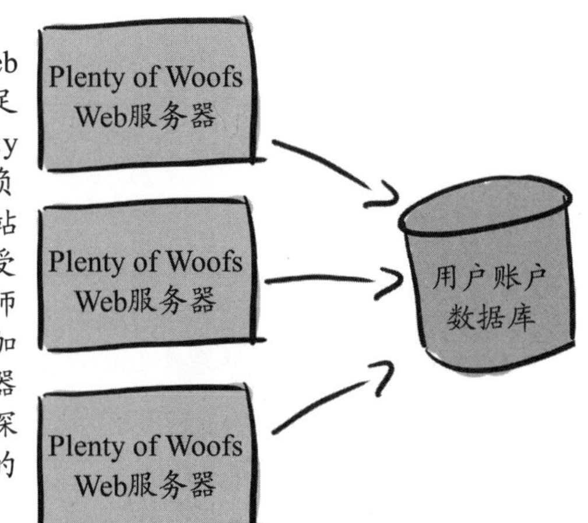

Plenty of Woofs正在手动扩展它的Web服务器。许多基于云的部署选项将为你实现自动扩容部署(这称为弹性伸缩)。在这里，我不会详细介绍弹性伸缩的相关内容。

他们当前的部署流程如下：

(1) 每周一次，每周四下午开始部署。

(2) 所有团队成员需要在周四和周五(或之后的时间)待机，以处理生产出现的任何问题。

(3) 在部署期间，使用一个名为CellphoneDuty的第三方服务来监视Web服务器实例的指标，该服务会在指标不正常时通知团队。

(4) 当出现问题时，整个团队会进行调查并创建一个解决方案。一旦解决方案合并到主分支中，Web服务器将被构建和重新部署。

10.8 修复流程中的问题

Sarita回顾了Plenty of Woofs的部署流程后，总结出拖慢流程并影响指标的两个主要问题。

- 发现问题后需要很长时间修复，大约需要数天时间。
- 太多的缺陷绕过了他们的CI流程——而且不仅仅包括一般影响的缺陷，还包括严重的、会导致生产故障的缺陷。

除了这些问题拖慢了团队的速度并阻止他们更频繁地部署之外，部署真的让团队成员感到非常紧张。每个人都开始害怕周四的到来！Sarita和Archie设定了一个目标：

找到一种解决生产问题的方法，从而避免需要等待数小时(甚至数天)才能修复这些生产问题。

一旦生产环境变得稳定，Archie和Sarita就可以专注于如何使用第3~7章介绍的技术，从一开始就防止这些缺陷的出现！

10.9 滚动更新

Sarita和Archie要解决的第一个问题是，在生产中发现问题后需要花费数小时甚至数天才能解决。为了找到解决方案，他们调查了更新Plenty of Woofs网站的三个实例的具体细节。

仔细查看后，他们发现Plenty of Woofs正在使用滚动更新方法来更新这些实例。对于每个实例，当前运行的Web服务器容器先被停止，然后启动新版本的Web服务器实例。在一个实例完成更新后，下一个实例开始更新，直到所有实例都更新完成。

Plenty of Woofs的工程师是手动进行滚动更新的，但许多部署环境(例如Kubernetes)提供自动滚动更新的功能。

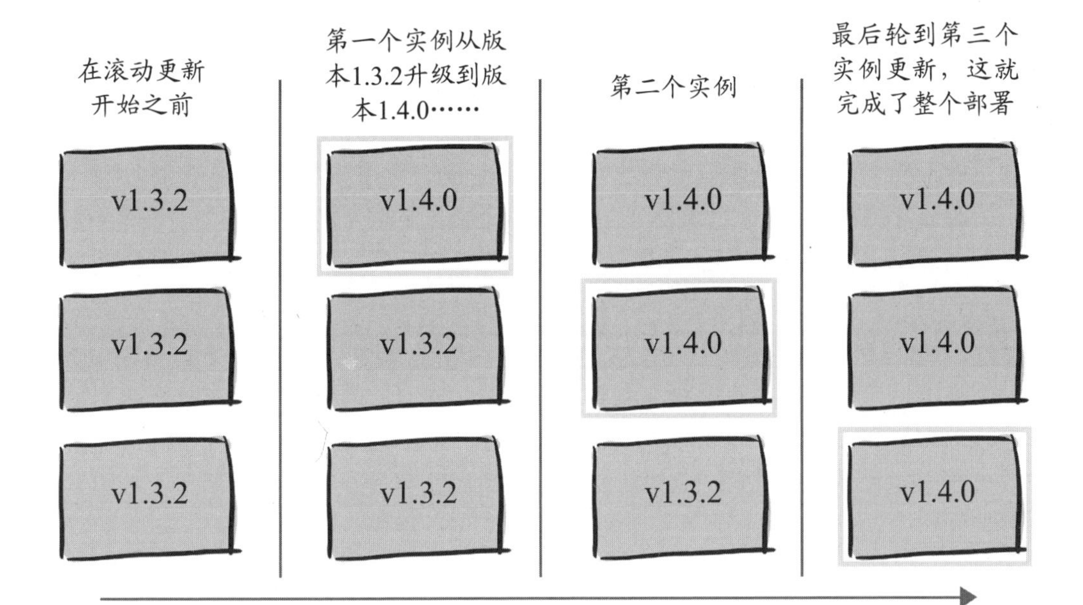

词汇时间

使用**滚动更新**的方法，可以一个接一个地将实例更新为新版本。在任何时候，至少有一个服务实例在运行，这避免了出现整个服务中断的情况。虽然更简单的方法是将所有实例关闭并同时更新它们，但这意味着服务将在更新期间中断一段时间。在滚动更新期间，一些用户可能连接到较新版本的服务实例，而一些用户可能连接到较旧版本的实例(这取决于请求如何路由到这些实例)。

10.10 通过滚动更新修复缺陷

当发现一个缺陷时，Plenty of Woofs的流程是等待找到解决方法，然后使用相同的滚动更新方法发布包含此修复的新版本。

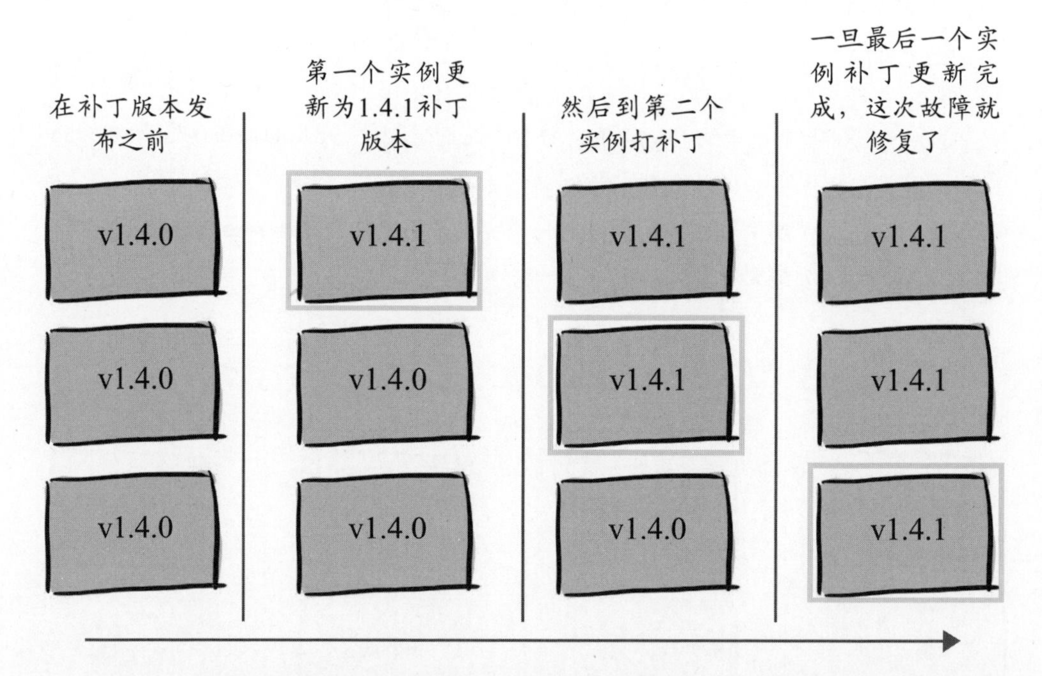

当然，在修复并构建新版本之后，这种滚动式的缺陷修复更新才会启动。因此，Plenty of Woofs生产中断的总修复时长如下：

(修复缺陷所需的时间)+(创建新的修复版本所需的时间)+ 3 x(每个实例更新所需的时间)

10.11 回滚

纵观部署的工作方式及其耗时，很明显大部分耗时是等待新版本发布的过程。

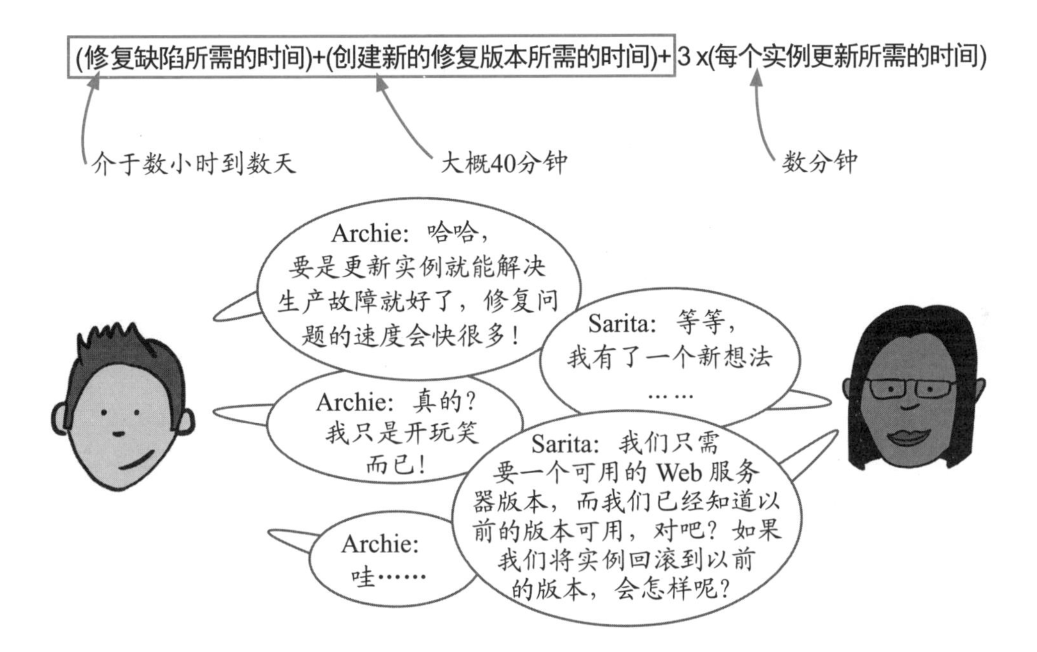

Sarita和Archie意识到，当一个部署引起生产故障时，他们不需要让它一直处在故障的状态下等待修复。相反，他们可以立即回滚到已知可用的上一个版本。

因此，如果他们部署了版本1.4.0，而它引起了故障，他们可以回滚到先前可用的版本1.3.2，而不是等待版本1.4.1准备好(即向前修复)。一旦问题得到解决并且版本1.4.1可用，他们可以从版本1.3.2更新到版本1.4.1。

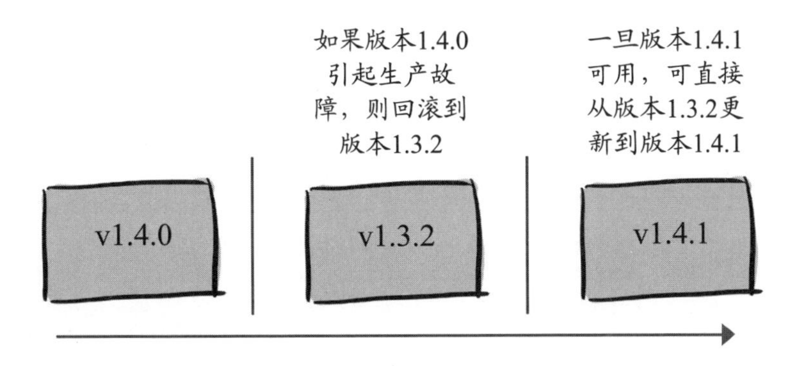

10.12 回滚策略 = 即时改善

如果 Plenty of Woofs 采用出现故障时立即回滚的策略，则恢复服务的时间将会大大降低，只需要回滚到上一个版本的时间。

~~(修复缺陷所需的时间)+(创建新的修复版本所需的时间)+~~ 3 x(每个实例更新所需的时间)

数分钟

他们的服务恢复时间将从几天缩短至几分钟。这将即时改善他们的DORA指标。服务恢复时间将从之前的数天或更长时间，缩短为几分钟。

指标	精英效能	高效能	中等效能	低效能
服务恢复时间	不到 1 小时	不到 1 天	介于 1 天到 1 周之间	超过 6 个月

Plenty of Woofs将直接从中等效能团队跃升为精英效能团队！

Sarita和Archie立刻向公司的其他人汇报了他们的发现，之后Plenty of Woofs制定了一个策略：每当发生故障时，立即回滚版本。这虽然意味着代码库中仍然存在潜在问题，需要进行修复，但现在可以在工作时间内从容地完成修复，而不是需要在压力下争分夺秒地尽快修复生产环境。

词汇时间

要有效地使用**回滚**，需要制定回滚策略。**回滚策略**是一种自动化的、有记录的并经过测试的过程，指示何时需要进行回滚。这个过程应该像其他开发或部署过程一样被认真对待，甚至更加认真，因为回滚发生在你的服务处于脆弱状态并且正在引起用户可见问题的时候。自动化的过程和测试该自动化过程(甚至进行“故障演习”来练习回滚)将确保你在急需时这个过程能顺利执行。

如何处理数据回滚

当部署涉及数据变更时，回滚策略变得更加复杂。而事实上，大多数服务都需要某种模式的数据支持，其模式需要在添加新功能和修复缺陷时进行更新。

幸运的是，这是可以克服的问题，不会妨碍我们使用回滚。我们需要将一些策略和指南引入流程中，以确保能够安全地前向部署和后向回滚。

- 对数据模式进行版本控制——与第9章建议对软件进行版本控制的方式相同(语义化版本控制亦属优选)，每个数据库模式的变更都应该伴随着相应的版本号提升。
- 为每个版本准备升级和降级脚本——每个数据库模式的变更都应该伴随着两个脚本(或其他自动化工具)：一个可用于从旧版本变更到新版本的脚本，另一个可用于从新版本回滚到旧版本。如果为每个版本提供这些脚本，我们就可以执行这些脚本来逐个轻松地回滚到需要的版本，当然前向部署也是采用同样的方式。
- 分别更新数据和服务——如果将数据更新和服务更新捆绑在一起并同时执行的话，回滚就会变得更加容易出错和危险。所以，我们应该分别执行它们。当进行变更时，我们的服务需要能够兼容旧版本和新版本的数据，而不会出现错误。这可能具有挑战性，但为了减少压力和风险，这是值得的。

这些策略的根本目标是让我们以与软件相同的方式部署和回滚数据变更：在需要更新时将它们部署，如果出现问题，则回滚。

同样，当功能变更需要相应的数据结构变更时，我们可以通过数据库前向升级来添加所需的变更。此外，尽可能避免将数据变更和服务变更耦合在一起，以便它们可以独立进行部署。

本书不会进一步详细讨论这些高效的数据处理方法，请寻找其他专门有关有效数据管理的资源来了解更多信息。

10.13 回滚策略实战

新的策略——在发生生产故障时，立即进行回滚(而不是等待团队创建补丁修复)已经为Plenty of Woofs节省了大量时间和压力！随着策略的普及，Sarita和Archie收集数据并重新检视了他们的服务恢复时间DORA指标，以验证他们的推论，即服务恢复时间将降至几分钟，并将使他们处于精英效能团队类别。通过观察实际的故障情况，他们可以看到从故障开始到服务恢复的总时间如下：

- 在3个实例之间进行滚动更新需要5到15分钟才能完成，无论是向前滚动(部署/更新)还是向后滚动(回滚)。
- 故障将在滚动更新期间开始(当第一个实例被更新时，任何访问该实例的流量都会开始出现故障)。
- 当发生故障时，至少需要3分钟的时间才会把故障通知到监视指标的工程师，有时甚至需要10分钟的时间。
- 一旦确认发生故障，将启动回滚。回滚本身也是3个实例之间的滚动更新，需要另外5到15分钟才能完成。

因此，从故障开始到故障解决的总时长如下：

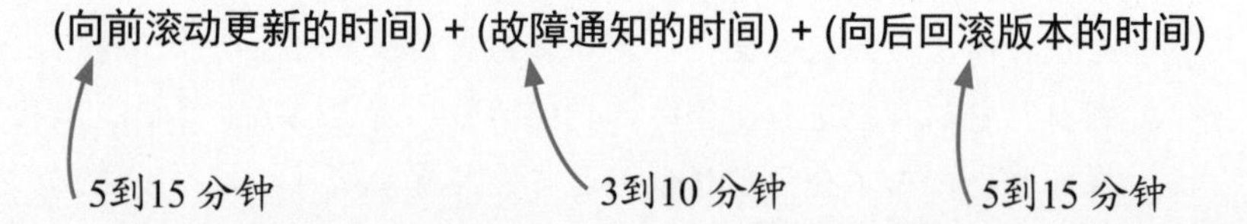

这意味着从故障开始到故障修复的总时长在13(5+3+5)到40(15+10+15)分钟之间。这意味着他们的DORA指标为服务恢复时间，为13到40分钟。尽管时间为40分钟，但 Plenty of Woofs 仍然跨入了精英效能团队的类别。

指标	精英效能	高效能	中等效能	低效能
服务恢复时间	不到 1 小时	不到 1 天	介于 1 天到 1 周之间	超过 6 个月

10.14 蓝绿部署

虽然服务恢复时间指标得到了大幅改善，但40分钟仍意味着潜在的40分钟用户故障情况，而且他们的最大40分钟和1小时的上限之间没有太多的回旋余地。如果任何事情放慢了(例如，如果他们添加了更多的实例)，那么他们将重新回到高效能团队的状态。Sarita建议他们专注于滚动更新本身所需的时间，看看是否有改进的空间。

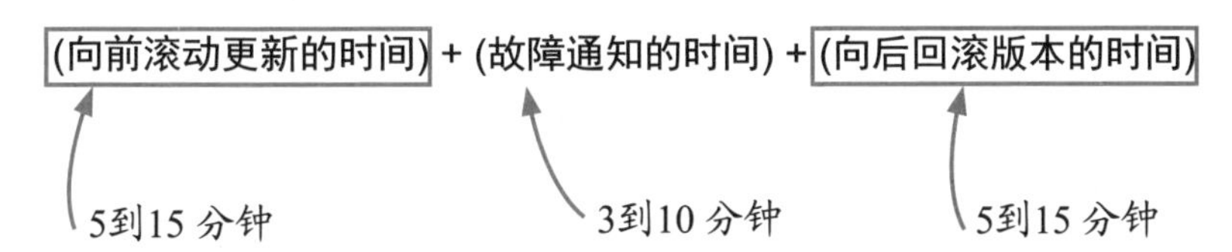

滚动更新过程本身会增加6到20分钟的停机时间。解决这个问题的一种方法是使用蓝绿部署，而不是滚动更新。在蓝绿部署(也称为红黑部署)中，你不是在原有实例基础上做更新，而是创建一组全新的实例并更新这些实例。只有在这些新的实例准备好之后，你才把流量从原始实例(即“蓝”实例，但哪个实例是哪个颜色并不重要)切换到新实例(即“绿”实例)。

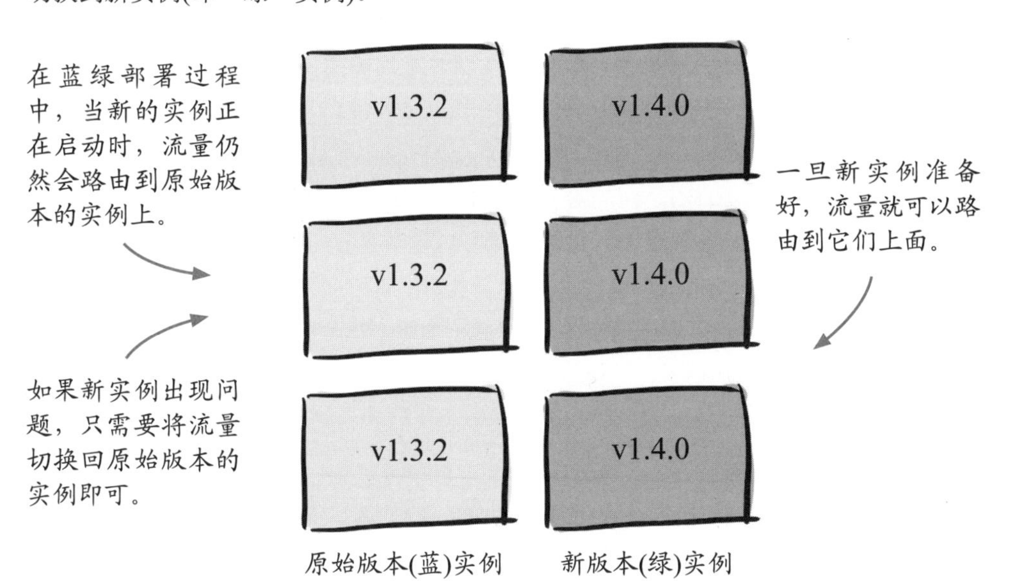

如果新的实例出现问题或者引起故障，一组正常的实例集仍在运行以前的版本。回滚就像将流量切换回原始实例一样容易！

10.15 使用蓝绿部署加速故障恢复时间

如果使用蓝绿部署而不是滚动更新，就需要足够的硬件来支持同时运行两组完整的实例。如果拥有并管理这些硬件，可能是不现实的(除非手头有大量的额外硬件)。但是，如果你使用云服务提供商，这可以非常便宜并且容易实现；你只需要在部署期间支付额外的硬件费用。Sarita和Archie看了一下，如果 Plenty of Woofs 开始使用蓝绿部署而不是滚动更新，他们的服务恢复时间会缩短多少？

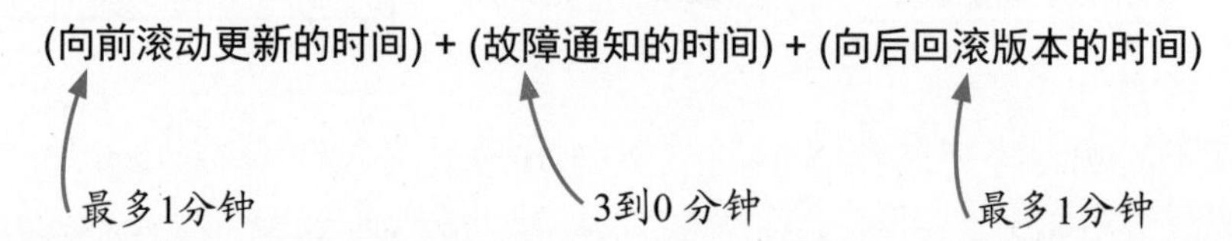

切换流量需要多长时间呢？

优雅地切换路由流量需要一定的时间。不考虑优雅的方式是在想要切换的时候终止所有连接到旧实例的连接——这意味着在最好的情况下，所有连接到这些实例的用户都将报错。而在最坏的情况下，可能会中断正在进行的某些操作，使其处于不健康的状态(如何设计应用程序以避免这种情况是一个完全不同的话题！)。重置路由的一个方法是让实例在一定的超时设定期间完成排空；超时的时间取决于请求通常需要多长时间才能完成(在 Plenty of Woofs，请求的完成时间预计最多为几秒钟，因此设置了1分钟的超时时间)。通过完成所有已开始的请求(不是中断它们——除非它们没有在超时时间内完成！)，并将新的流量路由到新实例来排空旧实例。

要点

坚持回滚的策略(而不是等待修复并向前滚动)使你能够快速和轻松地恢复生产问题。如果你有足够的硬件资源可用，则使用蓝绿部署可以使此过程更快速、更便捷。

10.16 金丝雀发布更快且更稳定

使用蓝绿部署可以使Plenty of Woof的服务恢复时间变得相当不错，但Sarita想知道他们是否还能做得更好。

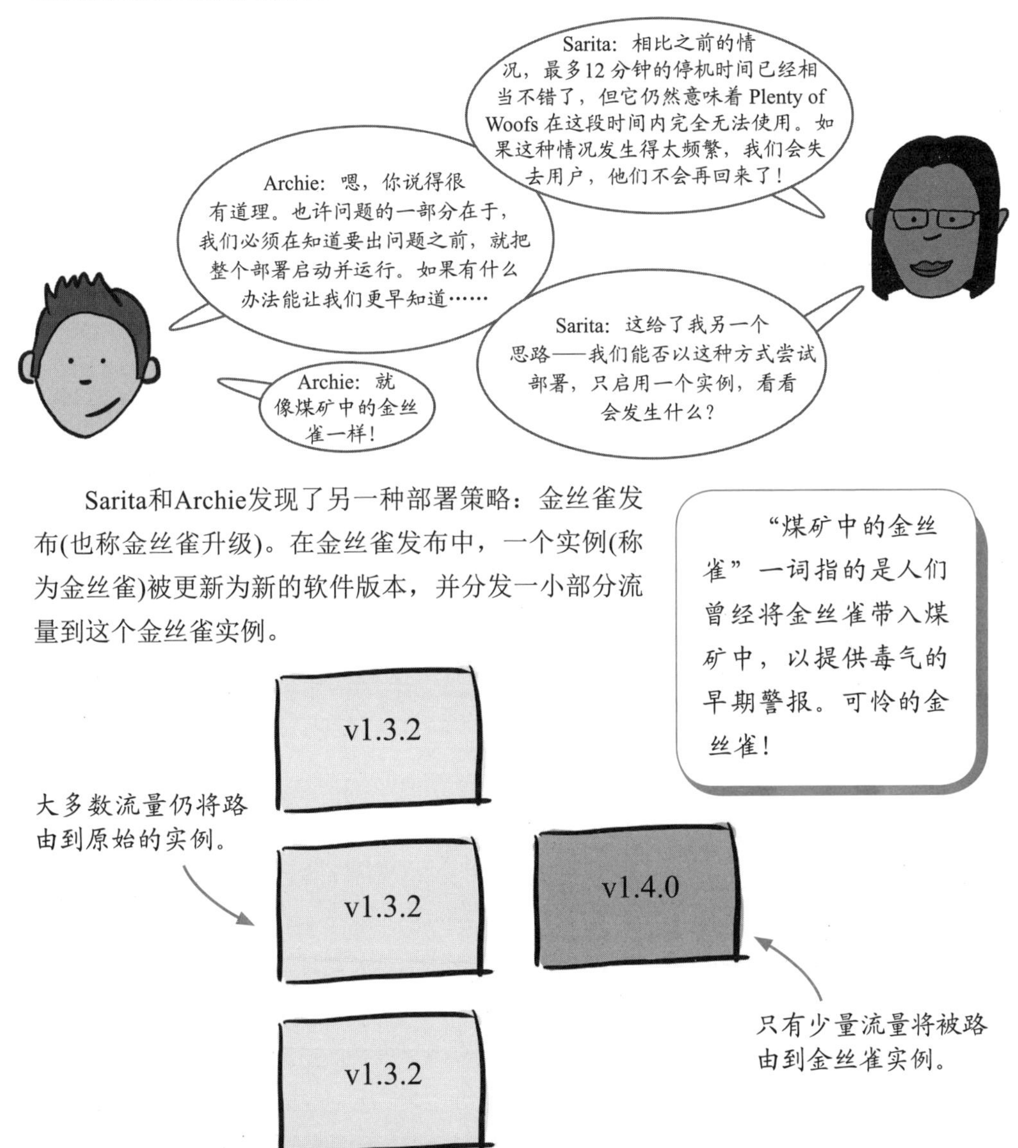

Sarita和Archie发现了另一种部署策略：金丝雀发布(也称金丝雀升级)。在金丝雀发布中，一个实例(称为金丝雀)被更新为新的软件版本，并分发一小部分流量到这个金丝雀实例。

如果金丝雀实例状态正常，则可以继续升级，可以通过将所有流量切换到运行新版本的实例，或者逐渐创建更多的金丝雀实例并将更多的流量分发到它们，直到没有流量路由到旧实例。如果金丝雀实例不正常，则整个过程可以停止，并将所有流量切换回原始的实例。

10.17 金丝雀部署的前提条件

要使用金丝雀部署，必须具备以下几个条件。

- 能够将流量分配到不同的部署中(例如，通过配置负载均衡器)。
- 能够度量和确定部署是否成功(最好自动化，以便能够自动化部署过程)。
- 将数据变更与功能变更分离(请参见前面章节的“回滚数据”)。
- 确定要向金丝雀实例发送的流量百分比。你需要将足够的流量分发到金丝雀实例，以获得有关更新成功与否的健康信号，但是也要尽可能减少流量，以最小化一旦出现问题用户受到的影响。
- 确定从金丝雀实例收集数据的时间。同样，你需要收集足够长时间的数据，以便能够获得有关更新成功与否的健康信号。如果未收集足够长时间的数据，你可能会得出关于更新成功与否的错误结论，但是收集数据的时间过长可能无法在问题发生时快速获得反馈。

无论你得到了多少流量，都应该假设，只收集几秒钟的数据是不够的。许多指标在这个时间粒度下甚至不可用(例如每分钟请求)，而这些指标的聚合方式意味着你需要查看多个指标才能更好地了解发生了什么(例如，对一分钟内的值进行平均化可以平滑数据中的峰值)。

如何度量和确定部署是否成功？

你需要度量服务的健康状况。了解要度量什么以及如何度量，可以参考DevOps或站点可靠性工程方面的书籍。例如，*Site Reliability Engineering: How Google Runs Production Systems*，(O’Reilly，2016)描述了监控分布式系统时需要观察的4个黄金信号(延迟、流量、错误率和饱和度)。至于如何自动收集这些指标和部署策略，可以使用现有工具(例如 Spinnaker，一个支持多个云提供商和环境的自动化部署开源工具)，也可以自行构建。自行构建是最昂贵的选择，所需的逻辑足够复杂，可能需要一个专门的团队来构建和维护。只有在找不到满足你需求的现有工具(例如，如果你构建了自己的专有云)时才选择这条路。

金丝雀发布与配置即代码

在第3章中，我们看到了配置即代码的重要性：尽可能地将配置(以及实际上运行软件所需的所有纯文本数据)“作为代码”存储在版本控制中，并使用CI管理它们。但是，像金丝雀发布这样的策略需要在部署过程中对用于运行服务的配置进行增量更新。

- 更新描述实例的配置，以包括运行具有新软件版本的金丝雀新实例。
- 更新用于流量路由的配置，以将一部分流量定向到金丝雀实例。
- 如果金丝雀测试不成功，更新描述实例的配置以删除金丝雀实例，并更新流量路由以将100%的流量路由回原始实例。
- 如果金丝雀测试成功，则更新配置以添加所需的所有新实例并将流量切换到它们。

在进行所有这些更新的同时，仍然使用配置即代码有意义吗？是的！尽可能继续实践配置即代码。为了使其与这些部署策略一起工作，我们有以下几个选项。

- 在变更配置时，将这些变更提交到存储配置的存储库(使用自动化流水线，其中的任务将在部署过程中创建和合并包含变更的PR到存储库中)。
- 在将变更滚动到生产环境之前将变更提交到代码存储库，并通过基于代码存储库的变更来触发生产配置的变更。(在Kubernetes的上下文中，这种方法通常称为GitOps。)

GitOps风格的方法也可以在其他方面为我们带来好处。它允许将配置存储库在一般情况下用作进行生产变更的门户，在保证生产与版本控制中的配置同步的同时，确保所有对生产环境的变更都经过代码审查和CI。若需要了解更多关于GitOps及其相关工具(如ArgoCD)的信息，请查阅相应资源。

10.18 金丝雀发布的基线

为了尽可能准确地了解软件更新的成功性，比较时最好尽可能地保持一致，除了软件更新本身。比较新软件与旧软件的性能时，要尽可能多地保持变量一致。

在大多数金丝雀部署中，这种比较并不完全公平：例如，不能期望全新启动的软件实例与已经运行了几个小时或几天的实例的性能相同。以下是可以导致金丝雀实例与原始实例之间性能差异的常见因素：

(1) 刚启动的实例(例如，在内存缓存完全初始化之前)与运行一段时间后的实例

(2) 处理少量流量与大量流量的区别

(3) 作为独立实例运行与作为大规模集群的一部分运行

所有这些因素在金丝雀实例中自然会有所不同，因为根据设计，这些实例是最近启动的，只处理总流量中的一小部分，并且不是能够处理生产负载的大规模集群的一部分。

那么，该怎么办呢？一种解决方案是除了金丝雀实例之外，还要启动一个基线实例，运行先前版本的软件。然后，为了确定更新是否成功，将金丝雀的指标直接与基线的指标进行比较。这可以让我们更准确地了解金丝雀测试的成功性。

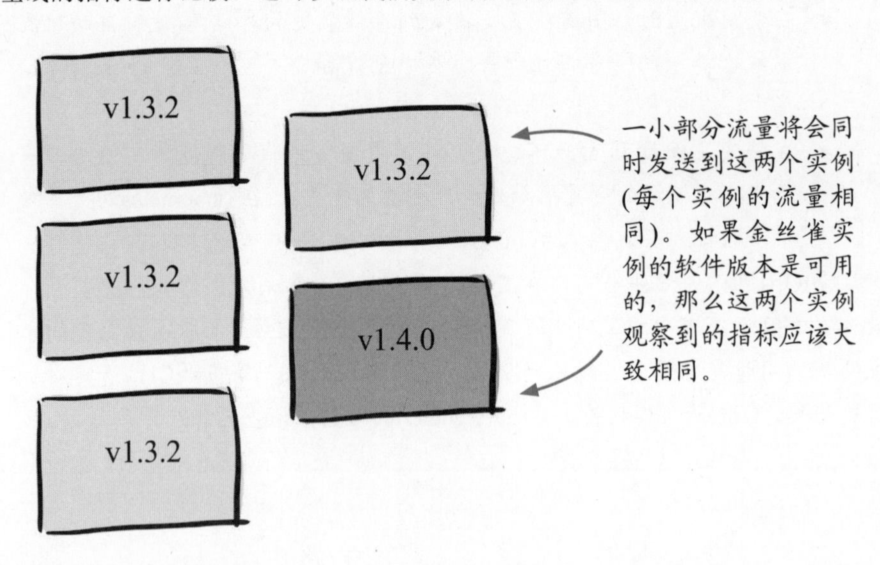

10.19 金丝雀发布的服务恢复时间

Sarita和Archie建议Plenty of Woofs继续使用金丝雀发布。幸运的是，他们找到了一个适合自己的工具(Deployaker，与第3章中Watch Me Watch使用的工具相同)，他们不需要构建自己的解决方案。他们使用金丝雀发布进行了几次部署后，查看了服务恢复时间

> Deployaker只是一个虚构的山寨版Spinnaker ;)

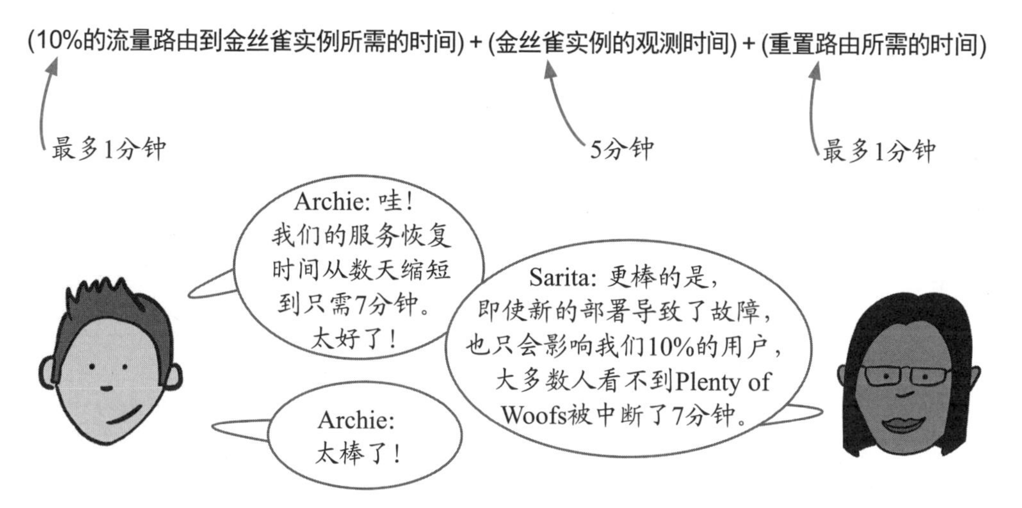

DORA指标与金丝雀发布

如果只有少部分用户遇到故障，而且通过关闭不健康的金丝雀实例可以快速为他们恢复服务，那么这样算不算是生产故障呢？DORA指标及相关文献并没有详细讨论这一点。它们将故障称为“服务降级”或“服务受损”。这表明，即使只影响了少部分用户，仍然算作生产故障，并计入变更失败率。话虽如此，你可以根据自己的情况自由定义故障。这样做的目标不仅仅为了成为精英效能团队，而是要有效地交付软件的业务价值。在CD方面，一刀切并不适合所有人，特别是在容忍生产故障方面。例如，正如你即将看到的，持续部署并不一定适合每个人。

要点

使用金丝雀部署可以通过减少受影响的用户数量以及使回滚变得快速和便捷，以此减轻失败部署的影响。

轮到你了：识别策略

以下每幅图展示了如何使用4种部署策略中的其中一种(滚动更新、蓝绿部署、金丝雀发布或带有基线的金丝雀发布)更新4个实例集群。请将图示与部署策略匹配。

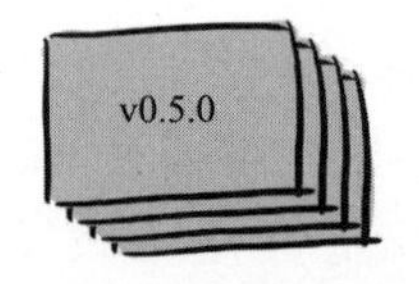

在部署之前，原始实例集群有4个实例，它们都运行软件版本v0.5.0。

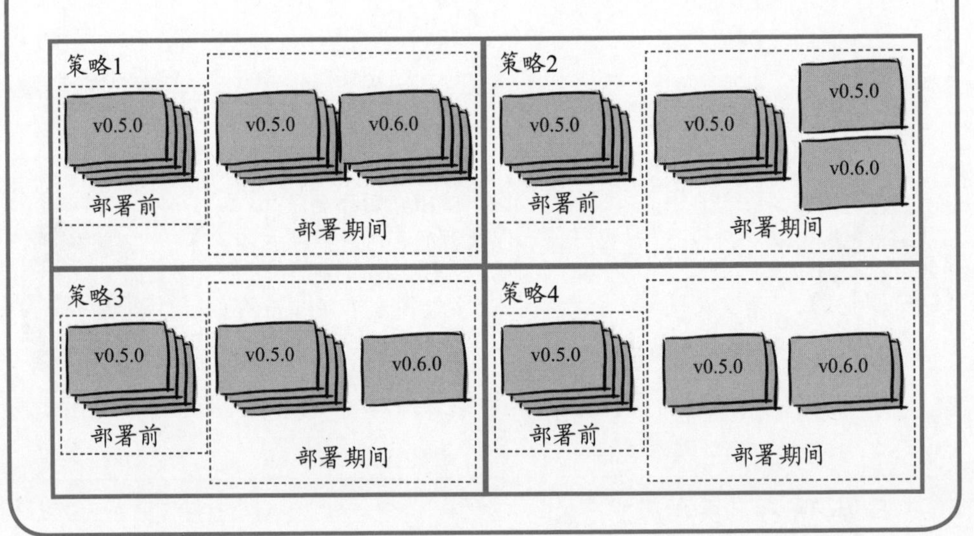

答案

策略1：蓝绿部署

策略2：带有基线的金丝雀发布

策略3：金丝雀发布

策略4：滚动更新

10.20 增加部署频率

随着服务恢复时间指标的巨大改进，Sarita和Archie再次审视了Plenty of Woofs的DORA指标。

- 部署频率——每周一次(高效能团队)
- 变更前置时间——少于一周(高效能团队)
- 服务恢复时间——约7分钟(精英效能团队)
- 变更失败率——3次部署中有1次失败，或约33%(低效能团队)

Sarita和Archie建议公司从每周发布转换为每日发布。由于金丝雀发布策略的成功(以及减轻了相关人员的压力和加班)，他们得到了全体人员的一致同意。

之前，Sarita和Archie曾经查看了8周的每周部署情况，并估计在同一时间段内进行40次每日部署中，有4次可能会出现故障。

- 第一周——这周的5次每日部署中会有1次引起故障。
- 第二周——这周的5次每日部署都是成功的。
- 第三周——这周的5次每日部署中会有2次引起故障。
- 第四周——这周的5次每日部署都是成功的。
- 第五周——这周的5次每日部署都是成功的。
- 第六周——这周的5次每日部署都是成功的。
- 第七周——这周的5次每日部署中会有1次引起故障。
- 第八周——这周的5次每日部署都是成功的。

在刚开始解决 Plenty of Woof 部署问题的项目时，他们发现在8个星期内，每周的3个部署中会有一个引起生产故障。根据每周故障出现的日期，他们估算了每天的部署会引起多少次故障。

随着 Plenty of Woofs 进行每日部署，他们看到他们的理论估计基本准确，接下来的8周中有5次(占总共40次部署的12.5%)出现故障，但他们都能在大约7分钟内恢复服务！在此期间，不需要周末加班工作来修复生产故障。

10.21 每日金丝雀发布策略下的DORA指标

现在，由于 Plenty of Woofs 使用了金丝雀发布策略进行每日部署，因此它们的 DORA 指标如下。

- 部署频率 —— 每天一次(高效能团队)
- 变更前置时间 —— 小于一天(高效能团队)
- 服务恢复时间 —— 7 分钟(精英效能团队)
- 变更失败率 —— 12.5%(精英效能团队)

通过观察 DORA 指标的精英、高、中等、低4个类别，可以清楚地看到 Plenty of Woofs 已经大大提升了它的状态。

指标	精英效能	高效能	中等效能	低效能
部署频率	每天多次部署	介于每周一次和每月一次之间	介于每月一次到每 6 个月一次之间	小于 6 个月一次
变更前置时间	不到 1 小时	介于 1 天到 1 周之间	介于 1 个月到 6 个月之间	6 个月以上
服务恢复时间	不到 1 小时	不到 1 天	介于 1 天到 1 周之间	超过 6 个月
变更失败率	0 ～ 15%	16% ～ 30%	16% ～ 30%	16% ～ 30%

工程师的表现从之前的高、中等、低效能团队混合，提升到了现在的高效能团队，甚至在4项效能指标中有两项达到了精英水平。

要点

通过采用有效的发布策略(例如金丝雀发布)，一旦出现失败的部署情况，工程师能够保证快速修复服务。因此，可以安全地增加部署频率，而增加部署频率对整个效能指标都会产生积极的影响。

10.22 持续部署

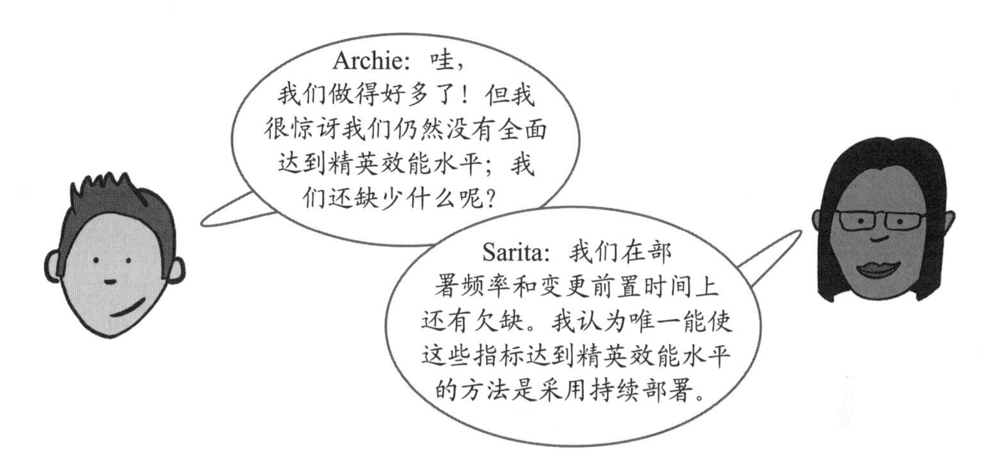

Sarita建议要想在所有的DORA指标上都达到精英效能水平，他们需要开始进行持续部署。这真能实现吗？

距离本书第1章对于持续部署的详细解释已经有一段时间了。这个概念通常会与持续交付混淆，并且通常也被称为CD(本书专门使用CD指代持续交付)。持续部署是一种软件开发实践，定义如下：

每次提交都会自动向用户发布可工作的软件。

使用持续部署，意味着版本控制中每次推送的提交都会触发一个部署。现在Plenty of Woofs每天部署一次，但是每个部署可以包含多个提交：即当天合并和推送到Web服务器主分支的所有提交。

Plenty of Woofs目前还有两个DORA指标没达到精英效能团队水平，它们是部署频率和变更前置时间，它们密切相关并直接相互影响。

指标	精英效能	高效能
部署频率	每天多次部署	介于每周一次和每月一次之间
变更前置时间	不到 1 小时	介于 1 天到 1 周之间

在一个小时内将变更推送到生产环境需要在一天内进行多次部署(假设每日合并多个变更)。

为了实现精英效能的DORA指标，Plenty of Woofs可以更加频繁地部署，例如每小时部署一次就可以使这两个指标达到精英效能标准。但是到了那个时候，部署的频率已经如此之高，你可能会想直接采用持续部署(它有助于更容易地保持代码库的可发布性，这将在随后介绍)。

10.23 使用持续部署的时机

持续部署的确有它的优点，但事实上，它并非适用于所有项目。不必认为一定要使用持续部署才能够顺利执行CD。你可能还记得第1章提到的CD的目标是让你的代码库随时可以发布，并自动发布它(也称为“只需要按下一个按钮即可轻松完成”)。如果你已经具备了这两个关键要素，你就有了执行持续部署所需的一切。

但不必过度深究。关键是要确认你的项目是否适合使用持续部署。为了能够执行持续部署，你的项目需要满足以下条件。

- 有一定比例(无论多小)的服务请求失败是可接受的。是否能够安全地执行部署取决于是否能够在生产中快速检测并恢复故障，但对于某些软件，任何故障的代价都太高了。当然，确实一般都会尽一切可能降低故障带来的影响，但有时允许故障发生的风险太大(例如软件故障可能影响某病人的健康)。
- 不受监管要求的限制。根据你所在的领域，你可能需要在发布软件之前满足监管要求，这使得不是每次变更都能马上发布。
- 在发布之前不需要探索性测试。这种测试只有在与故障相关的风险足够高时才应阻止发布，但如果需要，它会使发布过程减慢得太多，无法进行持续部署。
- 发布前不需要明确的批准。组织架构中可能要求在发布前需要有领导的明确签字。这种模式应尽可能想办法优化(例如，想办法实现验证自动化)，但如果这个要求持续存在，就无法进行持续部署。
- 发布不需要相应的硬件变更。如果更新软件需要相应的硬件更新(例如，如果你正在处理嵌入式软件)，那么你可能无法使用持续部署。

如果其中一个或多个因素排除了你的项目使用持续部署的可能性，不必为之难过！再说一次，持续部署并不是万能的，你仍然可以不必实现持续部署，采取其他很多措施来改进你的CD流程(如本书的其余部分所述)，使它们流畅且愉悦。

10.24 强制性的QA阶段

采用持续部署的一个常见障碍是在软件发布到生产环境之前，项目需要进行探索性测试或 QA 测试。这通常涉及多个软件环境，它通常包括以下流程：

1. PR(拉取请求)会被审核，并通过CI验证变更是否有效。
2. 变更被合并到代码库中。
3. 更新后的软件被部署到测试环境中。
4. QA 质量分析师在测试环境中进行软件交互测试，寻找问题。
5. 只有在 QA 审核通过后，软件才能部署到生产环境中。

当使用多个环境时，请尽量使用相同的部署自动化工具来将软件部署到每个环境。如果使用不同的方法，容易因为工具之间的差异而导致漏洞出现，这些漏洞可能未经测试就被部署到环境中。

词汇时间

探索性测试是指让人员探索软件以找到非预期问题的过程。人工测试软件在发现非预期问题方面是无价的。虽然自动化测试很有用，但它们只能捕捉到你已经预先预料到(并编码为测试)的问题类型。为了捕捉到真正意外的错误，我们需要人工地尝试使用软件。

词汇时间

我在这里讨论的**环境**(也称为**运行时环境**)是指软件执行的机器。例如，你的最终用户与你的软件会在**生产环境**中进行交互。每个工程师可能都有自己的**开发环境**，他们可以在上面部署软件，同时进行开发工作。常见的环境类型包括预生产、测试、开发和生产。

10.25 QA与持续部署

如果有一个QA阶段(或任何其他类型的手动批准阶段)阻止了你的软件部署，那么它将阻碍你进行持续部署，并限制你能够实现的部署频率。如果有这样的要求，请考虑以下三个方面。

- 失败的成本是多少？如果在生产环境中失败的成本太高(例如，可能会造成生命损失！)，那么尽可能谨慎并包括QA的阶段是有意义的。
- QA是否正在进行探索性测试？如果是，一种选择是不要阻止发布，发布的同时继续并行探索性测试，以便你能够兼顾两者。
- 测试是否可以自动化？如果参与这个手动流程的人正在遵循以前观察到的故障模式的清单来查找问题，那么有很大的可能性可以将其自动化。如果可以自动化，那么可以将其作为CD流水线的一部分执行。

一般而言，自动化程度越高，可应用的运行环境就越多，对人员依赖程度就越低，让人类去发挥人类最擅长的事情，而不是跟随检查清单。

而且一定要注意恐惧、不确定性和疑虑！

通常，强制执行QA阶段只是因为人们害怕出错。但是，如果你可以通过安全的发布策略来减少错误的影响，并且如果你可以承担生产中出现一些错误的成本，那么你可能不需要QA阶段。不要让恐惧拖慢你的脚步。

保持可发布的代码库

如果可以尝试，使用持续部署还有一个好处，那就是它可用于保持可发布的代码库状态。回滚策略可以很好地保持生产环境的稳定性，但是在生产回滚之后，导致故障的代码仍然存在于代码库中。这意味着在回滚后，你的代码库不再处于可发布状态(从技术上讲，在部署之前它已经处于该状态，但没有办法知道)。CI的目标是维护一种状态，使得以下操作可以顺利进行。

你可以随时安全地对软件进行变更。

那么，在回滚之后如何回到可发布状态呢？在这里持续部署可以派上用场：如果你在每次变更后进行部署，并且该部署引起了故障，那么你可以轻松地追溯到引起故障的变更。更进一步地说，你可以自动还原变更，或者至少自动创建还原变更的PR，让人们进行审查和进行接下来的操作。

如果没有持续部署，则每次部署都可能包含多个变更，在回滚后，需要人工检查这些变更，确定哪个变更引起了故障，并找出如何还原或修复变更。在此期间，你的代码库将保持不可发布状态。

要点

尽管持续部署有很多优点，但它并非适用于所有情景，因此也不要不合理地期望所有项目都要实现它。

10.26 精英效能团队

Plenty of Woofs决定尝试使用持续部署。工程师设置了从版本控制系统触发的触发器，每当将PR合并到Web服务器代码库中，就会使用Deployaker启动金丝雀发布。

他们对结果感到欣喜！他们现在的DORA指标如下：

- 部署频率——每天多次(精英效能团队)。
- 变更前置时间——提交变更后，发布流水线在不到一小时内完成从启动到部署(精英效能团队)。
- 服务恢复时间——7分钟(精英效能团队)。
- 变更失败率——12.5%(精英效能团队)。

现在，Plenty of Woofs的各项DORA指标都处在了精英效能团队水平。

指标	精英效能
部署频率	每天多次部署
变更前置时间	不到 1 小时
服务恢复时间	不到 1 小时
变更失败率	0 ～ 15%

现在部署已经变得如此顺畅和轻松，以至于团队中的大部分人很快就开始将其视为理所当然。这比Sarita和Archie开始调查时团队处于倦怠边缘的情况要好得多！

10.27 结论

在Plenty of Woofs，每周一次的部署引起了压力和倦怠。针对这种情况，合理的第一反应可能是减少部署频率。但是，使用DORA指标作为指导，团队成员很快意识到，他们想要达到的目标实际上是需要更频繁的部署，而不是更少的部署。实施回滚变更而不是往前修复的策略为他们提供了很大的缓冲空间。从那里开始，他们能够探索更复杂的部署策略，如蓝绿部署和金丝雀发布。

最终，Plenty of Woofs决定采用持续部署，实现了DORA的精英效能团队指标，使得部署从大家都害怕的事情变成了司空见惯的事情，这让团队成员的压力得到了极大的缓解。

10.28 本章小结

- 变更失败率是DORA指标中与稳定性相关的指标之一，度量生产部署导致服务降级的频率。
- 服务恢复时间是另一个与稳定性相关的DORA指标，是度量服务从降级状态恢复到正常状态所需的时间。
- 更频繁地部署可以减少每次部署的风险。
- 在遇到生产问题时立即回滚可以快速无痛地恢复服务，为解决潜在问题创造缓冲空间。
- 蓝绿部署和金丝雀发布可以减少用户受到的故障影响，加速服务恢复。
- 一旦实施了蓝绿部署或金丝雀发布这样的发布策略，就可以安全地开始增加部署频率。
- 持续部署有很多优点，但并非适用于所有项目，也不要不合理地期望所有项目都要达到持续部署的水平。

10.29 接下来……

在第11章，我们将开始深入探讨与流水线设计相关的主题。你将获得实用的指导，了解如何从零开始打造一个坚实的CD基础。

第Ⅳ部分 设计持续交付

在本书的最后这一部分，我们将从整体上考察适用于持续交付的概念。

第11章将回顾前几章中介绍的持续交付要素，并探讨如何将这些要素有效地引入绿地项目和遗留项目中。

第12章重点聚焦在通常是所有持续交付自动化的核心工作上：shell脚本。你将看到如何将我们在其他代码中使用的最佳实践应用到脚本中，而这些脚本是我们安全、正确地交付软件所必不可少的。

第13章将介绍我们需要创建的支持持续交付自动化流水线的总体结构。你将看到的流水线模拟了持续交付自动化系统所需的功能，以确保你的流水线切实有效。

第11章 启动包：从零到CD

本章内容：

- 识别一个有效CD流水线的基本要素
- 查找并修复现有CD流水线中缺失的要素
- 从第一天起，为新的项目建立有效的CD流水线
- 将有用的CD自动化措施添加到遗留项目中，但不需要立即解决所有问题

“知道从哪里开始使用持续交付(CD)可能很困难，尤其是当一开始还完全没有自动化时，或是当正在制作全新的项目时，或是当已经构建了一大堆遗留代码时。无论是从零开始还是有20年历史的遗留代码需要处理，本章都将通过展示从哪里开始以及如何快速从CD流水线中获得最大价值，帮助你免除不知所措的感觉。”

11.1 启动包：概览

在本章中，我们将了解在各种情况下，你该如何改进项目的CD。本章将分为三个部分：

1. 回顾——首先，我们回顾你希望在CD流水线中看到的任务类型，在本书中我们已经详细介绍了这些任务。我们将研究这些任务该如何整合到CI原型和发布流水线中。能够了解CD流水线是什么样子固然很好，但知道如何将其应用到项目中则是另一回事。因此，本章的其余部分将致力于在两个非常不同但又极其常见的场景中对CD流水线进行改进。

2. 绿地项目——我们将研究的第一类项目是绿地项目，这类项目中几乎没有任何代码，你有机会从一开始就使用最佳实践来开启项目。我们将看看一家名为Gulpy的初创公司，它只运营了几个月，已经编写了一些代码，但并不至于多到很难进行变更。我们将从完全没有CD自动化，逐渐过渡到拥有一整套的任务和流水线。

3. 遗留项目——每个绿地项目最终都会成为遗留项目，所以你正在进行的项目很有可能就是一个遗留项目。对于这类项目而言，可能已经存在了太多的代码和自动化，因此考虑如何使其现代化会让人不知所措。我们将看看一家拥有遗留代码库的公司Rebellious Hamster，以及如何通过渐进式的方法改进其CD流程，从而能够立即获得巨大成效。

绿地项目是全新的，因此在运维方式上有很大的自由。这些项目与**遗留**项目(有时称为**棕地**项目)形成了对比，后者已经存在了足够长的时间，已经构建了大量的代码，对其进行实质性的修改变得非常困难。

11.2 回顾：通用的CD流水线任务

无论你正在进行的是哪种类型的软件项目，组成完整CD流水线的基本任务都是相同的。(但是，你可能会看到每种类型任务的数量和运行的顺序不同。)在第1章和第2章中，我们大致了解了一下这些基本任务。

- Linting是CD流水线中最常见的静态代码检查方式。
- 单元测试和集成测试是测试的方式。
- 大多数软件需要先进行构建才能使用。
- 许多软件需要先进行发布才能使用。
- 要更新正在运行的服务以使用新构建的制品，必须先进行部署。

在本书中，你已经看到了代码检查、测试、构建和部署等任务。在第6章中，你看到了希望包含在流水线中的特定类型的测试任务。

- 单元测试
- 集成测试
- 端到端测试

第2章将这些任务分类为代码的门禁或转换。下图是构成完整CD流水线的门禁和转换。

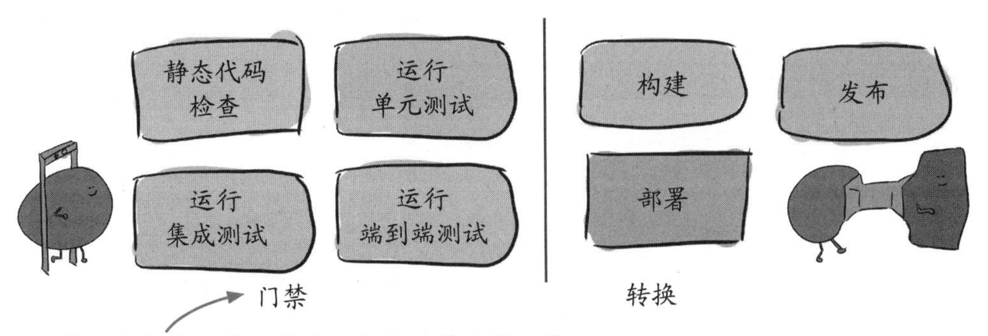

11.3 典型的发布流水线

第9章和第10章介绍了构建和部署自动化以及触发器的相关内容。在这里，我会假设你希望单独触发构建和部署流水线，而不是与CI流水线一起触发(但你不必这样做，并且不这样做还有其他好处，你将在第13章中了解更多关于流水线设计的内容)。你的发布流水线将包含转换任务，看起来像这样。

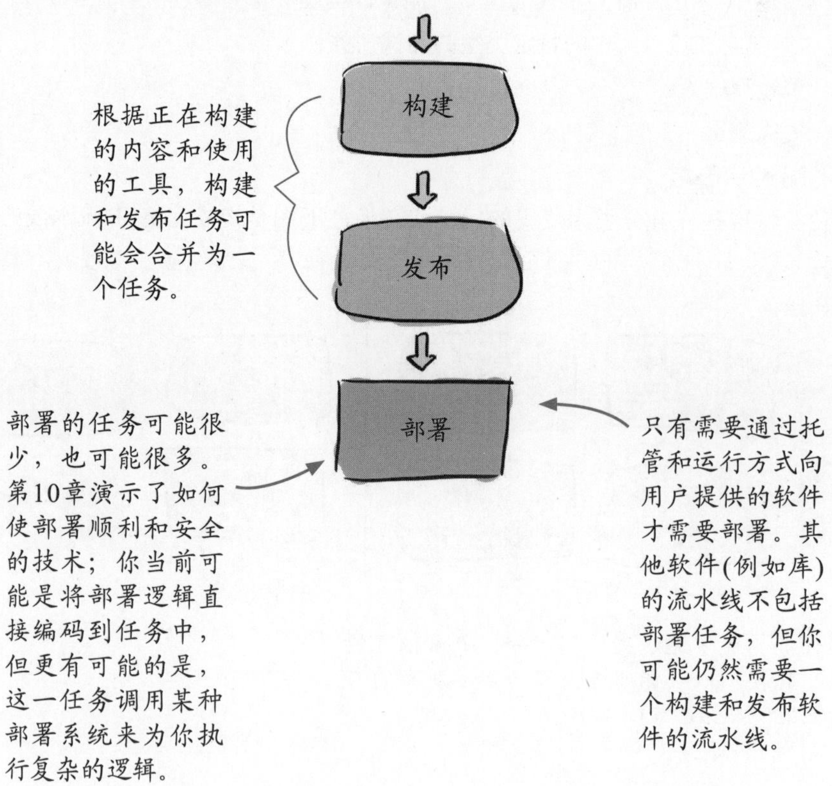

11.4 典型的CI流水线

CI流水线将包含门禁任务。但正如我们在第7章看到的，使用与在CI流水线中构建和部署相同的任务(或者，理想情况下甚至是使用流水线)，以确保正在测试的内容尽可能地接近将要投入生产的内容，是非常有价值的。因此，此流水线也可能包含转换任务，看起来会像下图这样：

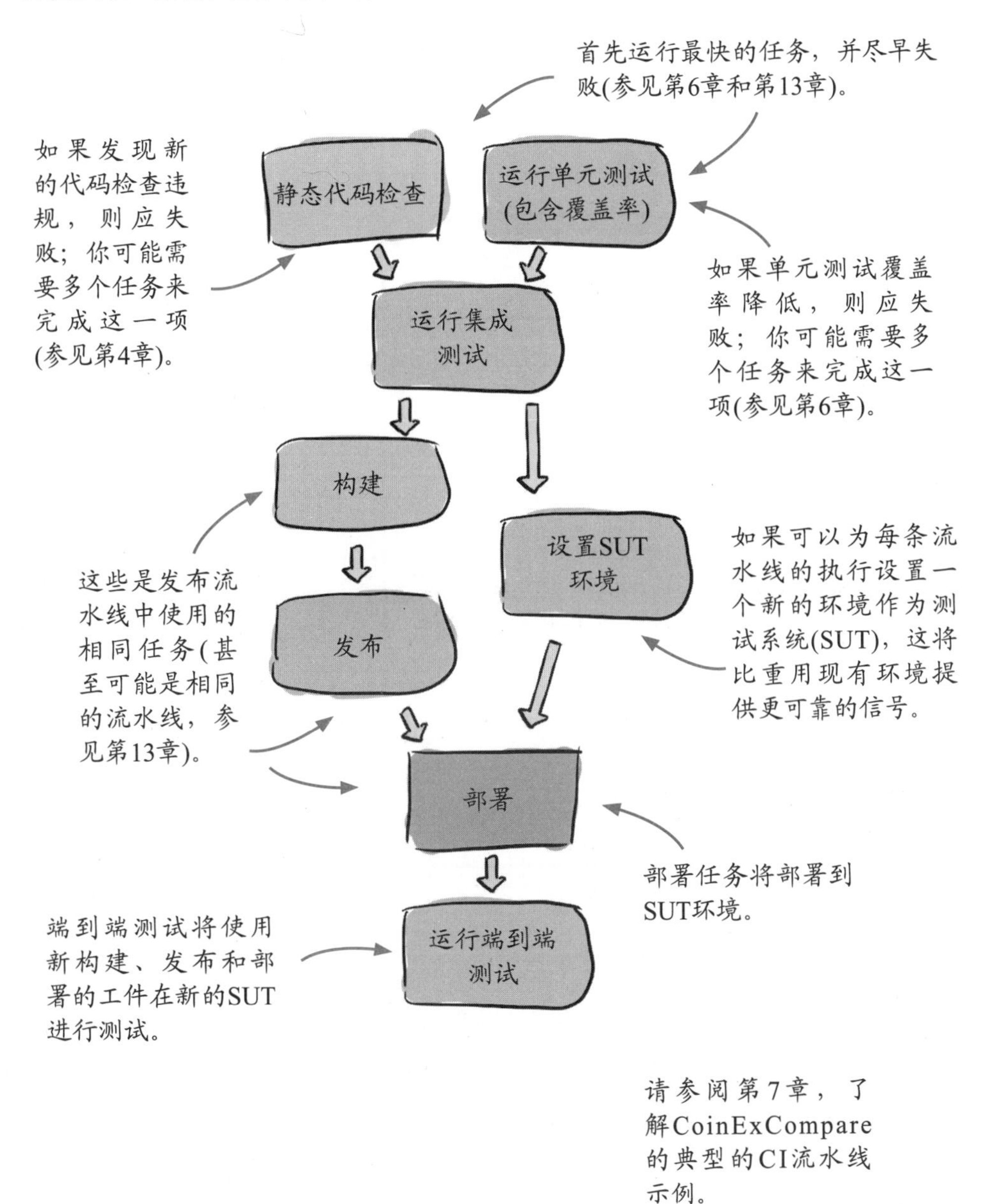

请参阅第7章，了解CoinExCompare的典型的CI流水线示例。

11.5 两条都带触发器的流水线

只是弄清楚CI流水线中包含哪些内容还不足以支撑整个故事，你依然需要在正确的时间运行它。在第7章中，你看到了变更生命周期的方方面面，我们希望运行流水线的CI部分以防止错误。结合了CI流水线与触发器，CD流水线的全貌将如下图所示。

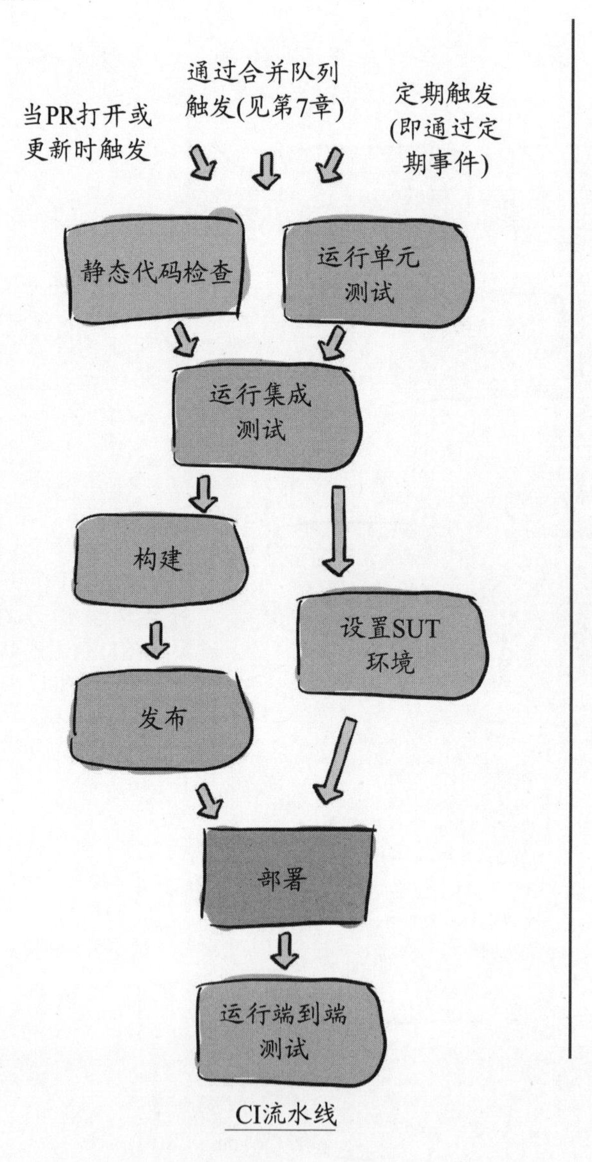

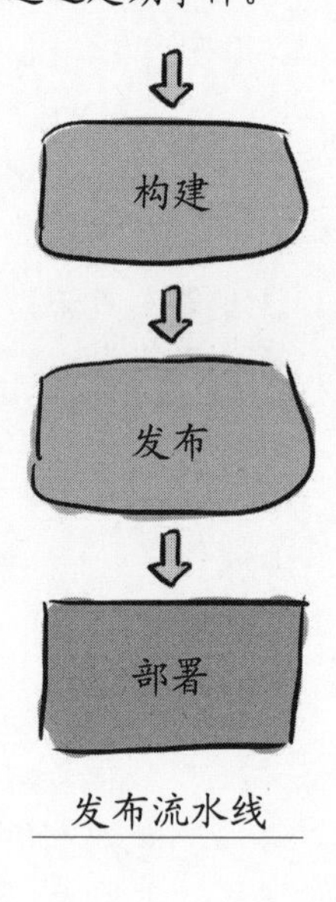

这是你期望的目标所在，但达成的方式(以及是否需要坚持达成——请记住第1章提到CD是一种实践)将取决于你正在进行的项目类型。

如果我运行的不是服务呢？

本章的示例流水线侧重于以服务方式提供的软件，因此需要部署在某个地方。在第1章中，我们花了一些时间研究了我们可以交付的各种类型的软件(库、二进制文件、配置、镜像和服务)。

以服务形式运行的软件相比起非服务形式的软件(例如库和二进制文件)，流水线之间最大的区别是部署任务。大多数的CI任务都是通用的：代码检查和各种测试可以应用于所有的软件，甚至是配置。

如果你正在交付工具和库，则可以将部署任务从CI流水线和发布流水线中去除。

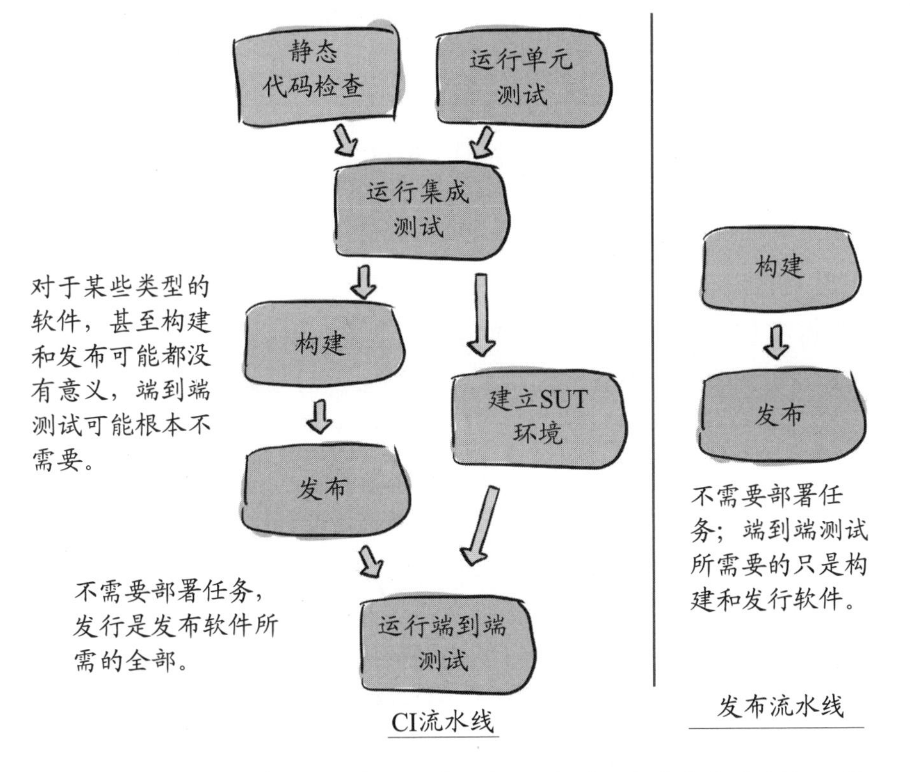

如果你的软件打算作为服务由用户运行(但你并不负责系统的运维)，则CI流水线仍应包括部署任务(因为你需要部署以便全面地测试它)，但发布流水线不需要包含部署任务。请参阅第1章中的图表，了解每种软件的交付内容，也就是，你需要在流水线中包含哪些要素，不包含哪些要素。

11.6 绿地项目：迈向CD

现在，我们对CD流水线的基本概念有了新的认识，我们将研究两个在生命周期中处于相似点的项目(一个绿地项目和一个遗留项目)流水线的实际情况。在设置CD流水线和自动化时，使用绿地项目是最佳的理想场景。

当代码库很小时，做出可以普遍应用的广泛决策是很容易的(例如，强制执行新的代码检查规则)。而且，越早设置自动化来强制执行策略(例如，最小80%的单元测试覆盖率)，就越有可能在项目不断发展的过程中保持这些策略的稳定性。

绿地项目有机会进行微小的路线修正，随着时间的推移，项目将从绿地项目过渡到遗留项目，这是任何项目都无法规避的命运。

我们将研究一个同样适用于所有项目类型的原则，但首先我们将看到从头开始应用该原则的感觉。

尽你所能尽快获取尽可能多的信号。

当我们从不存在自动化开始时，我们需要找出CD流水线的哪些方面可以最快地为我们提供最有用的信号，关注这些方面，并由此进行扩展。

> 我们已经在第5章讨论了测试环境中的信号和噪声，在第7章，我们查看了流水线中需要获得错误引入信号的所有地方。当我们改进(或从头开始创建)CD流水线时，如果专注于如何增加从流水线中获得的信号，即我们需要的信息，以确保代码库保持在可发布状态，并且我们可以尽可能快地发布，我们就会从中获得最大的收益。

11.7 Gulpy

我将从一家名为Gulpy(鱼餮)的初创公司的绿地项目开始。Gulpy的目标是通过简化鱼的食品以及日常用品的在线订单，让鱼主人的生活变得轻松。

Gulpy只运行了几个月，所以代码库中有一些代码，并不多，工程师还没有建立任何CD流水线或自动化。他们的架构非常简单，只有一个服务和一个数据库：

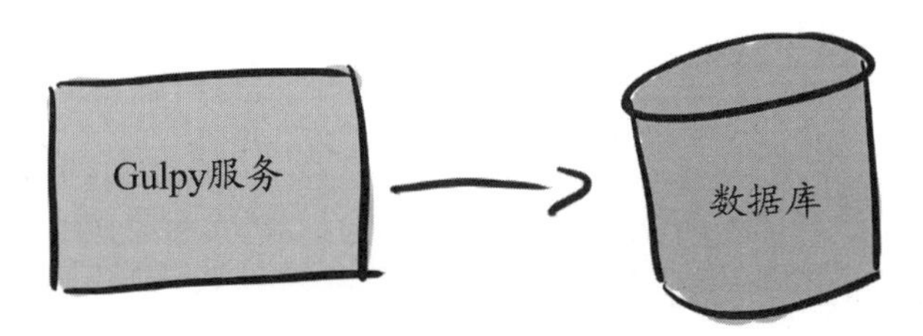

到目前为止，他们创建的代码可以显示首页，允许用户创建账户，而不需要做很多其他事情(暂时！)，只存在于单一存储库中。

Gulpy应该立即创建一个更复杂的架构吗？

在第3章中，Sarah和Sasha在编写第一行代码之前为她们的初创公司设计了一个更为复杂的架构。她们的方法和Gulpy的方法(专注于快速实现目标)都是有效的；Sarah和Sasha的架构可能更能面向未来。但归根结底，要看你的项目、截止日期和目标，并为你自己做出正确的决定。

11.8 绿地项目：从零到CD

当试图确定要将什么CD自动化添加到项目中时，无论谈论的是绿地项目还是遗留项目，总体目标都是相同的。

尽你所能尽快地获取尽可能多的信号。

信号与噪声的概念，特别是最大化信号和最小化噪声，适用于整个CI。

CI是频繁地进行代码合并，并在代码提交时进行有效性验证的过程。

CI的验证部分就是我们在寻找的信号：代码处于可发布状态的信号，添加的任何变更都使其保持可发布状态。这一目标表明，在评估项目的CD时，首先关注于改善CI是最有效的。这是合理的，因为在开始更快更频繁地发布之前，你需要确保这样做是安全的！

对于绿地项目，我们可以按照下面的顺序，增量地添加CD任务来构建CD自动化流水线。

1. 设置初始的自动化并添加任务以确保代码可以构建。
2. 通过尽早添加静态代码检查来建立高质量的基础代码库。
3. 修复任何现有的不满足静态代码检查行为，以使代码清晰整洁。
4. 开始用单元测试来验证你的功能(并编写更整洁的代码)。
5. 通过度量覆盖率，立即了解对单元测试的需求。
6. 添加达到覆盖率目标所需的测试。
7. 现在你已经设置了初始CI，从发布流水线开始，添加逻辑以发布正在构建的内容。
8. 使用部署自动化完成发布流水线。
9. 随着大多数基本要素的到位，你现在可以专注于添加集成测试和端到端测试。

> 你完全可以调整上述步骤的顺序。只需要记住，总的目标是尽可能快地获得更多的信号。这就是为什么有些需时更长的阶段(例如，建立端到端测试)要留到稍后再执行；如果你将其放在一开始处理，就得等更长的时间才能得到任何信号。

11.9 第一步：它能构建吗

验证代码库最基本的方式是可以将其构建成你希望实际使用它时所需要的任何形式。如果你无法构建代码，就可能无法用它做其他更多的事情：测试和静态代码检查等门禁任务都不太可能成功完成，而且你肯定无法发布它。

即刻从CI流水线中获取此信号(构建成功与否)，为你想在CD流水线中执行的所有其他操作奠定了基础，这就是为什么这是针对全新代码库的第一步。

1. 设置初始自动化并添加任务以确保代码可以构建。

Gulpy的基础代码是用Python编写的，工程师在Docker容器中运行他们的服务，因此他们将调用的第一个任务(也是CI流水线的起点)就是构建容器镜像的任务。

构建Gulpy镜像

Gulpy的单任务流水线目前还没什么可看的，但它会完善的！

有了这些简陋的开端，Gulpy从没有CD自动化到拥有了第一条CD流水线！

仅仅将构建自动化就是一项了不起的成就！

正如第1章简要提及的，最早的CD系统只有一个简单的目标：构建软件。其他的自动化(测试、静态代码检查、部署等)都是后来才出现的。这就是为什么CD系统通常被称为构建系统，并且CD流水线中的任务通常仍然被称为构建。因此，不要低估拥有构建自动化将为你创造的价值，由于在过去，仅仅完成这一点就是一项巨大的成就！

11.10 选择CD系统

以同样的方式开始一个具有初始里程碑(最小可行产品，即MVP)的软件项目，是一个对后续添加功能奠定基础的好方法，为CD流水线设置一个简单的初始目标，例如构建，可以让你在一开始就同时专注于实现初始的自动化。

有关常见CD系统的功能，请参见附录A。

Gulpy现在拥有了一个初始的(单任务)流水线，但除非该流水线被触发并运行，否则对于公司不会产生任何的好处。在工程师能够设置这些之前，他们需要选择一个CD系统。为帮助缩小搜索范围，可以先回答两个大的问题。下面是第一个：

- 你是想使用现有的CD系统还是构建你自己的CD系统？

你可能希望使用现有的系统，节省自己构建和维护系统的成本(以及复杂性)。如果你对代码构建、测试和部署方式有特殊要求，而现有的CD系统不支持，那么很可能无法避免地需要构建自己的CD系统。(幸运的是，在项目的早期阶段，这种情况不太可能发生，除非你所在的领域有你已经了解的特殊监管要求。)假设你可以使用现有系统，那么下面是第二个问题：

- 如果你正在使用现有系统，你是希望由第三方托管还是由自己管理？

你最佳的选择(尤其是在早期)通常是使用现有的托管服务。这将帮助你轻松地启动和运行，并且不需要为维护自己的系统而建立和支付团队费用。

对于许多项目，源代码将是私有的。想要使用现有的CD系统，同时拥有自己的私有代码，你需要使用可以配置为安全访问的CD系统，或者管理自己的CD系统实例。

构建自己的CD系统并不意味着需要完全从头开始。在附录中，你将看到一些CD系统，它们作为平台和构建块存在，你可以使用它们组合自己的系统。随着项目规模的扩大，维护自己的CD系统可能会变得更加合理，这样你就可以轻松地在整个组织中对多个项目强制约束，并创建适合自己业务和客户的自动化。

11.11 建立初始的自动化

Gulpy希望建立一个初始的CD流水线来构建Gulpy容器镜像，可以由三类事件来触发(更多有关这些事件及其重要性的信息，请参见第7章)。

- 当PR创建或更新时
- 当PR已准备好合并且由合并队列验证时
- 定时触发(例如每小时)

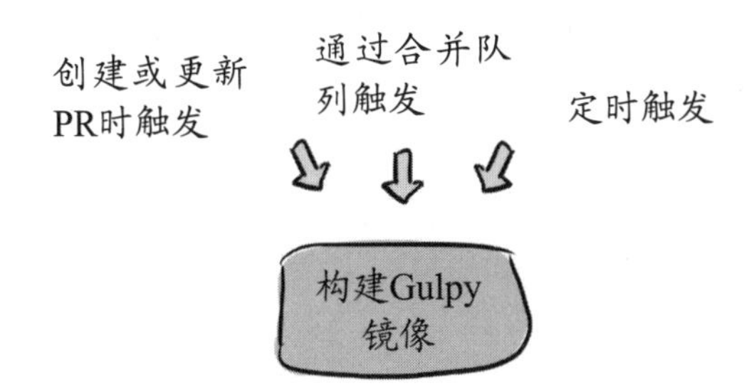

Gulpy的工程师希望保证自己的私有源代码，但他们没有任何理由去构建自己的CD系统。他们已经在GitHub上使用了私有存储库，所以决定使用GitHub的操作来实现自动化。

要在GitHub Actions中创建(单任务)流水线并设置触发，他们只需要创建一个工作流文件(ci.yaml)并将其提交到存储库的.github/workflows目录中。

```
name: Gulpy Continuous Integration
on:
  pull _ request:
 push:
    branches:
   —gh-readonly-queue/main/**
  schedule:
 —cron: '0 * * * *'

jobs:
  build:
  ...
```

告诉GitHub Actions在PR更新时触发。

告诉GitHub Actions，合并队列应在合并之前运行此工作流。

告诉GitHub Actions每小时触发一次。

工作流(由前三个事件触发)有一个名为“build”的作业，不包含详细信息，但可以内联定义，也可以引用其他地方定义的GitHub Action。

Gulpy的CD流水线建立起来并开始运行了！虽然还有很多信息需要补充，但现在如果对存储库提交变更(通过PR和合并队列触发)从而导致代码库处于不可发布状态，或是(通过定期测试)构建过程中出现了一些不确定因素从而导致构建停止工作(参见第9章)，他们都会立即得到一个信号。

11.12 代码的状态：静态代码检查

现在你已经设置了自动化，并且确保项目可以被构建，接下来要关注的就是代码本身。在项目的早期，大量的代码还不存在，所以这是整理代码并为项目的后续部分维护高标准而建立基础的绝佳时机。

在第4章中，你看到了linting(静态代码检查)可以很有用：它不仅保持了代码库的整洁和一致，还可以捕捉到真正的缺陷。你还看到了将静态代码检查应用于遗留代码库的挑战，以及到那个时间点不太可能实现的如下理想：

当运行代码库时，静态代码检查工具报告零问题。

然而，当以新的代码库开始时，这是可以实现的。如果你从一开始就设置了自动化来支持这一点，那么就可以让其坚持下去。

越晚添加静态代码检查，就越难均匀地执行它，因此对于一个新项目来说，这是改进代码本身的一大步。这就是为什么在为绿地项目增量设置CD流水线时需要添加的第二件事是：

2. 通过尽早地添加linting(静态代码检查)来设置高质量的代码库。

Gulpy在其流水线中添加了自动化静态代码检查。

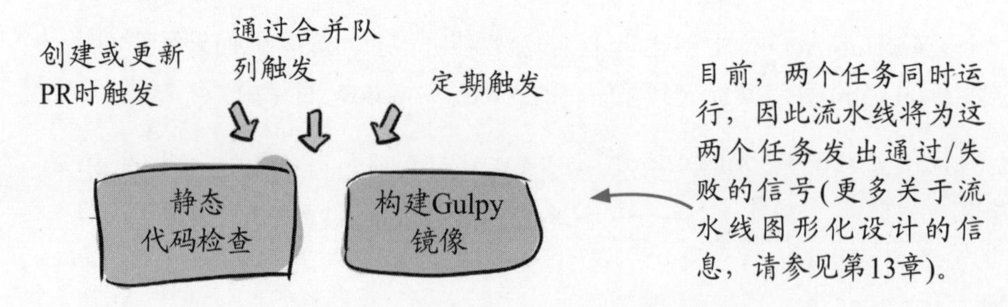

一旦工程师开始执行静态代码检查任务，就会在他们的代码库中识别出很多现存的违规行为。他们决定要立即修复这些问题，因此他们在初始配置流水线时允许静态代码检查任务失败，以便于修复问题，他们采取了第三个增量步骤来构建CD流水线。

3. 修复任何现存的静态代码检查违规行为，以使代码清晰整洁。

```
jobs:
  lint:
    continue-on-error: true
  build:
  ...
```

当静态代码检查任务失败时，设置为true将阻止工作流失败。一旦工程师清理了代码库，他们就可以删除这个选项，这样以后的变更失败将被阻塞，直到他们满足静态代码检查要求。

11.13 代码的状态：单元测试

Gulpy现在有了一个验证代码库是否可以构建的流水线，同时也有了保持代码一致性(并捕获常见缺陷)的静态代码检查要求。接下来要开始解决的问题是验证功能本身，即业务逻辑(以及所有支持它的代码)，这才是创建任何软件项目的动机。我们通过测试来验证软件的功能性，创建(以及运行)最快的测试是单元测试。

在项目的早期阶段，你可能已经拥有了一些单元测试，但即使没有，添加自动化以开始执行单元测试，也会立刻为你的成功做好准备(我们将在下一步进行)。随着自动化的到位，你将在添加测试后即刻获得反馈。

4. 通过添加单元测试开始验证功能(并编写更整洁的代码)。

为了编写有效的单元测试，你的代码必须是可单元测试的，这通常意味着高内聚、松耦合以及其他各种好的实践。如果没有单元测试，就比较容易忽视代码本身的结构，并且添加单元测试将变得越来越困难。

商业逻辑是我们编写软件的全部原因！我们将这些规则转化为代码，从而使我们的库和服务值得使用。这是我们的用户来到我们项目的原因，并且如果我们是为了盈利而制造软件，这也是能够提供**商业价值**并赚钱的原因。

Gulpy还没有任何单元测试，因此工程师添加的执行单元测试的任务立即通过了(没有测试执行 = 没有测试失败)。他们的CD流水线现在看起来像这样：

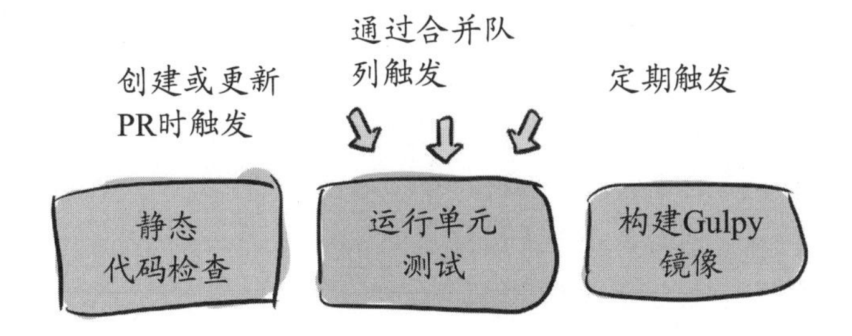

集成测试和端到端测试也非常有用，但我们不会立即尝试去添加它们，因为它们需要更长的时间才能启动和运行。更不用说，越早引入单元测试，就越容易实现和维护覆盖目标。记住：你的大多数测试都应该是单元测试！

11.14 代码的状态：覆盖率

现在，Gulpy已经实现了单元测试的自动化运行(当添加单元测试时)，下一个合理的步骤是添加覆盖率度量，当前覆盖率为0！没有测试意味着没有覆盖。由于该项目是新的，并且没有太多代码要覆盖，因此当下是一个专注于获得所需覆盖率水平的最好时机。然后，在项目中，你所要做的就是保持这个水平！因此，Gulpy的下一步是：

5. 通过度量覆盖率，立即了解对单元测试的要求。

在第6章中，当Sridhar为Dog Picture Website添加覆盖率测试时，他必须创建逻辑以跟踪覆盖率水平，并确保其不会下降。这是一种以增量方式提升遗留项目覆盖率的有效方法；而针对几乎没有代码的新项目，我们可以定义任意的阈值，并立即编写满足该阈值所需的测试。工程师更新单元测试任务，以度量覆盖率。如果覆盖率低于80%，则失败。

随意设置的阈值意味着，有时你会发现自己写的测试没有价值。例如，如果你需要80%的覆盖率，而你目前的是79.5%。

但是，明确的自动化目标所带来的便利性，还是值得编写几个额外测试的。

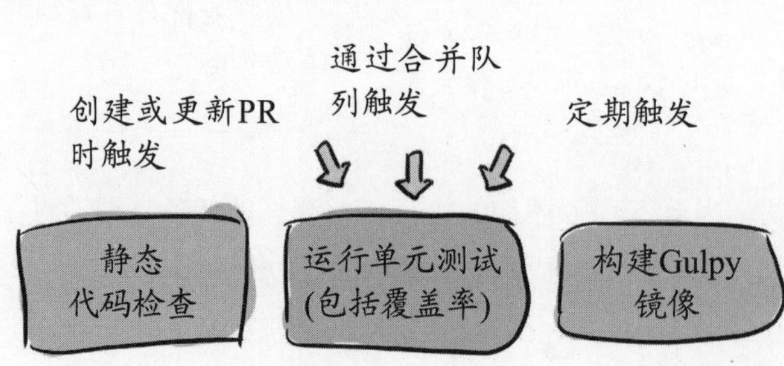

当然，该任务开始时会立即失败，这将阻止任何新变更的引入。Gulpy的工程师下一步的重点是增加单元测试，直到他们达到80%的覆盖率目标。

6. 添加达到覆盖率目标所需的测试。

他们在添加测试时暂时移除了80%(覆盖率)的要求，否则他们将不得不对所有测试进行一次大PR，并在测试完成后将其(覆盖率要求)添加回去。

什么是好的覆盖率阈值？

好的覆盖率阈值取决于代码库。从80%的覆盖率开始，看看会是什么样子。它足够宽松，可以让你保留一些未覆盖的代码行，如果它们的覆盖测试没有价值的话；同时又足够高，可以确保覆盖了大多数代码行。你可以从80%开始，向上或向下调整。

11.15 超越CI：发布

Gulpy现在已经有了一个具有基本CI要素的流水线，这将确保代码正常运行(可发布的)，并确保公司继续满足项目早期制定的静态代码检查和单元测试覆盖目标。这足以让工程师对自己已经达到了最初的CI目标拥有足够的信心。

CI是频繁组合代码变更的过程，每次变更都在签入时进行验证。

他们对自己的CI感到足够的自信(目前！)，可以继续CD流水线的其余部分了。首先他们对正在构建的容器镜像进行了一些操作：

7. 现在已经设置了初始的CI，(接下来)从发布流水线开始，添加逻辑以发布正在构建的内容。

由于工程师在一开始拥有选择部署方式的自由，因此他们决定立即开始采用持续部署。他们启动了一个单独的流水线，该流水线使用与CI流水线相同的构建任务，并在成功合并到主干时触发(你将在第13章了解更多关于当使用多个流水线时所涉及的权衡)。

一些用于构建制品的工具会把构建和推送合并到一个命令中。

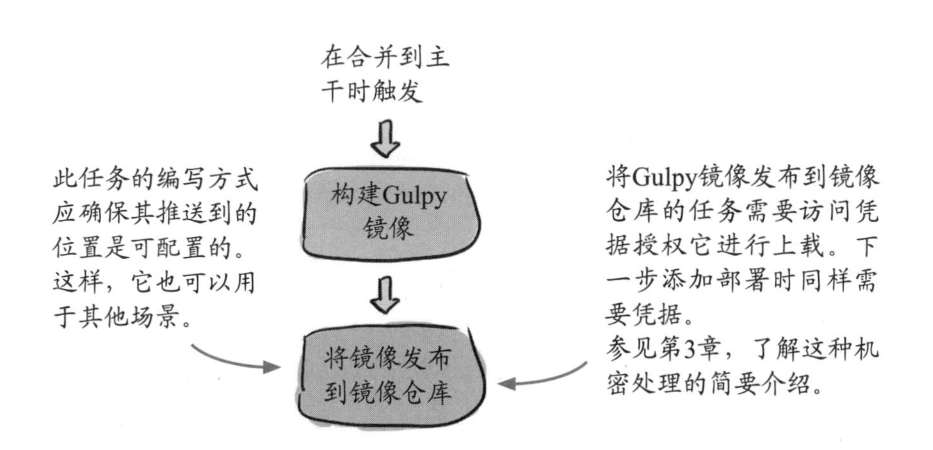

11.16 部署

Gulpy的下一步是自动化部署。工程师已经部署了几次，但他们一直是通过手工执行脚本进行部署，该脚本可以更新他们在常用的云服务RandomCloud中运行的服务实例。于是下一步是：

8. 通过部署自动化完成发布流水线。

通过定义脚本来执行一些部署，可以使得自动化部署更为容易。然而，在产品生命周期的早期，更容易灵活地做出部署决策，从零开始可能不会产生巨大的影响。尤其是如果你决定依靠现有的工具实现部署自动化(请参阅第10章了解可能需要考虑的部署策略类型)。

Gulpy的工程师决定使用金丝雀部署。他们决定使用Deployaker，这是一种用于自动化部署策略的常见工具。他们还决定使用持续部署，因此他们更新了现有的发布流水线，调用Deployaker来启动金丝雀部署。

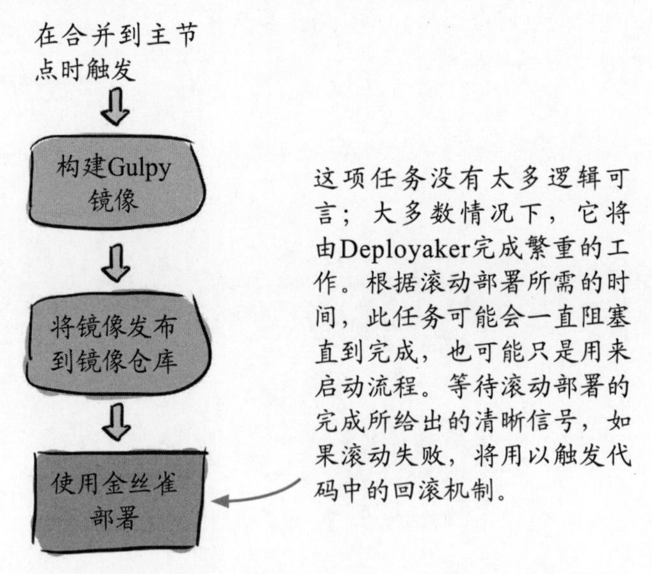

在项目的早期，也是引入和尝试持续部署的好时机。这将为你的项目向前发展确立了一个很好的范例，而且这是一个相对低风险的早期阶段，让你有机会在以后决定它是否适合你的项目。

11.17 扩展测试

Gulpy现在已经具备了基本的功能：一个CI流水线，用于验证构建、静态代码检查和单元测试(覆盖率为80%)；一个发布流水线，使用持续的金丝雀部署。完成这些流水线的最后一步是实现测试故事。还记得第6章介绍的测试金字塔吗？

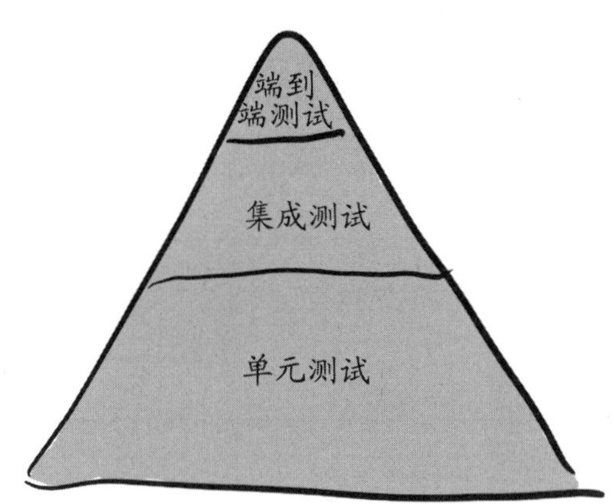

目标是让大多数的测试为单元测试，但集成测试和端到端测试仍然有价值！当前Gulpy只有单元测试。

尽管单元测试非常有用，但它们依然不足够，需要通过一组端到端测试和/或集成测试补充，来一起测试各个单元。

9. 有了大部分的基本要素，你现在可以专注于添加集成测试和端到端测试。

建立初始CD流水线的最后一个阶段才需要启动并运行这些测试，原因是：

a) 这些测试和运行端到端测试所需的设置，需要很长时间才能开始启动和运行。

b) 你可以在触发这些测试时重用部分或是全部的构建、发布和部署的逻辑。

11.18 集成测试和端到端测试的任务

在设计端到端测试时，Gulpy的工程师会查看他们的发布流水线，并决定自己可以重用什么。他们将按原样照搬构建和发布任务，传递不同的参数，允许它们设置构建镜像的名称，以表明它仅用于测试(例如gulpy-v0.2.3-testing)。

对于部署任务，他们需要做出选择：是否要使用Deployaker进行测试部署？如果是，好处是它也同时可以测试部署的配置；但一个很大的缺点是，在测试中使用Deployaker需要一个实例，而工程师在开发时无法轻易使用相同的逻辑。因此，工程师决定编写一个新的部署任务，只需要直接启动作为容器运行的服务。

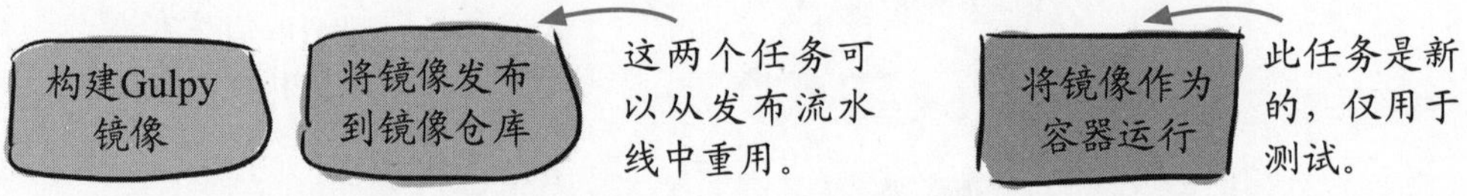

构建Gulpy镜像

将镜像发布到镜像仓库

这两个任务可以从发布流水线中重用。

将镜像作为容器运行

此任务是新的，仅用于测试。

工程师创建了一套端到端测试，与客户一样针对Gulpy网站的运行实例执行测试，并创建了一些集成测试。

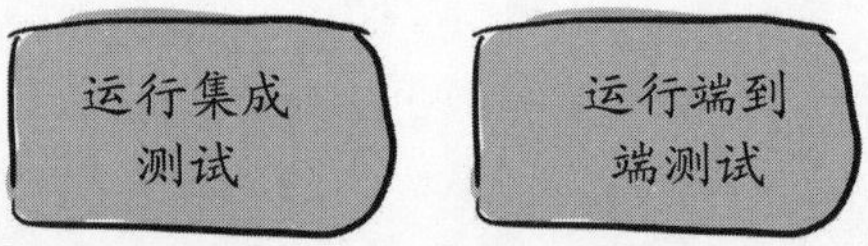

运行集成测试

运行端到端测试

为了运行端到端测试，他们还需要一件事：部署到某个地方并针对其进行测试，即被测试系统(SUT)环境。Gulpy创建了一个任务，该任务将启动VM以在其上运行容器。

设置SUT环境

你可能根本不需要设置单独的测试系统(例如，可以直接启动一个容器作为端到端测试的一部分)。这实际上取决于系统的设计和测试所需的组件数量。更多信息，请查阅测试相关的书籍。

11.19 完成CI流水线

为了运行集成测试，所有Gulpy工程师需要的只是将一项运行集成测试的任务添加到现有的CI流水线中。集成测试的运行时间比单元测试稍长，但不需要任何特殊设置。

将端到端测试添加到CI流水线中有点复杂，需要添加一整套任务。

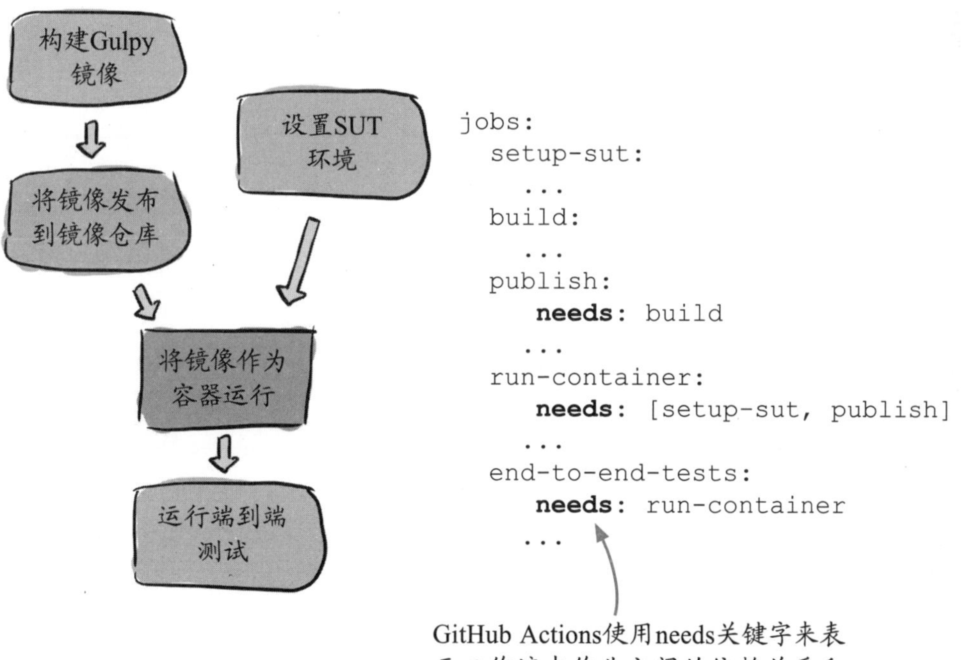

11.20 Gulpy完整的流水线

将所有这些放在一起，Gulpy创建了以下两条流水线，这两条流水线都是单独触发的。

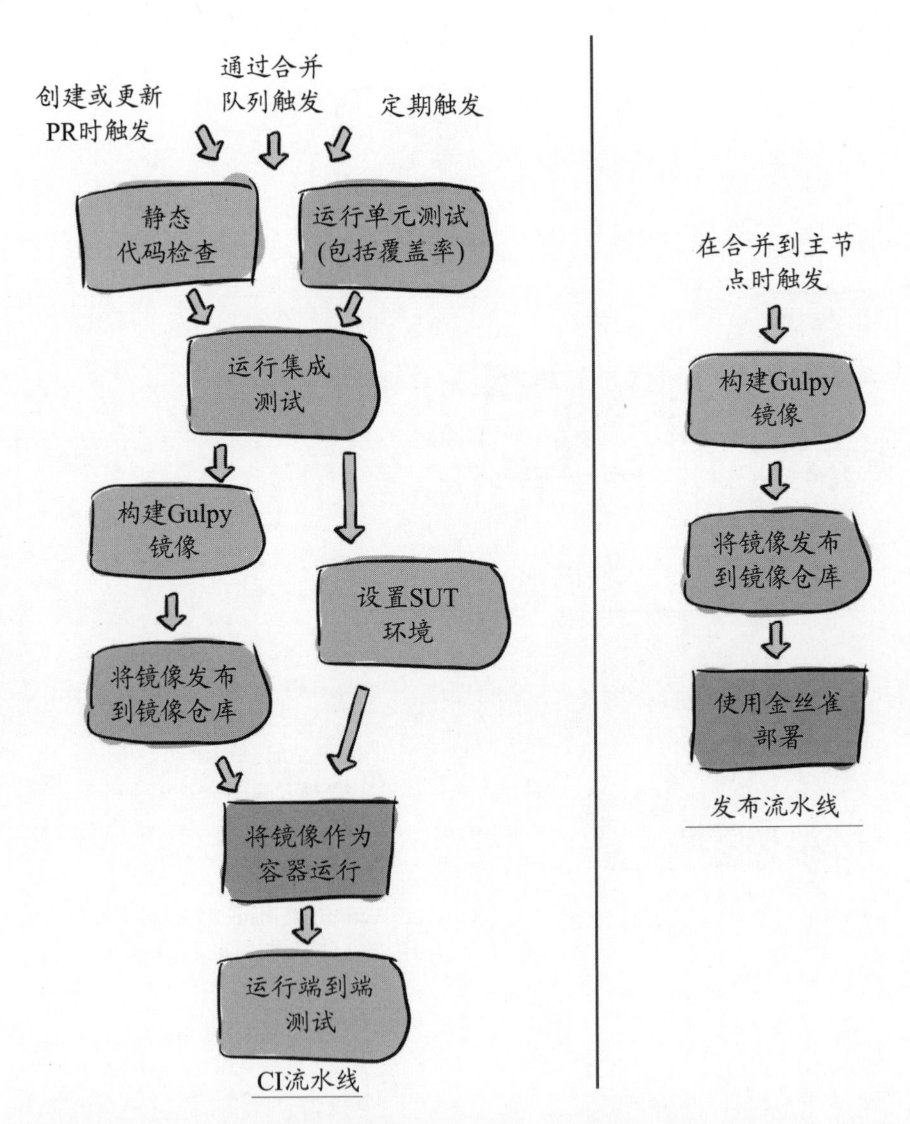

他们可能会决定在添加更多功能的过程中进行一些调整，但总体而言，这些初始的流水线应该能够很好地满足CD需求！这些是你希望在自己的流水线中实现的理想要素的范例(根据项目的需要和使用的工具，添加或删除一些任务)。

11.21 遗留项目：迈向CD

事实上，大多数时候你不是在做绿地项目，所以你不会在代码库还很小的时候就有机会把你想要的所有要素都准备好。相反，你更有可能需要处理遗留项目。

每个绿地项目都会在某个时间成为一个遗留项目。具体何时达到这一点(成为遗留项目)值得商榷，但一个指标是突然引入像你刚刚看到的那些CD门禁任务所涉及的工作量，比如，需要80%的覆盖率，或者需要通过静态代码检查。正如在前几章中看到的，为遗留项目制定这样的指导方针更为棘手。

你前面看到的方法仍然有用，因为它突出显示了所有项目(包括遗留项目)所需的要素。然而，添加它们的顺序会有点不同，很可能你无法得到想要的一切(不过这也还好！)。

无论是面临遗留项目还是绿地项目，在添加CD时，目标都是一样的。

尽你所能尽快获取尽可能多的信号。

并且同样的，你会首先聚焦在CI上，因为它为你可能想做的其他一切奠定了基础。

CI是频繁组合代码变更的过程，每次变更都在签入时进行验证。

如果CI一直被忽略直到现在，谁知道代码的状态是什么，对于遗留代码尤其如此！如果没有CI，很难知道如果开始添加发布自动化并更频繁、更快速地发布，将会发生什么。在对代码的状态有信心之前，你会犹豫不决是有道理的。

11.22 Rebellious Hamster

现在，我们通过Rebellious Hamster(叛逆的仓鼠)的例子聚焦于如何改进遗留项目的CD。这家公司为视频游戏提供后端服务。它有一个在过去五年中开发的大型代码库，但没有建立任何CD自动化，或者至少Rebellious Hamster没有在各个项目中始终如一地设置CD自动化。应该从哪里开始呢？

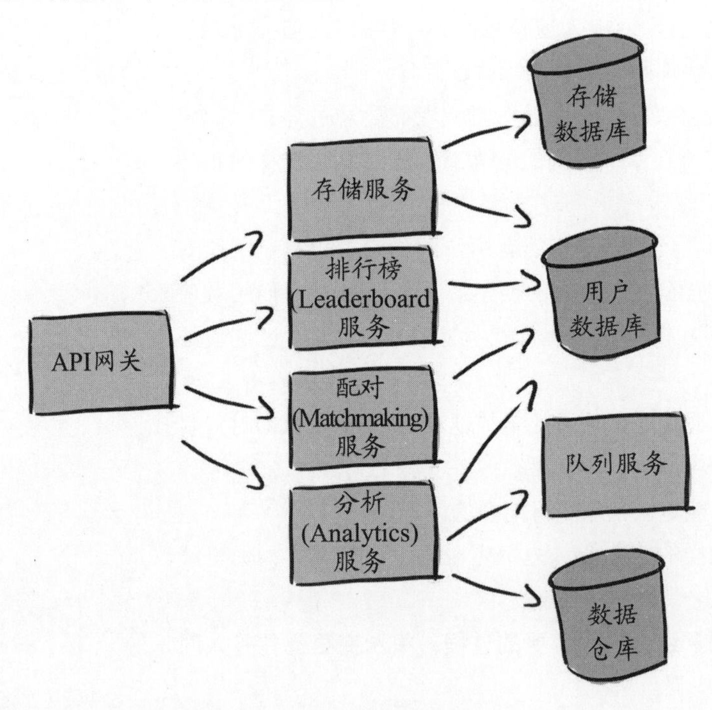

支持上面这些服务的代码分布在多个存储库中。

每个存储库或多或少都由不同的团队拥有，因此，尽管有些存储库根本没有设置CD，但有些偶尔会进行一些测试和自动化。项目之间存在不一致，每个团队都有不同的标准。

11.23 第一步：确定增量目标的优先级

处理遗留项目可能会让人不知所措，尤其是如果你把门槛设置得太高。相反，设定可以立即开始的增量目标，将为你的投资带来回报，这样就可以在旅程中的任何时候停止，并仍然可以处于比开始时更好的位置。记住，你不需要为了获得价值而全力以赴！需要改进的两大领域与CD的两个部分一致：

- 你可以随时安全地对软件进行变更(CI)。
- 交付该软件就像按下按钮一样简单。

首先确保你可以在任何时候安全地交付软件，即知道什么时间出现了问题。

1. 添加足够的自动化，以了解代码是否可以构建。

2. 将代码库中你想要改进的部分与不值得投资的部分隔离开来，这样你就可以分而治之了(修复一切可能太昂贵，你的投资回报会很快降低)。

3. 添加测试，包括覆盖率度量。

一旦你觉得获取了足够的信号，可以更频繁地或至少更快地开始发布，请执行以下操作。

- 决定你是要专注于现有流程的自动化，还是从零开始采用新的方法(例如，使用第三方工具)。
- 如果将现有流程自动化，则一次一部分地逐步自动化。
- 如果切换到第三方工具，请设计安全的低影响实验，以便从当前流程转移到新工具。

好消息是，任何的改进都是改进。即使你只做了一个小的增量变更，也依然改进了CD！

静态代码检查去哪儿了？

你可能已经注意到前面的目标谈到了测试，但未曾提及添加静态代码检查。在处理绿地代码库时，我建议首先添加静态代码检查，这主要是因为当代码非常少时，这样做非常容易，而且从一开始就可以编写质量一致的代码。然而，将静态代码检查添加到遗留代码库中的工作量要大得多(参见第4章)，并且你可以通过添加测试和部署自动化更快地获得更多价值。因此，对于遗留的代码库，静态代码检查通常是锦上添花，如果你有时间，可以稍后添加。

11.24 首先关注痛点

在决定如何逐步改进CD时，还要考虑流程中现存的问题。这可能会让你调整处理事情的顺序。(请记住，如第6章所述，如果什么事情很痛，请更频繁地做！)

关注当前流程中的痛点也可以帮助你激励多个团队接受建立一致的CD流水线所需的工作。强调并专注于减轻他们所经历的痛苦，可以将团队团结在一个共同的目标上。此外，首先关注最痛苦的事情将确保你所做的一切都能带来价值，即使你用尽时间，无法完成所有的CD目标。

你说的“痛点”是什么意思？

很难准确地进行定义，但你可以将CD过程中的痛点看作那些被极力规避的事，因为执行它会导致某些问题。例如，它阻碍了功能工作的进展，要求人们在正常时间之外工作，或者是定期推迟的事情。通常，发现过程中的痛点的最佳方法是寻找最罕见的活动：例如，每三个月部署一次可能是部署过程中存在痛点的迹象。谷歌的*Site Reliability Engineering*(O'Reilly，2016)中描述了一个密切相关的概念，即重复的、人工的和缺乏持久价值的辛苦工作，这常常是CD中痛苦的根源。

如果我无法让所有的团队买账呢？

你可能希望为公司的所有团队都改进CD，但很有可能无法立即让他们全部保持一致。在这种情况下，一种有效的方法(即使你无法说服所有人，这仍然很有用)是从一个团队或项目开始，并用它作为你建议的范本。看到工作的实际情况及其好处可能是你能提出的最具说服力的论点。如果你可以用指标来支持这一点，这将特别奏效：围绕痛点选择指标，并展示如何通过更好的CD来改进指标(第8章和第10章中的DORA指标可能是一个很好的起点)。

新项目是一个容易的起点

总的来说，你可能正在处理遗留软件，但仍有可能时常会有新项目启动。新项目是一个展示最佳实践好处的绝佳选择，并为老项目设置可以逐步采用的标准。将新项目视为绿地，并从一开始就制定良好的标准(包括静态代码检查)！

11.25 Rebellious Hamster 的痛点

Rebellious Hamster的痛点与前面提出的方法相当吻合。工程师的部署方式很好地概括了这一痛点：

- 部署很少并且零零星星的(不超过每三个月一次)。
- 同时部署所有服务。
- 在部署之前，在准生产环境中完成一个全手工的测试阶段，在此期间会捕获到许多错误。
- 部署后发现缺陷依然很常见，部署后的一段时间需要长时间并且疯狂地修补。

由于部署后会出现如此多的缺陷，因此部署变得很少。虽然痛苦集中在部署上，但根本原因并不是部署过程本身，而是正在部署的代码的状态。

- 在部署发生之前，几乎没有信号表明存储库中的代码是否可以安全部署。
- 在部署之前，没有任何信号可以确保Rebellious Hamster提供的多种服务能够成功集成在一起。
- 部署本身完全是手动的，但同样，这个问题与处理部署后遇到的所有错误的痛苦相比相形见绌。

看着上述Rebellious Hamster的痛点，有必要遵循将CD添加到遗留软件中的惯常方法：从改进CI开始，然后在安全的情况下接着改进部署自动化。

11.26 知道何时出现了问题

Rebellious Hamster决定首先解决其CI问题，并从第一步开始。

1. 添加足够的自动化，以了解代码是否可以构建。

2. 将你想要改进的代码库部分与不值得投资的部分隔离开来，这样就可以分而治之。

3. 添加测试，包括覆盖率度量。

工程师决定为所有存储库设定初始目标：

- 知道存储库中的服务或程序库可以成功构建。
- 度量测试覆盖率，并在覆盖率下降时使CD流水线失败。

他们创建了一个初始流水线，该流水线被参数化，以便可以在每一个存储库进行重用(详见第13章)。该流水线构建每个服务(或者在使用用户程序库的情况下，构建用户程序库)，运行单元测试(如果存在)，并在单元测试覆盖率下降时失败。

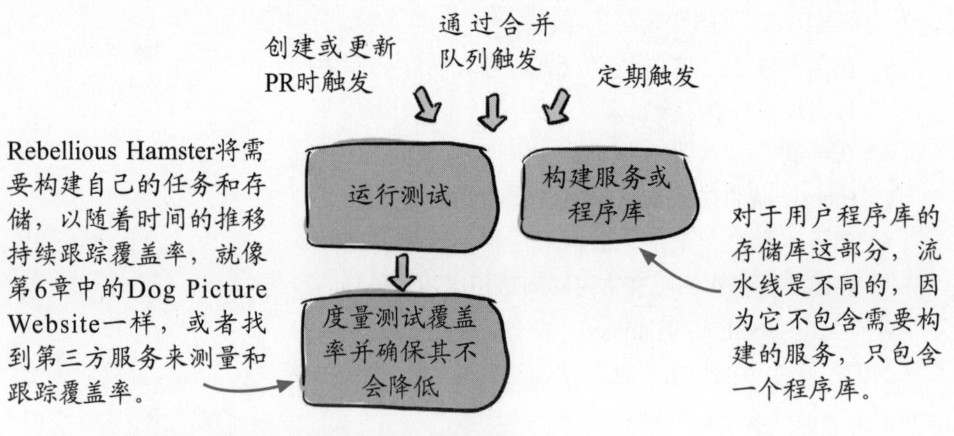

不同存储库间的覆盖率度量结果差异很大：

- 分析和用户程序库的存储库完全没有覆盖。
- API网关和存储的覆盖率低于40%。
- 排行榜和配对存储库的覆盖率已经超过60%。

无论起点如何，确保覆盖率不会下降意味着随着时间的推移，每个项目都会自然而然地开始提升覆盖率。

11.27 隔离并添加测试

现在，团队已经达成了最初的目标，并从每一个存储库都获得了内容是否损坏的信号，Rebellious Hamster的工程师再次审视了改进遗留项目CI的推荐方法。

1. ~~添加足够的自动化，以了解代码是否可以构建。~~

2. 将你想要改进的那部分代码库与不值得投资的部分隔离开来，这样你就可以分而治之。

3. 添加测试，~~包括覆盖测量~~。

接下来，他们决定通过全面增加基线测试覆盖率来改善测试状态，但仅限于值得投资的部分。他们还决定，致力于添加初始的端到端测试，因为只有在所有服务部署在一起后，他们的许多缺陷才会被发现。他们首先针对覆盖率最低的存储库：

- 分析和用户程序库存储库完全没有覆盖。
- API网关和存储覆盖率低于40%。

他们没有试图让每个存储库中的所有代码覆盖率超过70%～80%，而是查看了每个存储库中实际定期变化的代码。存储库中有几个包和库多年来都没有改变，所以他们就不管这些了(请参阅第4章了解如何隔离那些不希望强制执行CI标准的代码的方法)。

编写出色的单元测试通常意味着重构代码以使其具有单元可测试性。在遗留的代码库中，率先进行这类重构的投入可能会非常昂贵，因此Rebellious Hamster工程师在可能的情况下添加纯单元测试，他们时常会用集成测试，当测试中的代码不值得重构时。这为他们提供了合理的投资回报，同时也为一种让代码比你发现它时更好的方法打下了基础，这种方法可以用来随着时间的推移逐步进行这种重构。

这一次，我们立即投资端到端测试？

在接触绿地项目时，我们将端到端测试留到最后。对于遗留项目，你会希望在流程的早期投资端到端测试，因为在这个阶段添加单元测试更加困难(而且可能已经有了相当多的单元测试)，而在此前没有端到端的测试时添加一个端到端测试，可以提供真正有价值的信号。Rebellious Hamster尤其痛苦，因为在部署成功之前，没有任何测试可以验证所有服务是否可以协同工作。添加端到端测试将向公司发出信号，表明这些服务是否可以更早的成功协同工作。

11.28 具有更多测试的遗留项目流水线

通过隔离API网关、分析、存储和用户程序库中未变更的代码，并增加其余代码的覆盖率(有时在单元测试需要进行重大重构时以集成测试代替)，Rebellious Hamster增加了存储库的测试覆盖率。对于经常更新的代码，所有存储库的覆盖率都超过60%

工程师还投入编写了一些端到端测试，这些测试在完整部署的系统上运行，包括了所有服务。这是一项相当可观的投资，因为他们根本没有部署自动化。弄清楚如何去部署每一个服务是一项艰巨的工作，更不用说弄清楚如何添加足够的自动化，以便作为流水线测试的一部分快速完成。

然而，他们很快就发现这项工作非常值得投资。新的端到端测试在运行的前几周就能够捕捉到服务之间的一些缺陷。

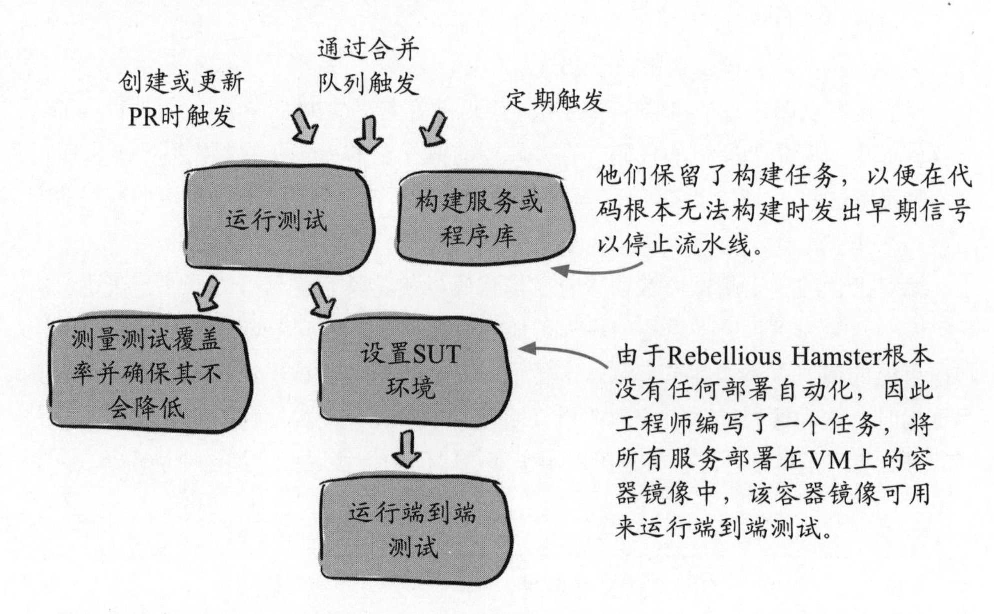

我应该如何为这样的端到端测试设置SUT环境?

试图找出如何开始编写部署软件(用于端到端测试)的任务可能会让人不知所措，特别是当你没有现成的自动化系统可供使用。对于某些软件而言，这大概并不可行，在这种情况下，更有意义的是先专注于改进部署，然后再返回端到端的测试。一种值得探索的路径是使用容器镜像。如果可以为每个服务创建一个容器镜像，那么你就能够在一台机器上同时启动所有这些镜像，从而创建一个不太像生产环境的测试环境，但可能足以捕捉服务交互中的明显缺陷。

11.29 使部署更加自动化

现在Rebellious Hamster已经有了一条可靠的CI流水线，工程师可以放心地将重点转向优化部署。

- 评估第三方部署工具：决定是想专注于自动化和改进现有流程，还是从零开始采用新方法。
- 如果将现有流程自动化，则一次一部分地逐步自动化。
- 如果切换到第三方工具，请设计安全、影响低的实验，以便从当前流程转移到新工具。

他们需要决定的第一件事是，是立即使用第三方解决方案进行部署，还是专注于自动化和改进当前流程。如果你知道自己想开始尝试更先进的部署技术，比如蓝绿和金丝雀(参见第10章)，那么切换到第三方工具可能是一个不错的选择。在Rebellious Hamster，工程师希望有一天能做到这一点，但他们宁愿先专注于改善眼前的情况。以下步骤将帮助Rebellious Hamster逐步自动化他们的手动方法。

1. 记录手动执行的操作。
2. 将文档切换为一个或多个脚本或工具。
3. 将脚本和工具存储在版本控制中(即，引入配置即代码)。
4. 为部署创建自动触发器(例如，带有按钮的Web界面，由合并事件响应触发)。

目前的流程涉及在服务器上手动安装二进制文件，于是他们决定(尤其是基于端到端测试中基于容器的方法的成功)，作为这次大修的一部分，还将开始将二进制文件打包到容器镜像中，并让其作为容器运行。

如果我确实想立即开始使用第三方工具，怎么办?

从尝试开始不会出错，这对于你可能希望使用部署自动化进行的大多数变更都是正确的。确定尝试新部署技术风险最低的项目(如果是新项目，那就更好)，并用它尝试第三方工具或其他新的部署自动化。

一旦你搞清如何使第三方工具适用于这个项目，就可以将其推广到你的其他项目中。

11.30 创建发布流水线

Rebellious Hamster决定从存储服务开始，因为它具有与大多数其他服务相似的体系结构，而且还有后端数据库的额外复杂性。

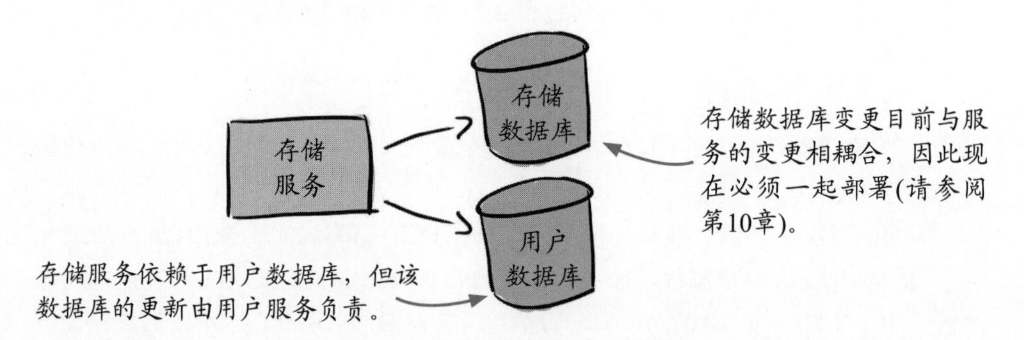

1. 文档——存储团队成员创建了一个文档，详细描述其部署过程。首先，存储服务被构建成二进制文件，并上传到Rebellious Hamster的制品仓库。然后，团队中的某个人手动将数据库模式更新应用于存储数据库，然后手动更新在VM上安装的二进制文件以运行存储服务。

2. 将文档切换为脚本——存储团队创建了三个脚本：一个用于将存储服务构建为容器镜像并将其上载到镜像仓库，另一个用于更新数据库模式，最后一个脚本用于将VM上的镜像的运行版本更新到最新版本。

3. 引入配置即代码——所有三个脚本都被提交到与存储服务和数据库模式代码相同的存储库的版本控制中。

4. 创建自动触发——他们创建了一个运行脚本的流水线，并添加触发器以运行流水线，以响应存储库中标记的新版本。这将允许自动触发，但仍处于手动控制之下。

11.31 Rebellious Hamster的发布流水线

存储团队创建的流水线最终如下图所示。

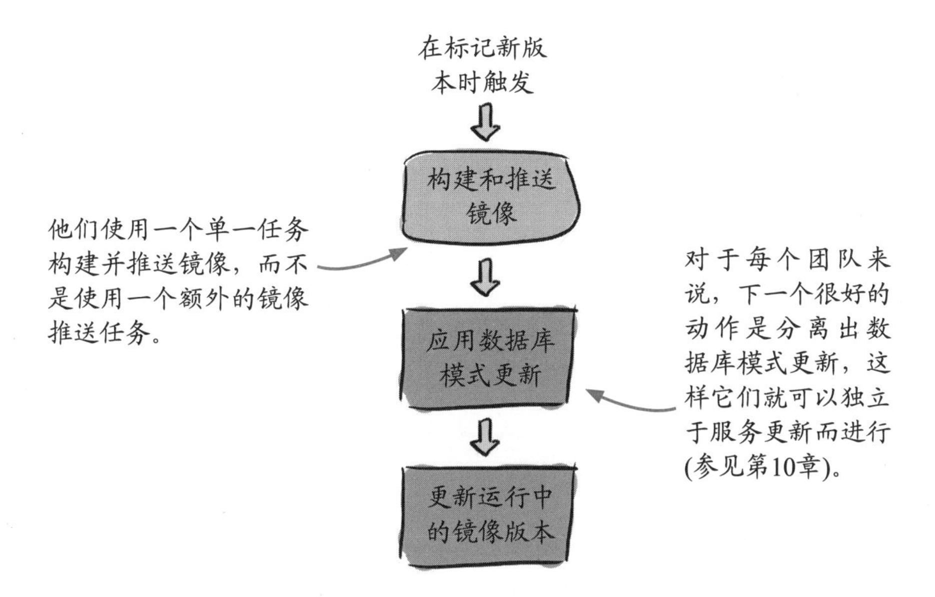

同样的发布流水线可以用于Rebellious Hamster的所有其他存储库，对没有后端数据库的服务进行部分的调整。

我应该同时进行自动化部署以及重大变更吗？

Rebellious Hamster决定转向基于容器镜像的部署，同时自动化部署。一种更缓慢、更渐进的方法是自动化他们已经在做的事情，然后才切换到使用容器镜像。你所采取的方法取决于能接受的风险程度：一次改变多件事情的风险更大，但能让你更快地达到最终目标。

11.32 Rebellious Hamster的完整流水线

一旦这些流水线在整个公司铺开，Rebellious Hamster的每个存储库现在都将拥有两条流水线，每条流水线都是单独触发的。自动化程度的提高使独立部署每一项服务变得安全，Rebellious Hamster现在可以放心地尝试更频繁的部署，然后再尝试更复杂的部署策略。

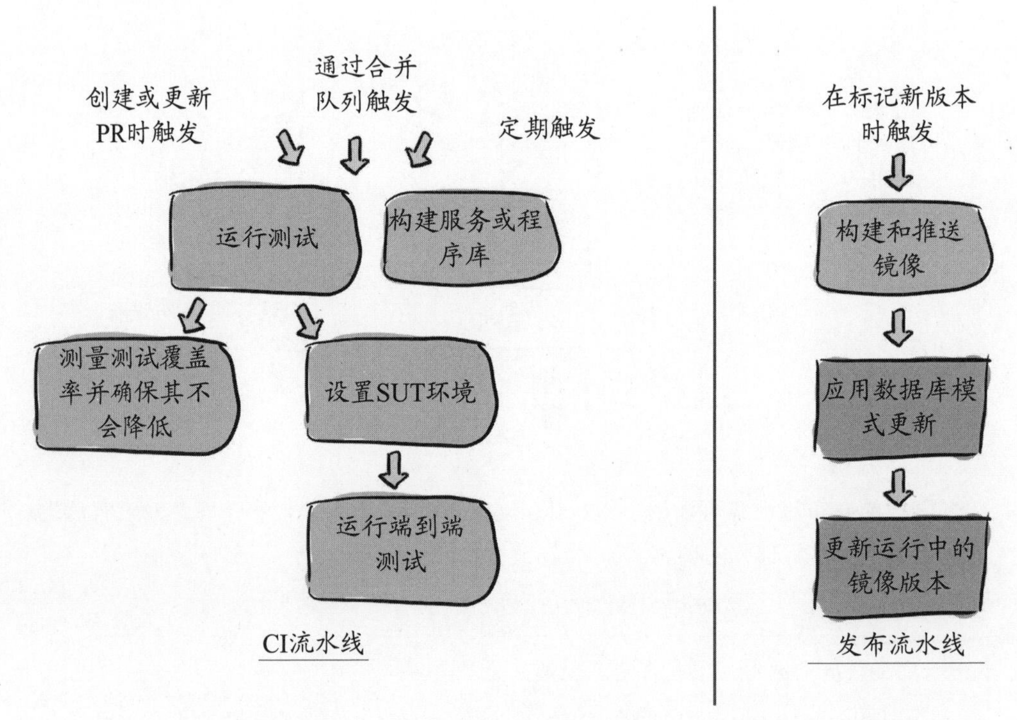

在将CD添加到遗留项目中时，重要的是要满足现有项目的要求，并接受你所创建的流水线并不完美，可能无法包含自己想要的所有内容。例如，在前面的两条流水线中，与如何构建和部署服务以进行端到端测试相比，如何构建服务并将其部署到生产之间存在脱节。

这可以在未来逐步改进，但与其关注这一点，不如关注项目的状态如何改进。即使在接下来的几年里，Rebellious Hamster的工程师不会重新审视这些流水线，他们现在依然可以比较自信地认为，他们的代码处于可发布状态，现在比以往任何时候部署都更加容易。

11.33 结论

Gulpy和Rebellious Hamster将何去何从？改进CD永无止境！在他们的CD流水线中总会有一些可以改进的地方，就像在本章开始时查看基本流水线并查找缺失的东西一样容易识别，也可以是在未来的事后回顾中发现的更微妙的东西。

11.34 本章小结

- (一条或多条)有效的CD流水线的最基本要素是静态代码检查、单元测试、集成测试、端到端测试、构建、发布和部署。
- 在绿地项目的代码库中，尽早设置高的标准，以便在整个项目生命周期内可以保持(和调整)。
- 在遗留项目的代码库中，通过专注于改进代码中的CI，而不是试图一次修复所有CI，从而获得最大的回报。
- 接受这样一个事实：你可能永远无法做到每件事，这没关系！改善CD流水线的状态仍然是值得的，即使是微小的改变也能增加很多价值。
- 要持续改进CD，请注意痛点所在，并通过将其向前推进来确定其优先级。你拖得越久，情况就越糟！

11.35 接下来……

第12章将展示一个基本的CD流水线构建块，迄今我们还没有详细了解过。这个组件很少得到应有的关注：谦逊的脚本。

第12章 脚本也是代码

本章内容：

- 设计用于流水线的高内聚、松耦合的任务
- 通过在正确的时间使用正确的语言编写健壮、可维护的CD流水线
- 确定使用shell脚本语言(如bash)与通用语言(如Python)编写任务之间的权衡
- 通过将配置即代码应用于脚本、任务和流水线，保持CD流水线的健康和可维护性

“当你开始仔细查看流水线和任务时，通常会在核心部分发现脚本。有时这会让人感觉持续交付(CD)只是许多精心编排的脚本，特别是bash脚本。

在本章中，将进一步采用配置即代码的概念，并确保我们将其应用于脚本，后者用来定义任务和流水线中的CD逻辑。这通常意味着愿意从bash这样的shell脚本语言转换为更通用的语言。让我们看看如何像对待代码一样对待我们的CD脚本！”

12.1 Purrfect Bank

Purrfect Bank是一家针对特定利基市场的在线银行：面向猫的银行。猫主人为他们的猫注册账户，给他们的猫提供津贴，让这些猫用Purrfect Bank信用卡在网上购物。

好吧，其实并不是猫在购物；显然猫不会操作计算机或使用信用卡！但有了Purrfect Bank，它们的主人可以假装是猫进行购物。

Purrfect Bank的软件团队分为多个组织，大部分独立运作。最近，支付组织(Payments Org)在CD流水线方面遇到了一些问题。支付组织负责两项服务：交易服务和信用卡集成服务。

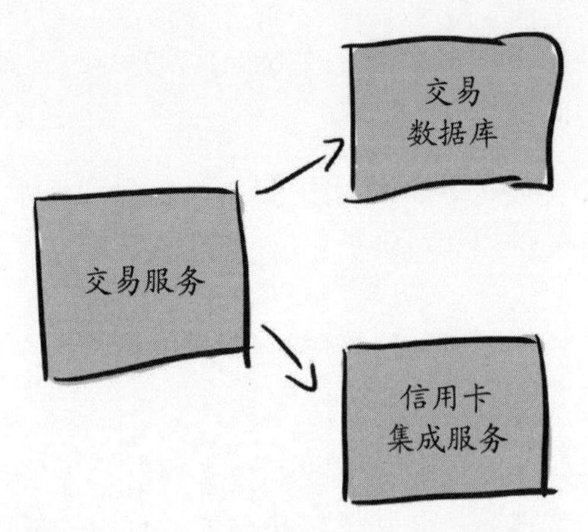

交易服务由后端数据库支持，并依赖信用卡集成服务向Purrfect Bank合作伙伴的信用卡提供商发出申请，以支持他们的猫类友好的信用卡。

12.2 CD的问题

交易服务和信用卡集成服务各自由一个单独的团队负责，最近团队成员一直抱怨他们使用的CD流水线使他们的速度变慢，特别是CI流水线。有些人甚至建议彻底扔掉它们！

Purrfect Bank支付组织的技术负责人Lorenzo很看重这些问题，并试图找到一种方法来解决团队遇到的问题，而不是完全放弃CI。

Lorenzo总结了他听到的关于CD流水线的抱怨：

- 它们很难调试。
- 它们很难阅读。
- 工程师不愿对其进行变更。

总的来说，在Lorenzo看来，这些流水线既难以使用，也难以维护。

12.3 Purrfect Bank的CD概览

为了理解为什么支付组织的CD流水线会造成如此多的问题，Lorenzo查看了一下。有两条流水线，一条用于交易服务，另一条用于信用卡集成服务。交易服务的流水线实际上只是一个运行bash脚本的巨大任务。

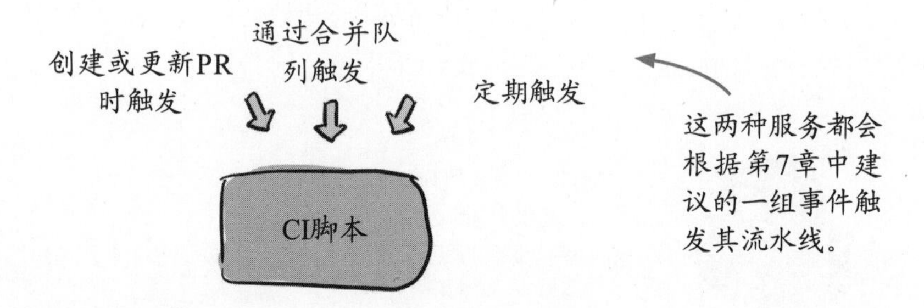

信用卡服务的流水线好一些，包含了多个任务。

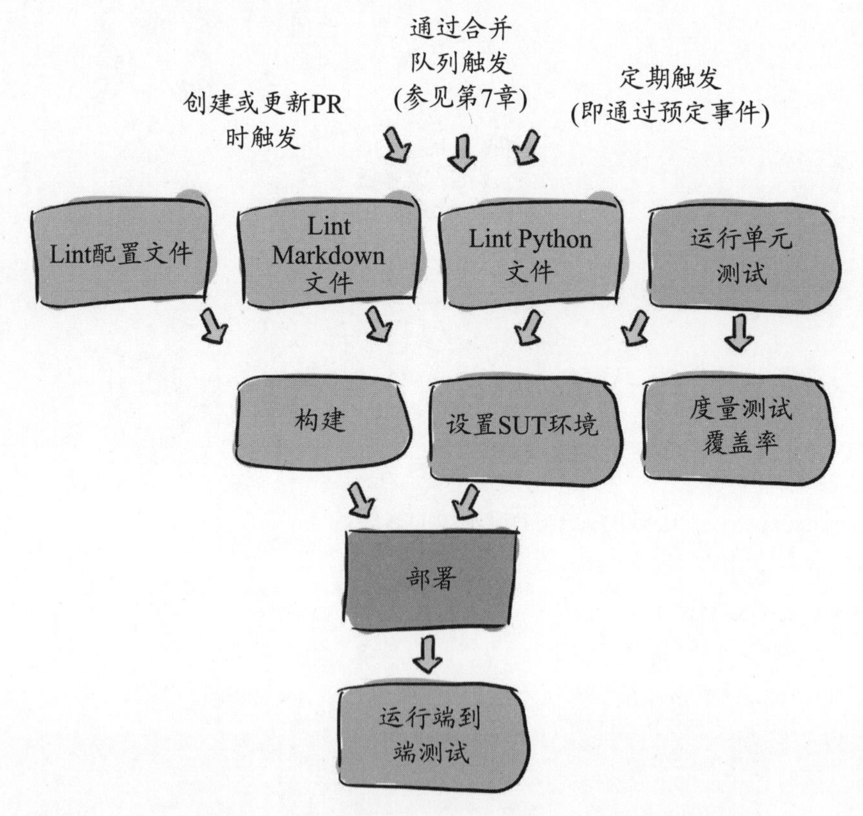

尽管它们的结构不同，但这两条流水线都依赖于相同的bash脚本库。

12.4 支付组织的Bash脚本库

Purrfect Bank支付组织中的团队将其代码分别保存在以下存储库：

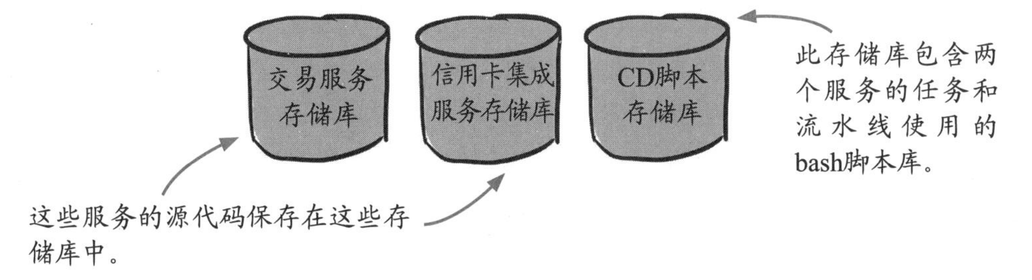

CI脚本库包含了许多bash脚本，包括：

- linting.sh
- unit_tests.sh
- e2e_tests.sh

另外两个存储库包含CD脚本库的副本(当CD脚本库发生变更时会定期更新)，它们的任务将导入这些库。例如，linting.sh bash脚本的开头如下所示：

```
#!/usr/bin/env bash
set -xe
function lint() {
        local command=$1
        local params=$2
        shift 2
        for file in $@; do
                echo "${command} ${params} ${file}"
                ${command} ${params} ${file}
        done
}
function python_lint() {
        lint "python3" "-m pylint" $@
}
```

用于将特定类型的静态代码检查调用加入lint()中的函数。

拥有一个“bash库”有意义吗？

好问题！bash的某些属性使得它不太适合创建可重用的库函数——我将在后面详细讨论。同时，可以说这可能不是最好的选择。但如果你确实希望在任务之间和项目之间共享bash脚本，可能会发现自己采用了这样的方法。应该这样吗？可能不是，我很快就会说明这一点的！

12.5 交易服务流水线

Lorenzo决定首先聚焦于交易服务。整个交易服务流水线只有一项任务，一个支持它的大脚本。Lorenzo觉得这是交易团队感到痛苦的主要原因，但他想证实他的猜测。

Chelsea，我听说你最近在流水线上遇到了麻烦，能告诉我发生了什么吗？

这一切都是上周我创建了一个PR开始的……

星期二
- 我用新的礼品卡功能开了一个PR。
- 流水线几乎立即就失败了。
- 仔细检查后，我意识到静态代码检查发现了我犯的一个错误，所以我修复了它。
- 几分钟后，流水线再次失败。
- 经过一番调查，我意识到自己破坏了一些单元测试，所以我修复了它们。
- 流水线再次失败，这一次是在我提交修复程序半个多小时后。

星期三
- 我花了更长的时间才发现，我需要更新服务的构建方式，以适应我的新特性。我在第二天将其修复。

星期四
- 在那之后将近一个小时，流水线当然又失败了！这次我发现需要更新一个端到端测试，但到了这一点，我已经和流水线纠缠了好几天，我非常的沮丧！

听了Chelsea的描述，Lorenzo觉得这证实了他的猜测：流水线失败时反馈的信号，对Chelsea来说没有那么多的信息，直到她进一步调查，例如查看执行日志。由于流水线仅由一个巨大的任务组成，因此Chelsea得到的唯一信号，要么是流水线失败，要么是流水线通过。她只能深入细节，以了解这意味着什么。

有关信号和噪声的更多信息，请参见第5章。有关变更生命周期中需要信号以确保捕捉到错误的所有地方，请参阅第7章。

12.6 从一个大脚本演化

Lorenzo为交易服务流水线设定了一个目标：从当前只有一个信号(流水线失败或流水线通过)的状态，转变为流水线可以产生多个离散信号的状态。针对Chelsea的场景，这将为她节省大量的调查时间，让她能够马上知道是哪里出了问题，从而集中精力去解决。在调查过程中，Lorenzo偶然发现了一个很好的经验法则，可以用来决定任务的边界。

对你希望流水线生成的每个离散信号使用单独的任务。

Lorenzo查看了当前的脚本，并识别出每一个对团队有用的信号。

```
#!/usr/bin/env bash

set -xe

source $(dirname ${BASH_SOURCE})/linting.sh
source $(dirname ${BASH_SOURCE})/e2e_tests.sh
source $(dirname ${BASH_SOURCE})/unit_tests.sh

config_file_lint $@
markdown_lint $@
python_lint $@

run_unit_tests
measure_unit_test_coverage

build_image "purrfect/transaction" "image/Dockerfile"
setup_e2e_sut
deploy_to_e2e_sut "purrfect/transaction"
run_e2e_tests
```

所有bash库都必须源于此脚本。

该脚本中调用的每个函数都应该各司其职，并产生自己的单独信号。

现实世界中的bash脚本看起来可能比这个复杂得多。本实例力求简单，以适合放入本书中。

其中一些事情也应该并行执行，对吧？

这是一个很好的观点，不仅这一切全是在一个大任务中完成的，而且每个函数调用都会阻塞在它之前那个函数调用上，尽管有时没有理由这样做。在更新的流水线中，Lorenzo将修订一些代码，以便可以并行执行；有关此主题的更多信息，请参见第13章。

12.7 设计良好任务的原则

Lorenzo的目标是从单一信号(流水线失败或流水线通过)到每个任务的单独信号，这些信号的产生对于流水线而言是有价值的，这遵循了以下的指导原则。

对你希望流水线生成的每个离散信号使用单独的任务。

除了上面这条指导原则之外，我们还可以遵循其他的一些原则来设计任务。思考任务的一个有用的方法是，像定义函数一样来定义任务。设计良好的任务具有以下特点：

- 高内聚(做好一件事)
- 松耦合(可重用，可与其他任务组合)
- 具有明确定义和意图的接口(输入和输出)
- 足够就好(不要太少，但不要太多)

与创建整洁的代码一样，一位工程师解读上述原则的方式可能与另一位的不同，但你在任务设计方面获得的经验越多，你就越擅长于此。最重要的是，牢记这些原则并尝试应用它们，而不是为了实现以创建完美任务为最终目标。同时，以下迹象表明你的任务可能做得太多了：

- 你发现自己在其他任务中重复了部分任务(例如，将结果上传的逻辑复制到了其他多个任务中)。
- 你的任务包含编排逻辑(例如，循环一个输入以多次执行相同的任务，或在启动一个活动之前轮询另一个活动是否完成)。

这些职责更适合流水线；任务的目标是定义高内聚、松耦合的逻辑，而流水线则协调这些逻辑的组合。

12.8 打破巨型任务

看着组成整个交易服务流水线的巨型任务，Lorenzo确定了九个单独的信号，他希望将其分解为单独的任务(可以由流水线自身进行组合和编排)。

1. config_file_lint
2. markdown_lint
3. python_lint
4. run_unit_tests
5. measure_unit_test_coverage
6. build_image
7. setup_e2e_sut
8. deploy_to_e2e_sut
9. run_e2e_tests

在与交易服务团队合作将此巨型任务分解为多个单独任务后，Lorenzo为前面的每个函数调用都安排一个任务。

为了最小化在分解这些任务时引入的错误，Lorenzo让它们尽可能与原始任务相近。尽可能地，他(暂时)没有尝试对底层bash库进行变更，因此他创建的任务看起来与之前的大型bash脚本非常相似；这些任务只是做较少的工作。例如，Python静态代码检查任务是这样的：

```
#!/usr/bin/env bash
set -xe

source $(dirname ${BASH_SOURCE})/linting.sh
source $(dirname ${BASH_SOURCE})/e2e_tests.sh
source $(dirname ${BASH_SOURCE})/unit_tests.sh

python_lint $@
```

在这个初始阶段，所有bash库仍然被导入Python静态代码检查任务的脚本中，因为这些库可能包含python_lint函数所需的重要辅助作用。使用最大限度地减少更改的增量方法可以使得向新方法的提升和切换更加顺利，并且可以在随后进行迭代改进。

12.9 更新后的交易服务流水线

Lorenzo对这些任务非常熟悉，他意识到这是信用卡集成服务流水线使用的同一组任务。通过他和两个团队之间进行的一些工作，他得以将两条流水线更新为几乎相同的流水线：它们具有相同的形状，使用基本相同的任务。现在两条流水线大致如下所示：

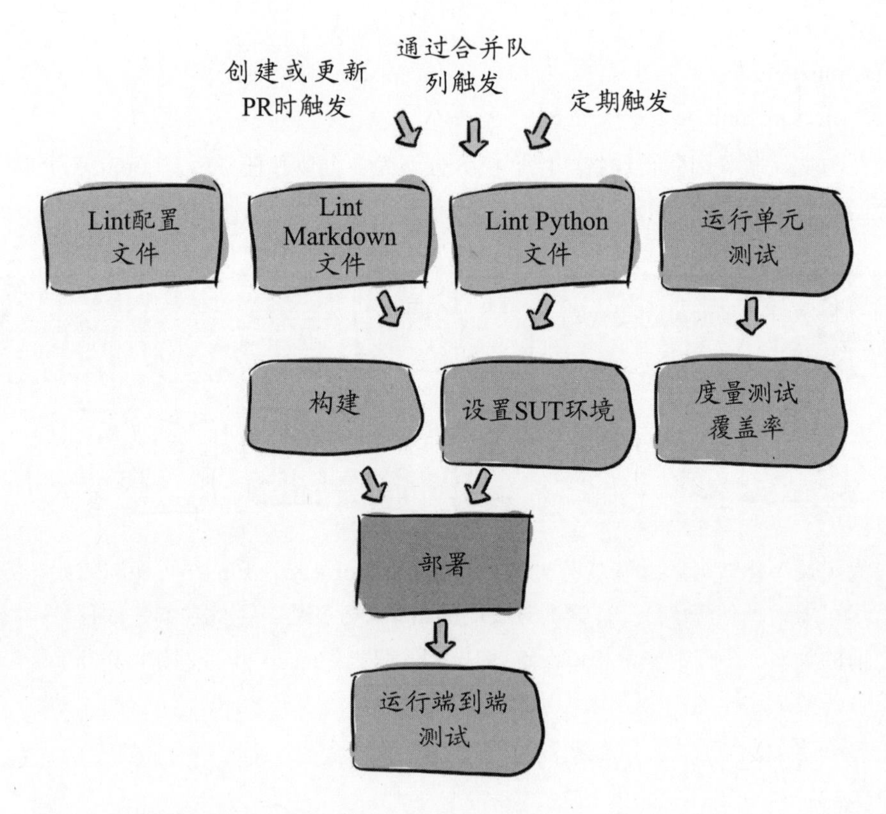

现在，交易服务团队不再依赖于一个巨大的任务，支付组织中的两个团队都处于相同的位置：他们的CD流水线生成多个信号，每个任务一个，并且每个任务调用通过CD脚本库共享的bash库。

精心设计的任务与精心设计的函数有很多共同之处。它们具有高度的内聚性、松散的耦合性、定义良好的接口，并且适度。当从责任过多的任务发展到精心设计的任务时，采用增量方法可以使这一过渡更容易。

12.10　调试Bash库

支付组织的两个团队现在使用的流水线基本相同，但这并不意味着Lorenzo已经脱离困境。信用卡集成团队一直在使用更完善的流水线，但其CD流水线仍然经常遇到许多问题。

最近，团队中的一名工程师Lulu在尝试打开PR时遇到了一个令人沮丧的CD流水线错误。她正在进行一个简单的错误修复，当“设置SUT环境”的任务在她的PR上失败并出现权限错误时，她感到非常惊讶。

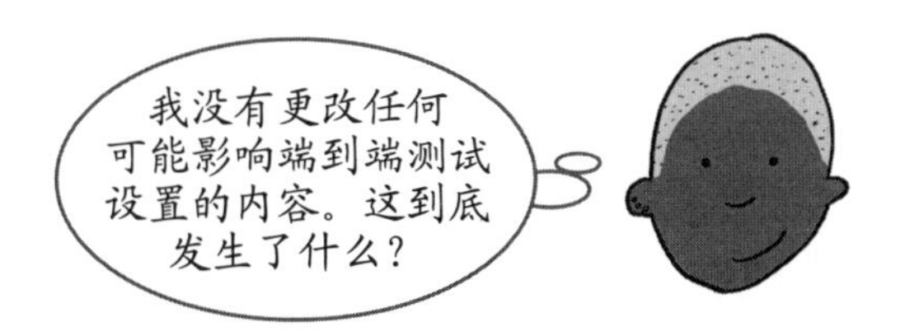

为了调查问题，Lulu查看了“设置SUT环境”任务使用的脚本。

```
#!/usr/bin/env bash

set -xe

SERVICE_ACCOUNT='cc-e2e-service-account'
source $(dirname ${BASH_SOURCE})/e2e_tests.sh

setup_e2e_sut
```

她确定在这里没有做任何改变，逻辑对她来说似乎是合理的：设置环境变量，该变量控制setup_e2e_sut函数使用的服务账户，然后导入并调用该函数。因此，她打开bash库setup_e2e_sut，看到如下内容：

```
unset SERVICE_ACCOUNT

function setup_e2e_sut() {...
```

每次加载文件时，任务在加载setup_e2e_sut.sh之前设置的SERVICE_ACCOUNT环境变量都会被取消设置。

事实证明，在e2e_tests.sh中添加了一行代码，这会导致加载bash库/脚本的副作用：它有意地取消设置控制端到端测试所使用的服务账户的环境变量。

> ***什么是服务账户？***
>
> 不用过于担心细节，但概要地说，许多应用程序(尤其是云平台)允许用户定义可以被授予特定权限的服务账户。在此示例中，端到端测试需要提供服务账户，以便设置运行测试所需的基础设施。

12.11 调查Bash库的缺陷

从Lulu的角度看，将这种副作用引入Bash库e2e_tests.sh是一个缺陷。她向Lorenzo汇报了这一情况，Lorenzo一直要求团队成员向他提供正在经历的CD流水线问题的示例。Lorenzo通过查看交易服务团队的Ajay发出的与变更相关的提交消息，开始调查发生了什么。

Ajay

确保端到端测试从干净的环境开始

当我尝试更新SUT环境任务以设置多个环境时，我意识到会很容易意外地使用此前已设置的环境变量。这一提交将更新库以删除所有必需的环境变量，从一个干净的环境开始。

通过查看交易服务流水线，Lorenzo意识到团队正在使用的设置SUT环境任务与信用卡集成团队使用的任务略有不同。

```
#!/usr/bin/env bash

set -xe

source $(dirname ${BASH_SOURCE})/e2e_tests.sh
SERVICE_ACCOUNT='cc-e2e-service-account'

setup_e2e_sut
```

在此任务中，环境变量是在导入e2e_tests.sh库之后设置的，因此导入它所产生的副作用不会导致任何问题。

另一种最小化这种问题的方法是让两个团队真正地共享他们的任务，这样就没有什么不同了。

Lorenzo正在朝着这个目标努力，但还未达成。

为什么不将服务账户作为参数传递？

这是一个合理的观点：如果setup_e2e_sut将服务账户作为参数，而不是期望设置环境变量，那么这个问题就可以避免了。我们的示例依赖于环境变量。Bash脚本的一个缺点是它们通常依赖于这样的环境变量，特别是当多个函数需要使用相同的值时。此外，Bash脚本通常会调用自己希望设置这些环境变量的程序。

12.12 为什么会引入这个缺陷

Lorenzo可以理解为什么Ajay会认为这一变更是合理的，如果他只关注交易服务使用e2e_tests.sh库的方式的话。但Lorenzo想进一步了解为什么没有人意识到这一变更的更广泛影响。Lorenzo看到Chelsea对Ajay提交的PR进行了审查，因此他与Ajay和Chelsea会面，讨论问题所在。

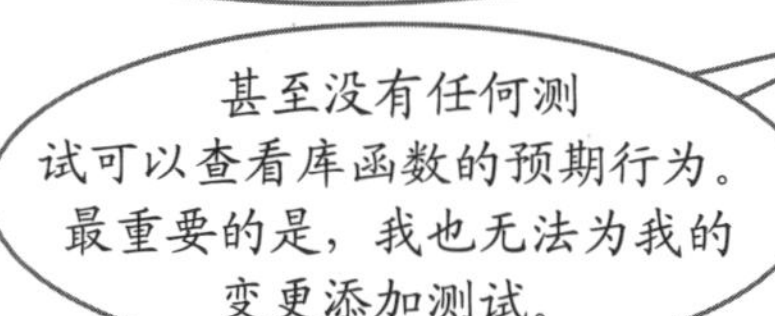

Lorenzo感谢了Ajay和Chelsea对所发生的事情的坦诚。可以看出，他们尽了最大努力确保变更不会造成任何问题，但他们遇到了麻烦，原因如下。

- 在更新代码时，很难追踪使用情况，也没有测试来证实对它的任何期望。
- 由于没有测试，也没有明确的方法添加测试，Ajay无法针对变更进行任何类型的自动化验证。
- 在审查代码时，很难理解这些变更的影响。缺乏测试可供查看，审查人员面临与作者相同的问题，很难调查和弄清楚这一变化可能影响到哪些任务和流水线。

12.13 Bash的作用

团队遇到的各种问题，尤其是缺乏测试，让Lorenzo开始怀疑Bash是否真的是适用于CD脚本库的最佳语言。尽管Lorenzo在CD流水线中经常使用Bash，但他意识到自己从未真正想过它到底是什么以及它是否是最佳选择。

仔细想想，这有助于理解Bash到底是什么，它适用于什么，不适用于什么。Bash是Bourne Again Shell的首字母缩写，是作为Bourne Shell(也称为sh)的替代品而创建的。这两种都是shell——操作系统的文本接口。

因此，尽管工程师经常将Bash当作一种脚本语言，但它不止于此：它是一种用于为操作系统提供接口的语言。Bash脚本的作者可以使用以下内容：

- Bash语言构造(如if语句、for循环和在脚本中定义的函数)
- Bash内置命令(作为shell的一部分提供的功能，例如echo)
- Bash知道如何查找的程序(通过PATH环境变量所配置的Bash查找目录中存在的可执行程序)

Bash和你可能遇到的其他shell脚本语言(例如sh和PowerShell)都是用于编排操作系统命令的。当你只想运行一个命令或程序时，或者特别是当你想运行多个遵循UNIX设计哲学的命令时，它们会非常有用，这样你就可以很容易地从一个命令中获取输出并将其输入另一个命令。这有时被概括为Bash很适合“管道传输”(将一个命令的输出通过管道传输到另一个命令)。

CD任务通常只调用程序或命令，并报告结果(例如，调用Python来运行单元测试)，因此，shell脚本语言经常出现在CD任务和流水线中是有道理的。

UNIX的设计哲学是什么？

我不想深入讨论细节，但它非常值得我们去查阅和阅读。简而言之，它是一组用于定义模块化程序的原则，这些程序可以很好地协同工作，并用于开发UNIX。

所以，如果我使用sh而不是bash，我是否就避免了这些问题？

本章中关于bash的要点同样适用于你可能遇到的所有shell脚本语言(例如，如果经常使用Windows，那么你可能使用的是PowerShell)，所有的shell脚本语言都应该受到同样的关注。

12.14 何时Bash不太好

Bash有它的优势，并且由于它在CD任务通常的领域(调用程序和命令)特别出色，因此它是一个很好的起始。然而，当CD任务开始增长并变得更加复杂时，Bash开始变得不那么吸引人了。Bash可能不再是这项工作的最佳工具的迹象如下：

- 超过几行的脚本
- 包含多个条件和循环的脚本
- 逻辑足够复杂，值得进行测试
- 存在希望在脚本之间共享的逻辑，例如通过库函数

当逻辑变得复杂时，缺乏测试支持和对定义可重用函数的良好支持，是Bash开始崩溃的主要原因。即使是简单的Bash函数，其支持的内容也非常有限(例如，无法返回数据，只有退出编码，而必须依赖环境变量或流处理来获取数据)。没有好的机制来覆盖和分发这些函数的库。

如果你看到CD脚本中出现任何或所有上述问题，请认真考虑改用通用编程语言(例如Python)，而不是试图让Bash做一些它并不擅长的事情。

通用编程语言在Bash失败的地方大放异彩。具体来说，它们旨在支持定义范围良好、可重用的函数和库。与其他软件一样，这些函数和库可以通过测试和版本化的发布来支持。

最重要的是，用这些通用语言编写的任何程序都可以从Bash调用。因此，这实际上不是使用Bash或通用语言的二选一问题；这是一个同时使用两者，以及理解使用其中一个或另一个是否合理的问题。想要了解更多Bash缺陷，可以查阅 http://mywiki.wooledge.org/BashWeaknesses。

> 你不会考虑用Bash编写生产应用程序，那么你为什么要用Bash编写支持应用开发的代码呢？代码就是代码！

> ### *编写代码的容易程度对比它的维护成本*
>
> 你在CD流水线中遇到如此多的Bash，其中一个原因是一种在软件开发中普遍存在但很危险的方法：为了编写代码的方便而不是为了维护成本而过度优化。Bash脚本很容易编写(特别是如果你熟悉Bash)，并且当你需要更新它们时，在这里和那里添加几行代码会很容易。但是，相比迁移到可以更好支持所需逻辑的通用语言的一次性成本，维护这些容易编写的Bash代码的成本可能是巨大的。

安全性和脚本

在CD流水线中使用脚本可能很危险。正如你在前面所看到的，特别是Bash提供了一个到底层操作系统的接口。这通常意味着Bash脚本可以广泛访问操作系统的内容，并可能成为恶意行为者的攻击目标。

CD系统中Bash脚本的流行意味着在CD任务和流水线中，为任务执行所需的重要信息(包括敏感数据，如身份验证信息)定义环境变量是非常常见的。例如，设想某个Bash脚本提供了一个包含敏感信息令牌的环境变量：

```
MY_SECRET_TOKEN=qwerty012345qwerty012345qwerty012345
```

Bash脚本可以完全自由地使用该令牌做任何事情，例如，将其写入外部端点：

```
curl -d $MY_SECRET_TOKEN https://some-endpoint
```

像GitHub Actions这样的CD系统提供了处理机密的额外机制；例如，一种常见的模式是让GitHub Actions存储一个秘钥，然后在工作流中，你可以将该秘钥绑定到环境变量。等效的处理代码如下所示：

```
- name: Use my secret token
  env:
    MY_SECRET_TOKEN: ${{ secrets.MY_SECRET_TOKEN }}
  run: |
    curl -d $MY_SECRET_TOKEN https://some-endpoint
```

危险在于，如果恶意参与者能够修改你的脚本，他们就可以完全自由地访问这些环境变量(以及操作系统上可用的任何其他变量)，并对其进行任何操作。

其中一个著名的案例是2021年4月对代码覆盖率工具Codecov的攻击。参与者能够访问和修改Codecov为发送代码覆盖率报告所提供的Bash脚本。这个Bash脚本被导入并在所有使用Codecov进行覆盖率报告的CD流水线中使用。参与者只需要添加一行Bash，就可以将脚本上下文中可用的所有环境变量上传到远程端点。由于通过环境变量向脚本提供敏感信息是非常常见的，这可能为参与者提供了许多系统的访问权限，Codecov的用户不得不争先恐后地重新注册任何可能暴露的凭据。(有关攻击的更多信息，请参阅Codecov网站https://about.codecov.io/security-update/)

这给了一个很好的理由，让我们对CD流水线中编写的脚本保持谨慎。想想都有谁可以修改脚本，如果修改了，他们能够访问哪些内容？

12.15 shell脚本与通用语言

特性	shell 脚本语言	通用语言
基本流控制（例如 if 语句、for 循环、函数）	支持。它们支持流控制功能；但 Bash 中的函数不像在通用语言中那样可重用	支持
多种数据类型	通常有限。在 Bash 中，理论上支持字符串、数组和整数，但这些都存储为字符串	支持
调用其他程序	支持。轻松，支持链接程序的输入和输出	支持。但不是那么容易。这通常涉及调用一个库，该库将生成新程序的进程并处理与它的通信
测试	不支持。作为语言本身的一部分，支持的不太好	支持
调试	通常受限。通常支持调试脚本的工具是受限的	支持。支持工具通常用于通用语言调试，例如用于设置断点的 IDE 支持
版本化的库和包	不支持	支持
IDE 语法支持	支持	支持
减轻恶意修改（参见前面的内容）	不支持。只需要一行 Bash 就可以泄露大量数据的工程	不支持。通用编程语言也可以用于外泄敏感数据。但是，采用良好的工程实践（例如代码审查、良好的代码结构）会潜在地降低风险

词汇时间

通用编程语言是为跨各种用例和领域的使用而创建的，而非为了特定的狭窄的设计目的而创建的。在本章中，我将它们与shell脚本语言(设计旨在从操作系统shell调用)进行对比。通用语言的例子有Python、Go、Ruby和C。

12.16 从shell脚本到通用编程语言

Lorenzo认为，相比所带来的价值，试图在CD脚本库中维护Bash库会带来更多的痛苦，于是制订了一个计划，将这些库从Bash中迁移出去。他为团队确定了如何实现的三个选项，并选择了Python作为未来更复杂逻辑的语言。

- 将Bash函数转换为用Python编写的独立工具。
- 将Bash函数转换为可以从独立工具或Python脚本调用的Python库。
- 将Bash函数转换为可重用任务。

如何定义和分发可重用任务？

答案取决于所使用的CD系统。如果使用的是GitHub Actions，则可以通过定义自己的自定义Actions来完成。有关此功能在其他CD系统中的呈现，请参见附录A。

按照这个计划，CD脚本库将包含可重用的版本化工具、库和任务，而不是一堆未版本化的Bash。Lorenzo检查了存储库中的每个bash文件及其包含的函数，来决定哪个选项最好。

- linting.sh: **python_lint**
- linting.sh: **markdown_lint**
- linting.sh: **config_file_lint**
- unit_tests.sh: **run_unit_tests**
- unit_tests.sh: **measure_unit_test_coverage**
- e2e_tests.sh: **build_image**
- e2e_tests.sh: **setup_e2e_sut**
- e2e_tests.sh: **deploy_to_e2e_sut**
- e2e_tests.sh: **run_e2e_tests**

在linting.sh和unit_tests.sh的情况下，Lorenzo发现Bash函数的内容实际上只是调用程序并报告结果，因此将它们保存在Bash中是有意义的。他建议在CD脚本库中为这些服务定义任务，并在每个服务CD流水线中完全按原样调用它们。

在e2e_tests.sh中，逻辑开始变得复杂(正如从Lulu、Ajay和Chelsea了解到的一手信息那样)，尤其是setup_e2e_sut，因此Lorenzo建议将此函数转换为版本化的Python库，团队创建并维护一个使用它的端到端测试设置工具。

12.17 迁移计划

Lorenzo提出了一个从Bash库迁移到可重用任务的计划。

1. 将linting.sh和unit_tests.sh中的函数转换为可重用任务。他们仍将使用Bash，但交易服务流水线和信用卡集成服务流水线都可以按原样引用任务定义(无须共享任何Bash或复制粘贴定义)，而不是试图将Bash作为库共享。

2. 要准备将函数从Bash转换为Python，需要先创建一个初始的空Python库，再自动创建版本化版本(参见第9章)。对于你期望创建的任何新工具，也都需要这样做。

3. 对于要从Bash转换为Python的每个函数：

   a. 决定将函数放在哪个包中，然后创建一个新包或将其添加到现有包中。

   b. 用Python重写函数。

   c. 为功能添加测试。

随着函数的增量更新，Lorenzo还会更新使用它们的流水线以采用新的函数版本，方法是更新流水线以使用新建任务，更新现有任务以使用Python脚本(并导入新库)，或者更新现有任务，以使用新的基于Python的端到端工具。

我是否应该将所有CD脚本存储在单一存储库中？

像对待任何其他代码一样对待这些脚本：与你的生产业务逻辑代码一样，做出相同的决定。从单一存储库开始，可以让事情变得简单，但要小心不要让其变成随意的选取。使用单一的存储库还可以更容易地分别版本化每个库和任务；否则，存储库中的版本标记可能会变得有点复杂。例如，v0.1.0版本标签将应用于存储库中的所有代码，其中可能包含多个任务、库和工具。

12.18 从Bash库到拥有Bash的任务

Lorenzo首先使用的Bash函数之一是执行Python静态代码检查的函数，它是从交易服务流水线调用的，如下所示。

```
#!/usr/bin/env bash
set -xe

source $(dirname ${BASH_SOURCE})/linting.sh
source $(dirname ${BASH_SOURCE})/e2e_tests.sh
source $(dirname ${BASH_SOURCE})/unit_tests.sh

python_lint $@
```

为了解这项工作所需的所有代码，Lorenzo查看了该脚本中源引的linting.sh、e2e_tests.sh和unit_tests.sh文件，并发现只有linting.sh的代码与此相关，具体而言是以下两个函数lint()和python_lint()。

```
function lint() {
    local command=$1
    local params=$2
    shift 2
    for file in $@; do
            ${command} ${params} ${file}
    done
}
function python_lint() {
    lint "python" "-m pylint" $@
}
```

Bash库中的lint()函数旨在使这种循环在多个静态代码检查函数之间可重复使用。现在，这种循环将在每个函数中重复，但是不需要处理Bash库，这点重复是值得的。

Lorenzo的目标是将静态代码检查功能转换为一个小型的、自包含的Bash脚本，该脚本可以在任务中使用，而不需要任何库的源代码。让我们一步一步来，如果python_lint()函数包含lint()函数中的逻辑，会是什么样子。

```
function python_lint() {
    for file in $@; do
            python -m pylint ${file}
    done
}
```

前面的lint()函数中有一半的行只是处理函数参数，因此Lorenzo在这里只需要添加一个循环。

因此，总的来说，要将整个静态代码检查的功能封装在一个自包含的Bash脚本中，所需要的就是：

```
#!/usr/bin/env bash
set -xe
for file in $(find ${{ inputs.dir }} -name "*.py"); do
    python -m pylint $file
done
```

事实证明，大多数源代码Bash库根本不需要静态代码检查功能：所需要的只是能够循环一些文件并调用Python的静态代码检查命令。

12.19 任务内的可重用Bash

Lorenzo将Python代码检查逻辑重构为一个独立的Bash脚本：

```
#!/usr/bin/env bash
set -xe
for file in $(find ${{ inputs.dir }} -name "*.py"); do
   python -m pylint $file
done
```

但他不想在交易服务和信用卡服务的CD流水线中直接共享这个Bash脚本，他想把脚本放到一个可以写一次并由流水线引用的任务中。

由于Purrfect Bank正在使用GitHub Actions实现CD自动化，因此它会在CD脚本库中创建一个GitHub Action来充当可重用的任务。GitHub Action如下所示。

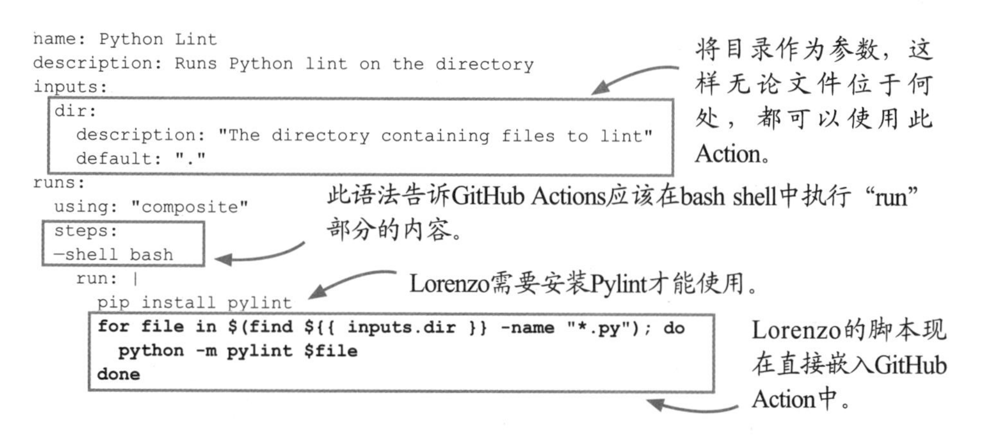

现在，这两个流水线都可以直接在CD脚本存储库中引用GitHub Action，允许它们像这样重用任务：

```
jobs:
  lint:
    runs-on: ubuntu-latest
    steps:
    - uses: actions/checkout@v2
    - name: Python lint
      uses: purrfectbank/cd/.github/actions/python-lint@v0.1.0
```

通过将Python静态代码检查定义为GitHub Action，将其变成一个可重用的任务，可以被发布以及版本化。

12.20 从Bash到Python

Lorenzo接下来将注意力转向e2e_tests.sh。build_image、run_e2e_tests和deploy_to_e2e_sut函数都非常简单，因此他为每个函数创建了可重用的GitHub Action。但是最后一个Bash函数(setup_e2e_sut)很复杂，因此他决定用Python为它创建一个版本化的、经过测试的库，以及一个可以用来运行它的Python工具。

首先，他在CD存储库中创建了一个名为end-to-end的空Python库。他还设置了自动化来创建版本化的发布，并将其推送到公司的内部制品镜像仓库(这是工程师在生产代码中使用库函数所采用的相同的自动化方式)。

在该库中，他创建了一个名为setup的包，并创建了一个名为purrfect-e2e-setup的命令行工具来调用该库。最重要的是，他能够为安装包中的每个函数以及工具添加测试！在所有这些更新之后，CD脚本存储库的结构如下所示。

```
.github/
  actions/
    config-lint.yaml
    markdown-lint.yaml
    python-lint.yaml
    unit-test.yaml
    coverage.yaml
    build-image.yaml
    run-e2e-tests.yaml
    deploy-to-e2e.yaml
e2e/
  setup/
    test/...
  purffect-e2e-setup.py
  setup.py
  requirements.txt
  README.md
README.md
```

每个都是一个GitHub Action，可以从Purrfect Bank GitHub其他的工作流引用。

setup_e2e_sut函数逻辑现在分布在setup包的多个函数中，每个函数都有单元测试，并通过命令行编排为purrfect-e2e-setup.py，后者定义并验证命令行参数。

要点

shell脚本非常适合将单个程序“串联在一起”，但一旦逻辑开始增长，就应该切换到另一种语言和/或共享机制。

12.21 任务即代码

Lorenzo完成上述任务后，支付组织中的两个团队所使用的任务看起来像这样：

每个任务都在版本化的任务中定义(通过GitHub Action)。每个任务包含最少的Bash，并且可以跨多个流水线重用。交易服务和信用卡集成服务的流水线都使用所有这些任务。

CD存储库包含经过测试的库和用于进行端到端测试环境设置的命令行工具。支付组织中的每个项目都定义了自己的任务，该任务调用命令行工具，因为每个项目的需求略有不同(例如，信用卡集成服务需要启动几个信用卡提供商的模拟实例)。

这两个服务定义的流水线实际上是相同的，它们现在都由库和脚本支持，这些库和脚本被视为代码：存储在版本控制中，经过测试、审查并版本化。

Lorenzo已经能够解决团队在流水线方面遇到的问题，他们不再谈论取消CI。

- ~~它们很难调试。~~每个失败都与一个特定的任务有明显的关联，任务中的任何Bash都是最小的，并且复杂的逻辑得到了编写良好的工具和库的支持，这些工具和库可以报告有意义的错误。
- ~~它们很难阅读。~~每个任务都有最小的Bash，当使用库和工具时，源代码构造良好，并得到了测试的支持，从而更容易理解正在发生的事情。
- ~~工程师们不愿对其进行修改。~~Bash中实现的逻辑并不复杂，如果复杂性需要增加，也已经为将该逻辑转换为Python库和工具奠定了基础。测试支持现有的工具和库，代码审查现在变得更加容易。

这些流水线已经从难以使用和难以维护变成了与其他软件一样易于使用和易于维护。

12.22 CD脚本也是代码

Purrfect Bank的支付组织为何会出现这种情况，一种解释是，工程师们对待CD代码的方式与对待其他代码的方式不同。在他们的交易服务和信用卡集成服务中实现的业务逻辑遵循了最佳实践：构造良好、测试、审查和版本化。但当涉及他们的CD流水线和任务所依赖的代码时，他们应用了不同的标准。他们仅仅关注让其可以运行，而没有更进一步。

与任何其他代码一样，这种方法一开始可能感觉很快，但随着复杂性的增加和可维护性问题的出现，它就开始崩溃了。记住CI的定义：

频繁组合代码变更的过程，每次变更都在代码提交时得到验证，当将其添加到累积的已验证的变更中时。

在第3章中，你看到了这是如何应用于构成软件的所有纯文本数据的，包括配置。完整的配置即代码的故事中最后一个缺失的部分就是要意识到，定义如何集成和交付软件的代码也是软件本身的一部分。

Lorenzo和Purrfect Bank吸取了一个重要的教训：

- 业务逻辑是代码。
- 测试是代码。
- 配置是代码。
- CD流水线、任务和脚本也是代码。

代码就是代码。将应用于业务逻辑的最佳实践应用于编写的所有代码。

针对所有代码(包括CD任务、流水线和脚本)实践“即代码”(例如，配置即代码，流水线即代码)。

12.23 结论

Bash最初在Purrfect Bank的支付组织团队创建CD流水线时工作得很好。但在某个转折点，Bash不再是一个好的选择，然而团队继续使用Bash。这导致CD流水线很难维护和使用，团队开始怀疑他们是否从中获得了任何价值。

Lorenzo能够通过将大型Bash脚本拆解为构建良好的离散任务，并打破它们对大型扩展Bash库的依赖，使这些CD流水线恢复到良好状态。大部分逻辑都停留在Bash中，但它现在被定义在构建良好的版本化任务中，更复杂的逻辑被转换为Python工具和库，并得到测试的支持。

12.24 本章小结

- 做太多事情的任务不会给出好的信号。
- 良好的任务设计与良好的功能设计非常相似。编写良好的任务具有高度内聚性、松散耦合性、定义良好的接口，并且数量恰到好处。
- Bash等shell脚本语言擅长连接多个程序的输入和输出，但通用语言更擅长以可维护的方式处理更复杂的逻辑。
- 代码就是代码！将与定义业务逻辑的代码相同的最佳实践应用于你编写的所有代码。
- CD流水线代码是定义软件的代码的一部分。

12.25 接下来……

第13章将展示流水线内任务的各种组织方式，以及CD系统中创建最有效流水线所需的功能。

第13章 流水线设计

本章内容：

- 无论流水线失败与否都确保执行必要的动作
- 通过并行而不是顺序执行任务来加快流水线运行
- 通过参数化来重用流水线
- 在决定采用多少条流水线以及在每条流水线放置什么任务时进行权衡
- 确定用于图形化表示流水线时CD系统需要的功能

“欢迎阅读《持续交付图解》的最后一章。在本章中，我将展示持续交付(CD)流水线的总体结构，以及你需要在CD系统中寻找的功能，以便有效地结构化流水线。

本章内容的一个重要部分是优化CD系统以供重用。这建立在我们整体的“配置即代码”主题基础之上：在编写CD流水线时采用软件设计的最佳实践，就像对待任何其他代码一样。”

13.1 PetMatch

为了帮助你理解流水线设计的重要性，我将展示PetMatch(宠物匹配公司)中使用的流水线。这家公司提供一项服务，允许潜在的宠物主人搜索可供收养的宠物。该公司独特的匹配算法有助于将最合适的宠物与最合适的主人相匹配。

该公司已不再是一家初创公司，运营刚好满八年。在此期间，PetMatch非常重视CD自动化，因此为各种服务建立了多条流水线。

然而，匹配(Matchmaking)服务的工程师最近一直在质疑他们从流水线中获得的价值。服务本身的体系结构相对简单，所有业务逻辑都包含在运行的Python服务中，该服务向PetMatch堆栈的其余部分公开REST API，后端是数据库。

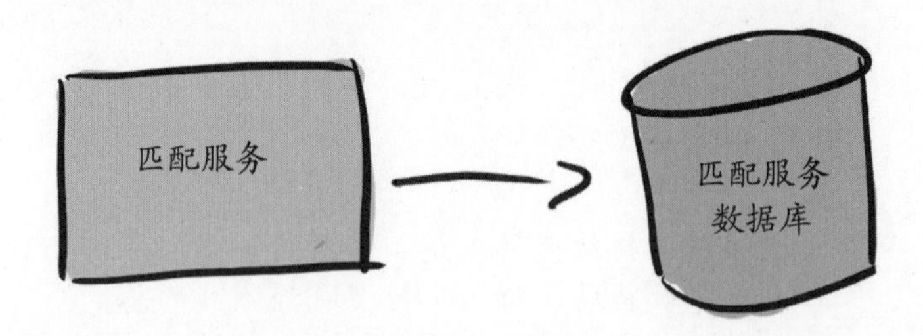

匹配服务在数条CD流水线中定义了广泛的自动化脚本和测试，但执行速度很慢，工程师觉得他们在需要的时候没有得到所需的信息。事实上，他们开始觉得CD自动化让他们失望了！

13.2 匹配服务CD流水线

匹配服务有三条独立的流水线，工程师对每一条有着非常不同的实践。

- CI流水线在合并前的每次PR上运行。
- 端到端测试流水线每晚运行一次。
- 每当团队准备创建发布时(每隔几周)，就会触发发布流水线运行。

团队对CI测试流水线感到满意，流水线会在每次PR之后不到五分钟的时间内完成运行，并提供有用的信号。

然而，其他两条流水线则未能如此。端到端测试流水线存在以下几个问题。

- 由于它是在夜间运行的，直到第二天人们才会发现它失败了。在那一刻，试图找出失败的原因，找出责任人，然后不得不回去修复已经合并的内容，非常令人沮丧。
- 每天只运行一次这些测试意味着团队很难相信代码处于可发布状态。如果想要迈向持续部署，团队成员将不会感到有信心。
- 流水线每晚运行的原因是速度慢：运行需要一个多小时，团队中没有人愿意在PR迭代更新时等待那么长时间。
- 最后一个问题是，端到端测试建立了一个测试环境。但如果测试失败，它们不会自行清理。这就意味着随着时间的推移，越来越多的资源被用于测试，必须通过人工手动进行清理。

发布流水线的问题可以归结为一点：

- 服务和配置的问题经常在这条流水线中发现。但是，只有当团队准备好发布时，这条流水线才会运行，因此发布经常被中断和搁置，而团队成员则不得不匆忙解决他们发现的新问题。

让我们从一个稍微不同的角度看待这些问题，看看我们是否能在这两条有问题的流水线中找到什么共性的问题。

13.3 CD流水线问题

我们能识别出这两条流水线中的共性问题吗？我们再看一遍，这些是端到端测试流水线的问题。

- 工程师在合并后的第二天发现他们弄坏了一些东西。
- 代码未处于可发布状态。
- 速度太慢，无法在每次的PR上运行。
- 无法自行清理。

流水线提供信号太晚。

损坏信号的延迟到来导致了这种情况。

速度是个问题。

这是流水线本身的缺陷或错误。

发布流水线只有一个明显的问题：

- 揭示的问题是很早以前代码库引入的

信号来晚的另一个例子。

上述这些问题可以归结为三种类别。

- 错误——当流水线没有做他们应该做的事情时，例如，端到端测试使测试环境处于糟糕的状态。
- 速度——端到端测试流水线的速度使团队无法在需要时运行。
- 信号——两条流水线都是，因为它们的运行是在代码已经合并之后(有时是很久之后)，此时提供的信号已经太晚了。

你将看到如何在匹配服务的流水线中解决这些问题。

13.4 端到端测试流水线

从匹配服务的端到端测试流水线开始。这条流水线在我们识别出来的三个领域都存在问题：错误、速度和信号。以下是当前的流水线。

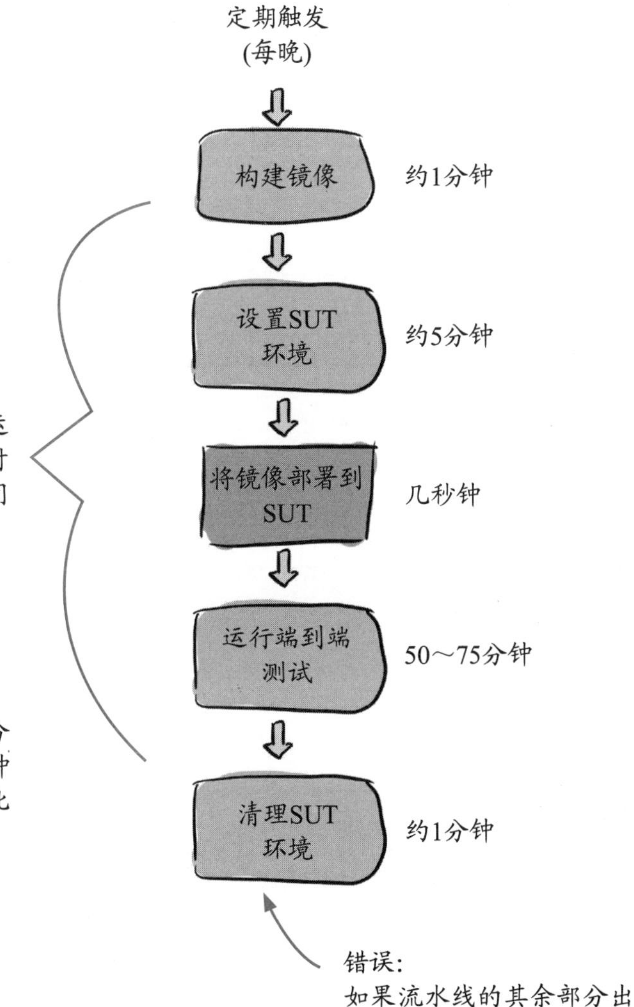

13.5 端到端测试流水线和错误

首先要解决的问题是端到端测试流水线中的错误，也就是：只有在流水线的其余部分都运行成功时，清理任务才会运行。PetMatch的大多数团队都使用GitHub Action，以下是匹配服务的GitHub Action工作流的样子。

```
name: Run System tests
on:
  schedule:
  - cron: '0 23 * * *'
jobs:
  build-image: ...
  setup-sut:
    needs: build-image
    outputs:
      env-ip: ${{ steps.provision.outputs.env-ip }}
    ...
  deploy-image-sut:
    needs: setup-sut
    ...
  end-to-end-tests:
    needs: [setup-sut, deploy-image-sut]
    env:
      SUT_IP: ${{ needs.setup-sut.outputs.env-ip}}
    ...
  clean-up-sut:
    needs: [setup-sut, end-to-end-tests]
    ...
```

工作流每晚11点运行。

“needs”关键字确保每个作业在前一个作业之后运行，并允许作业使用它们所依赖的作业的输出。

大多数作业都需要setup-sut作业，因为它们需要使用该作业提供的环境的IP。

由于setup-sut每隔一个作业运行一次，因此之前任何作业的失败都意味着它不会被运行。

定期触发(每晚) ⇩ 构建镜像 ⇩ 设置SUT环境 ⇩ 将镜像部署到SUT ⇩ 运行端到端测试 ⇩ 清理SUT环境

要点

允许任务发出可以被流水线中的其他任务用作输入的输出，可以让任务被设计为高度内聚、松散耦合的单个单元，并且它们本身也可以在流水线之间重用。

词汇时间

GitHub Action将**工作流**用于本书所描述的**流水线**。本书所说的**任务**(task)大致相当于**作业**(job)和**操作**(action)。操作是可重复使用的，可以在工作流中引用，而作业是在工作流中定义的，不可重复使用。

13.6 最终行为

匹配服务团队在流水线中需要的功能是无论流水线的其他部分发生了什么，都需要执行清理任务。在许多流水线中，即使流水线的其他部分出现故障，也需要运行某些任务。这类似于程序设计语言中的最终行为(finally behavior)的概念，例如Python中的finally子句。将最终行为包含在流水线中意味着流水线将分两个阶段执行，首先执行流水线的主要部分，一旦完成主要部分(无论成功还是失败)，流水线的finally部分则执行。

更准确地说，如果执行了SUT设置任务，才需要进行清理，但为了保持逻辑简单，在这里一律执行清理任务。想要将清理任务更新为仅在设置任务执行时进行，可以使用后面会讲到的条件功能。

```
try:
    print("hello world!")
    raise Exception("oh no")
finally:
    print("goodbye world")
```

即使引发异常，finally子句中的代码也将执行。

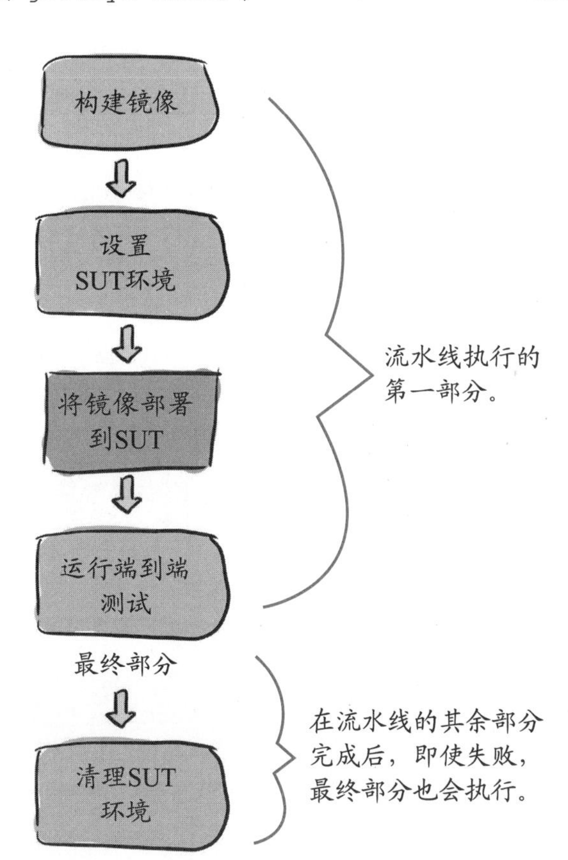

13.7 图形化最终部分

思考流水线的另一种有用的方法，尤其是当并行执行任务时，是将其图形化——作为有向无环图(Directed Acyctic Graph，DAG)。DAG是一种图形，其中的边有方向(在我们的例子中，从一个任务到下一个任务)，并且没有循环(你永远不会从一项任务开始，沿着边，然后回到同一项任务)。

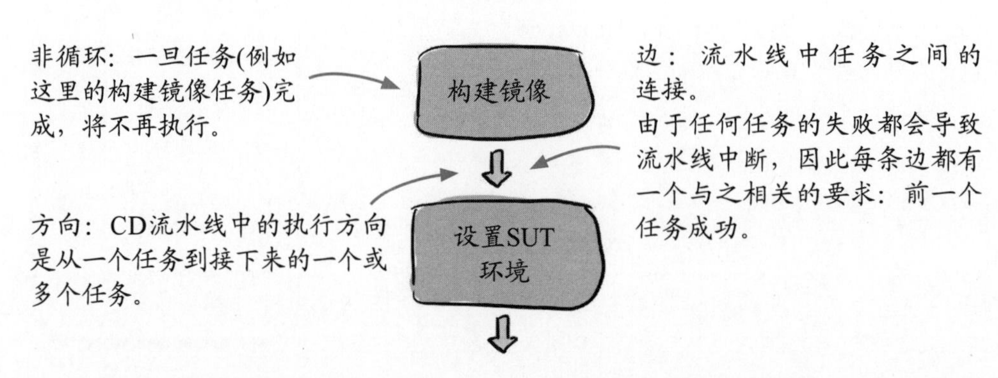

当将流水线视为DAG时，包含最终行为就像从每个流水线任务创建一条到finally任务的边，在任务失败时执行。如果任务失败，则立即开始执行finally任务。

图中的每个任务都将其连接到finally任务。如果任务执行失败，则执行finally任务。

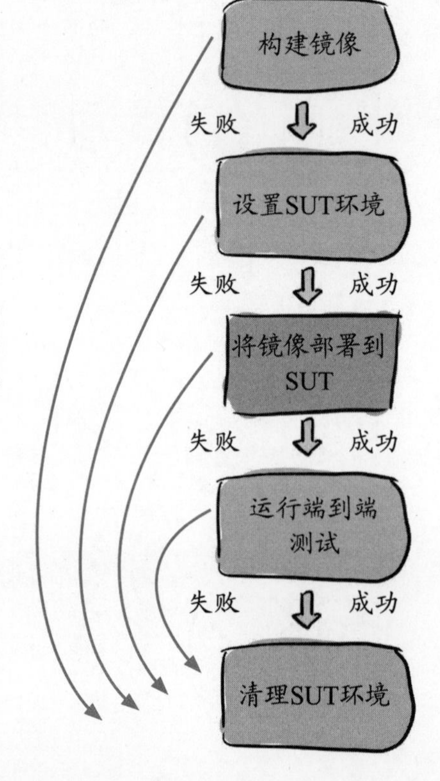

13.8 匹配服务流水线中的最终行为

匹配服务团队需要使用GitHub Action语法表达式来表示最终部分的功能。在此语法中，如果要将作业标记为必须执行(无论工作流中其他作业的状态如何)，会使用if: ${{ always() }}。以下是匹配服务的流水线在此次更新后的样子。

```
name: Run System tests
on:
  schedule:
  - cron: '0 23 * * *'
jobs:
  build-image: ...
  setup-sut:
    needs: build-image
    outputs:
      env-ip: ${{ steps.provision.outputs.env-ip }}
    ...
  deploy-image-sut:
    needs: setup-sut
    ...
  end-to-end-tests:
    needs: [setup-sut, deploy-image-sut]
    env:
      SUT_IP: ${{ needs.setup-sut.outputs.env-ip}}
    ...
  clean-up-sut:
    if: ${{ always() }}
    needs: [setup-sut, end-to-end-tests]
    ...
```

if语句告诉GitHub Actions始终运行此作业。如果其余作业成功，GitHub Actions将立即遵守“needs”语句，并在端到端测试后执行。但如果该作业或任何其他作业失败，则接下来将执行clean-up-sut。

匹配服务CD流水线中的错误已修复：清理将始终执行。

要点

CD系统提供的流水线语法应该允许你在流水线中表达最终行为，即流水线必须始终执行的任务(即使流水线的其他部分出现故障)。

要点

支持条件执行(GitHub Actions通过if语句支持)可以实现更灵活的流水线。例如，你可以在每次PR时运行一个流水线，但有些任务仅在合并后运行。

13.9 端到端测试流水线和速度

匹配服务团队已经解决了CD流水线中的错误问题，但他们在速度和信号方面仍然存在问题。

- ~~错误——端到端测试使测试环境处于不良状态。~~已修复！
- 速度——端到端测试流水线太慢，无法在需要时运行。
- 信号——端到端测试流水线和发布流水线提供信号太晚。

接下来，他们将解决速度问题，与此同时也将开始解决信号问题，因为如果流水线运行得更快，它就可以更频繁地运行。

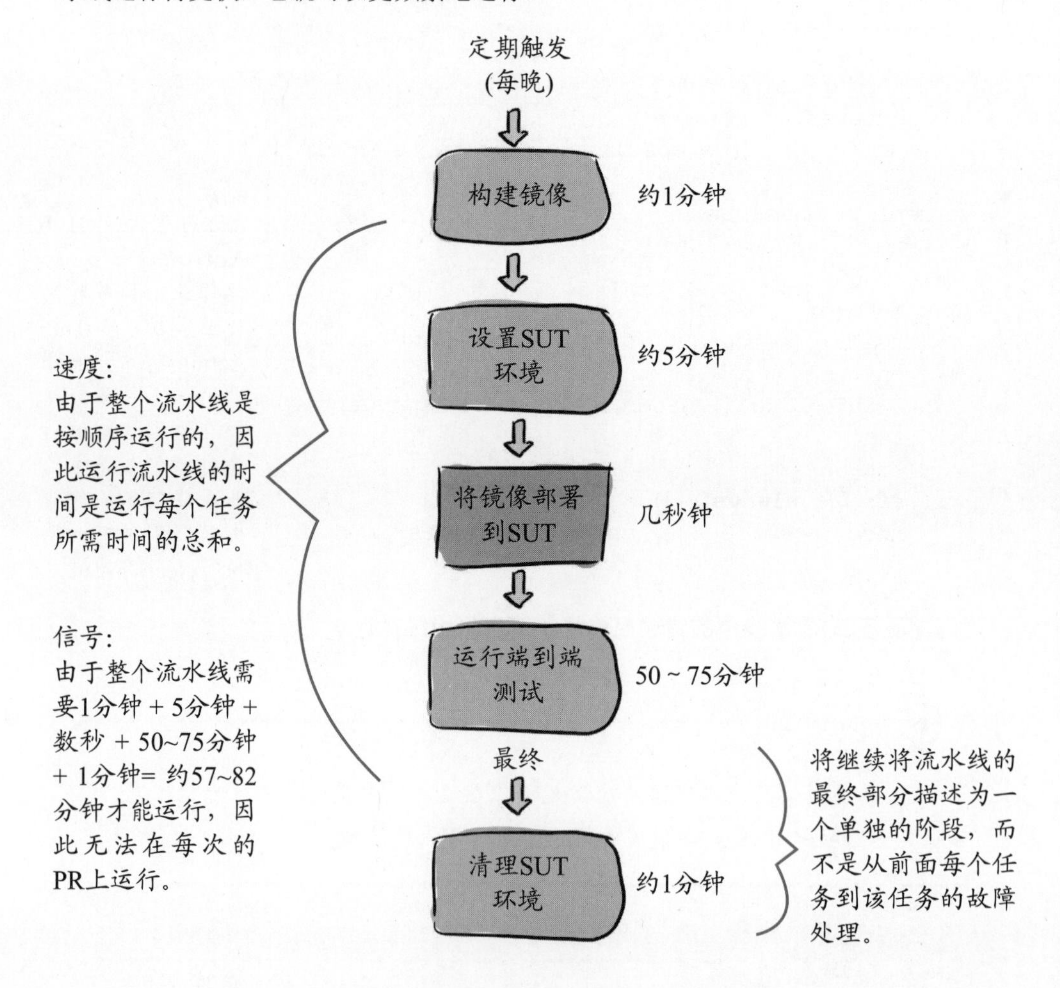

13.10 并行执行任务

匹配服务团队成员注意到，尽管流水线中的所有任务都是一个接一个运行的，但有些任务实际上并不依赖于其他任务。团队查看了那些未作为最终行为的一部分运行的任务，识别出任务之间的如下依赖关系。

- 端到端测试——要求将镜像部署到SUT
- 将镜像部署到SUT——需要构建镜像并设置SUT环境
- 设置SUT环境——不需要任何前置任务
- 构建镜像——不需要任何前置任务

由于构建镜像和设置SUT环境不依赖任何其他任务，因此它们不需要一个接一个地运行：它们可以并行运行(也就是同时运行)。并行运行任务是加快流水线执行速度的一种方式。如果两个任务一个接一个地运行(也就是按顺序运行)，则执行它们的总时间是每个任务运行所需时间的总和。但如果它们并行运行，则执行两个任务的时间将仅取决于两个任务中速度较慢的一个。

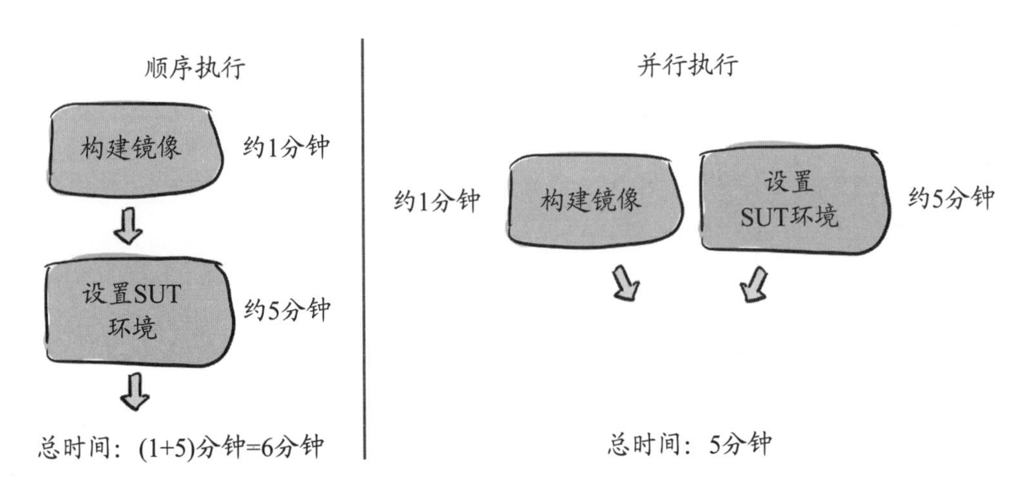

并行执行任务是减少流水线运行时间的一种方法。要确定哪些任务可以在流水线中并行执行，可以检查任务之间的依赖关系。在选择CD系统时，要注意那些允许你并行执行任务的系统。

13.11 端到端测试流水线和测试速度

尽管匹配服务的CD流水线现在利用了并行执行，但对执行时间的总体影响很小。通过在设置SUT环境的同时构建镜像，只节省了1分钟的时间。

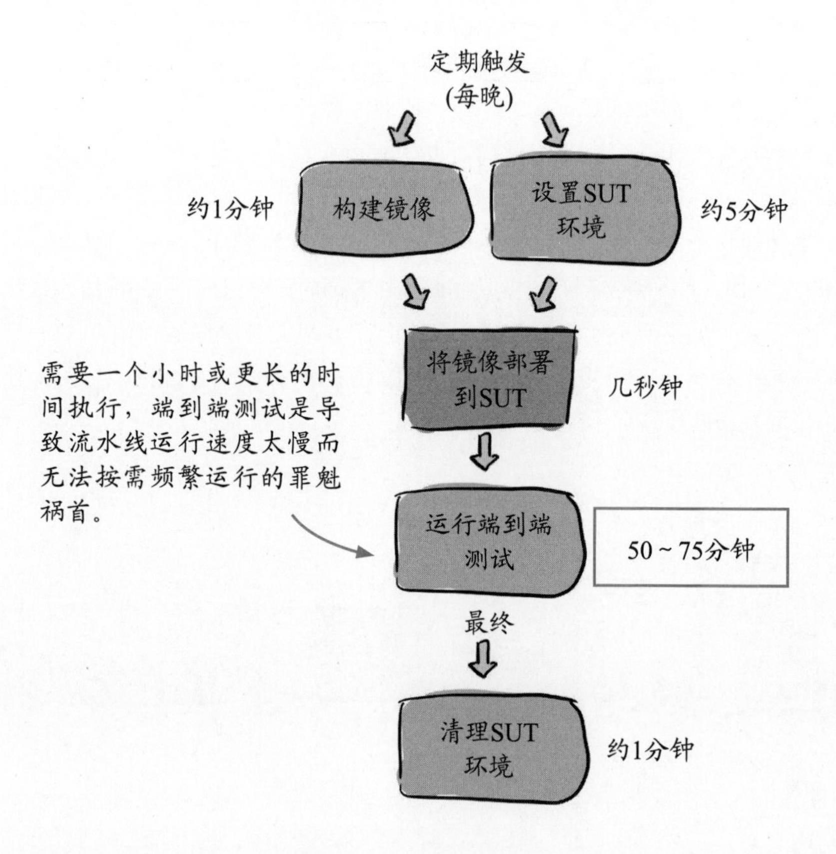

这条流水线速度的真正问题是端到端测试本身。对流水线的其余部分进行再多的调整也无法弥补：其余任务所花费的总时间约为6分钟，而仅端到端测试就需要一个多小时才能完成。

13.12 并行执行和测试分片

当解决慢速测试的问题时，第一步需要评估测试本身，以确定潜在的根本问题。直接解决这些问题更有利于长期的健康和可维护性。

参阅第6章，了解有关加速慢速测试套件(包括使用测试分片)的更多信息。

匹配服务团队成员确信他们已经这样做了(还没有发现测试套件的根本问题)，因此他们的下一个选择是使用测试分片并行运行端到端测试套件的子集。

他们的端到端测试套件有大约50个单独的测试，每个测试的执行大约需要60到90秒。当前执行端到端套件的整体时间如下：

50次测试 × 每次测试60～90秒 = 共50～75分钟

为了使端到端流水线能够足够快地在每次PR上运行，他们希望运行测试的时间不超过15分钟。

15分钟 / 每次测试60～90秒 = 每个分片10～15个测试

在他们确定的15分钟窗口内，最坏的情况下他们可以运行10个测试。

50个测试 / 每个分片10个测试 = 5个分片

他们决定在6个分片上运行测试，给自己一点回旋余地。

50次测试 / 6个分片 = 每个分片8.3次测试～= 每个分片最多9次测试

9 × 60～90秒 = 每个分片9～13.5分钟

通过在6个分片上运行测试，执行测试的总时间将仅为最长分片所花费的时间。在最坏的情况下，这应该是13.5分钟。

为了更新端到端的测试任务，以便将测试分为6个分片，匹配服务团队使用了与Sridhar在第6章中使用的相同的方法，即利用Python中的pytest-shard库来处理分片，并结合使用GitHub Action的矩阵功能。

```
end-to-end-tests:
  needs: [setup-sut, deploy-image-sut]
  runs-on: ubuntu-latest
  env:
    SUT_IP: ${{ needs.setup-sut.outputs.env-ip}}
  strategy:
    fail-fast: false
    matrix:
      total_shards: [6]
      shard_indexes: [0, 1, 2, 3, 4, 5]
  steps:
    ...
    - name: Install pytest-shard
      run: |
        pip install pytest-shard==0.1.2
    - name: Run tests
      run: |
        pytest \
          --shard-id=${{ matrix.shard_indexes }} \
          --num-shards=${{ matrix.total_shards }}
```

使用矩阵策略告诉GitHub Actions为total_shards和shard_indexes中条目的每个组合运行一次作业，在这里的情况下，将是6个组合，每个分片对应一个。

GitHub Actions运行测试作业的每个实例都将获得matrix.shard_indexes和matrix.total_shards的不同值组合：[6,0]，[6,1]，[6,2]，[6,3]，[6,4]，[6,5]。

13.13 带有分片的端到端测试流水线

现在测试已分片，端到端测试流水线看起来将有点不同。

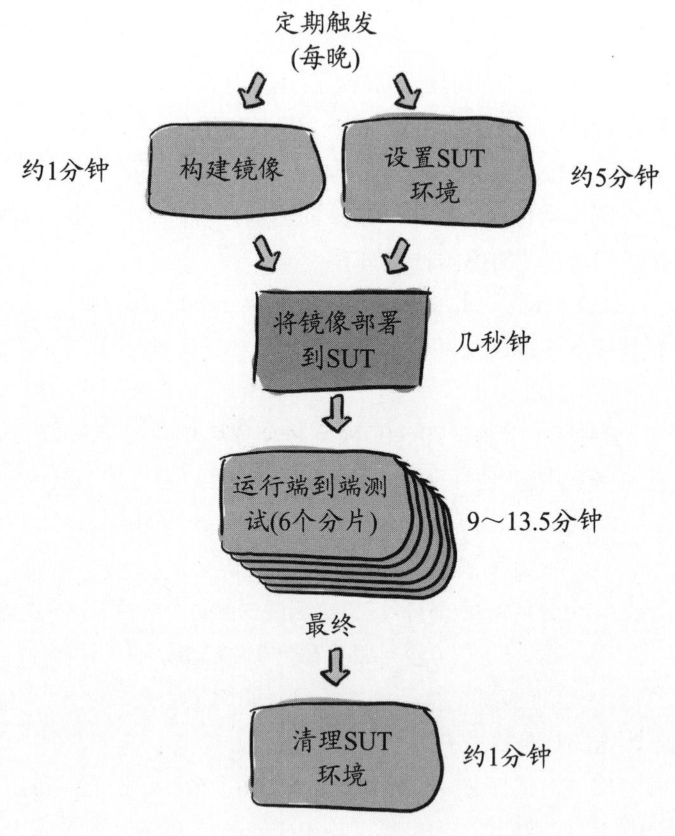

总时间：5分钟 + 几秒钟 + 9 ~ 13.5分钟 + 1分钟 = 15 ~ 19.5分钟

在最坏的情况下，端到端测试流水线的总执行时间为13.5分钟。在最坏的情况下，整个流水线将在不到20分钟内运行，最快可达15分钟。这条流水线现在足够快，可以在每次的PR上运行。如果工程师想让它更快，他们可以添加更多的端到端测试分片。

要点

在流水线中提供基于矩阵的执行，可以轻松地支持并行执行(例如，用于测试分片)，这是一种提升流水线执行时间的强大方法，同时使任务易于重用。

13.14 端到端测试流水线和信号

既然已经解决了速度的问题，匹配服务团队就可以开始解决他们的信号问题。

- ~~错误——端到端测试使测试环境处于不良状态。~~已修复！
- ~~速度——端到端测试流水线太慢，无法在需要时运行。~~已修复！
- 信号——端到端测试流水线和发布流水线提供信号太晚。

来自端到端测试流水线和发布流水线的信号来得太晚了。端到端测试流水线此前只在夜间运行，因为它太慢了。但现在整个流水线能够在不到20分钟的时间内运行，工程师就可以在每次的PR上运行它，并立即从中获得信号！

团队已经在每次的PR上运行CI流水线。要添加端到端测试流水线，他们有两个选择：

- 在CI流水线之后运行端到端测试流水线
- 与CI流水线并行运行端到端测试流水线

要在两种方法之间进行选择，匹配服务团队需要权衡几个因素。

- 资源的使用——端到端测试流水线需要消耗资源来运行SUT。如果CI流水线失败，工程师是否仍然希望消耗这些资源(并行运行)，还是宁愿保守，只在CI流水线中的单元和集成测试通过(一个流水线接一个流水线地运行)时消耗这些资源？
- 获取全面的失败信息——如果端到端测试只在CI流水线通过后才运行，PR作者可能会发现花时间修复CI流水线中的测试很令人沮丧：一旦修复了这些测试，端到端的测试就会失败。

13.15 单一CI流水线

匹配服务团队成员决定在现有的CI流水线并行运行端到端测试，来尽可能快地优化以获得最多的信号，即使这意味着要为运行SUT环境提供更多的资源。他们没有使用两个单独的流水线，而是将两个现有的流水线合并为一个更大的CI流水线，该流水线运行所有三种测试(以及代码检查！)。

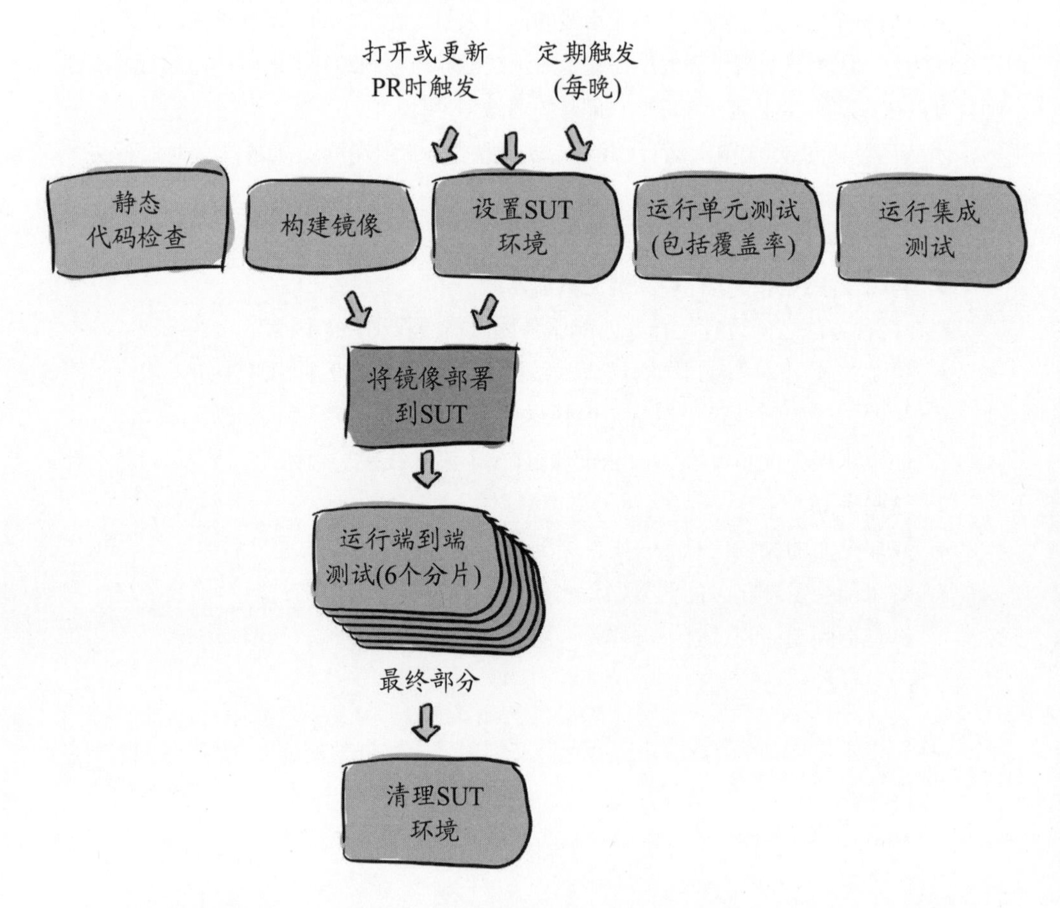

一旦流水线启动，它将并行运行静态代码检查、镜像构建、SUT环境设置、单元测试和集成测试。

13.16 发布流水线与信号

因为端到端测试流水线现在与原有的CI流水线相结合，并在每次的PR上运行，所以该流水线的信号问题已经解决。

- ~~错误——端到端测试使测试环境处于不良状态。~~已修复！
- ~~速度——端到端测试流水线太慢，无法在需要时运行。~~已修复！
- 信号——端到端测试流水线和发布流水线提供信号太晚。

但发布流水线仍然存在信号问题，该流水线只在部署时运行(最好情况下每隔几周)。

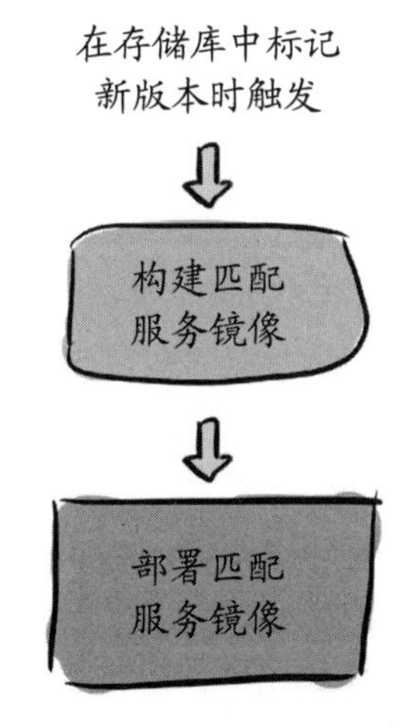

这条流水线经常会捕获到在发布之前遗漏的问题。例如，以下是它最近捕获到的问题。

- 一个要求在构建时设置环境变量的变更，但此修改是在端到端测试使用的Makefile中进行的，而不是在之前显示的构建任务中。当发布流水线运行时，该任务失败。
- 匹配服务中的一个命令行选项已更改，但用于部署它的配置没有更新。当部署任务运行时，它使用了尝试使用旧选项的配置，继而部署失败。

13.17 CI流水线的差异

为什么发布流水线会捕获CI流水线没有捕获的问题？毕竟，CI流水线的端到端测试部分也需要构建和部署。CI没有发现这些问题的原因是，CI中的构建与部署逻辑和发布流水线中的相关逻辑不同。

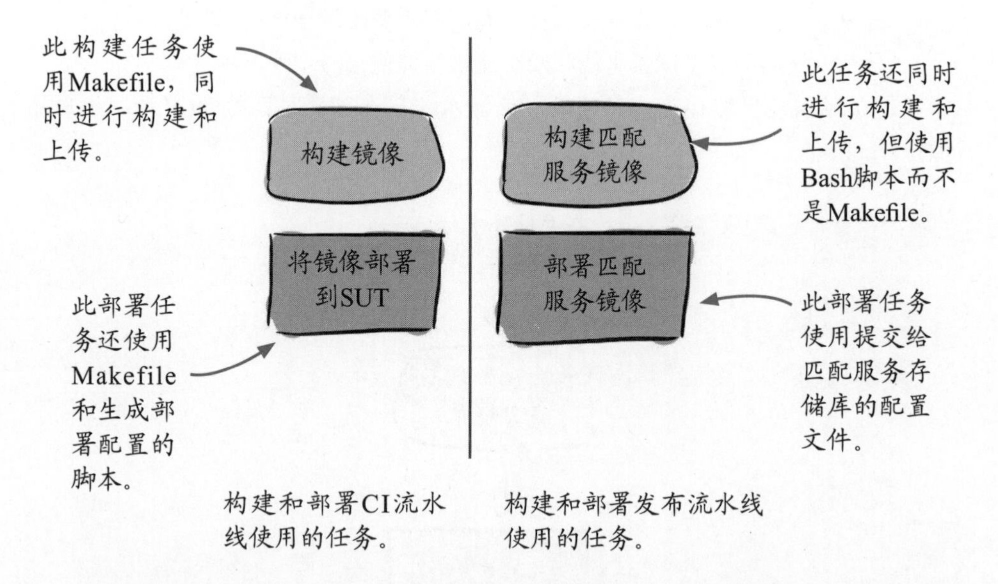

正如你在第7章的CoinExCompare场景中所看到的，在CI中使用与生产环境不一样的逻辑来构建和部署会导致错误的出现。解决方案是更新CI流水线，以使用发布流水线的构建和部署部分。如果使用相同的流水线(运行相同的任务)，那么发现潜在问题的可能性都会高得多。

使用持续部署来更早地获得信号，怎么样?

很好的点——如果PetMatch使用持续部署来部署匹配服务，它将在每次变更时进行部署，并且引入的任何问题都将立即被发现。然而，在合并发生后，问题仍然会被发现，此时代码库将处于不可发布状态，直到问题得到解决。在将问题提交到主代码库之前，最好尽可能地捕获问题。

13.18　合并流水线

匹配服务团队希望在两种不同的上下文中使用现有的发布流水线。

- 当他们想要进行部署时(这就是他们目前使用的方式)
- 在其CI流水线中构建并部署到SUT时

为了实现第二个场景，他们需要一种从CI流水线中重用现有流水线的方法。有两种方式可以实现这一点：

- 复制流水线——在CI流水线中复制发布流水线中的相同任务。
- 从CI流水线调用发布流水线——从CI流水线按原样使用发布流水线，即从一个流水线调用另一个流水线。

这两种方式都可以解决刚才看到的问题，因为在这两种情况下，CI流水线现在都将使用与发布流水线相同的任务。但第一种方式存在一些缺点：

- 如果发布流水线发生变更，那么进行变更的人也需要记住同时更改CI流水线，否则它们将不再同步。
- 随着时间的推移，与在两种情况下使用完全相同的流水线相比，在每个流水线中定义和使用任务的方式更有可能出现不一致。

匹配服务团队一致认为，从CI流水线调用整个发布流水线是更好的选择。

要点

通过允许流水线调用其他流水线，具有此功能的CD系统比仅支持任务级别重用(或根本不支持重用)的CD系统支持更多的重用(以及更少不必要的重复和易出错的维护)。

13.19 发布流水线

为了能够从CI流水线调用发布流水线，匹配服务团队需要进行一些调整。以下是当前的发布流水线，目前被定义为GitHub工作流。

```
name: Build and deploy to production from tag
on:
  push:
    tags:
      - '*'
jobs:
  build-matchmaking-service-image:
    runs-on: ubuntu-latest
    outputs:
      built-image: ${{ steps.build-and-push.outputs.built-image }}
    steps:
      - uses: actions/checkout@v2
      - id: build-and-push
        run: |
          IMAGE_REGISTRY="10.10.10.10"
          IMAGE_NAME="petmatch/matchmaking"
          VERSION=$(echo ${{ github.ref }} | cut -d / -f 3)
          IMAGE_URL="$IMAGE_REGISTRY/$IMAGE_NAME:$VERSION"
          BUILT_IMAGE=$(./build.sh $IMAGE_URL)
          echo "::set-output name=built-image::${BUILT_IMAGE}"
  deploy-matchmaking-service-image:
    runs-on: ubuntu-latest
    needs: build-matchmaking-service-image
    steps:
      - uses: actions/checkout@v2
      - id: deploy
        run: |
          ./update_config.sh ${{ needs.build-matchmaking-service-image.outputs.built-image }}
          ./deploy.sh
```

这个作业定义了一个输出——已构建镜像的完整URL和摘要——它由接下来的步骤生成，下一个作业可以将其用作输入。

这个带有id build-and-push的步骤将创建先前声明的输出。

这是构建作业设置built-image输出值的位置。

此作业可以使用已构建镜像的完整URL和摘要(上一个作业的输出)作为输入。

流水线中的第一个作业声明了一个名为built-image的输出，下一个作业将其作为输入。这使得部署作业足够灵活，可以用于任何构建镜像的URL，并允许将逻辑分离为两个单独的、设计良好的作业。

脚本与内联Bash

第12章建议在任务中内联编写Bash，以提高可重用性，而不是将其单独存储在脚本中(如果Bash开始变长，也可以切换到通用语言)。上面的例子使用了单独的脚本，以免进入每个任务是如何实现的细节，这样我就可以专注于本章所涉及的流水线和任务功能。

13.20 发布流水线中的硬编码

尽管现有的流水线在任务级别上很好地利用了输入和输出，但在流水线本身的级别上却没有那么好。事实上，有几个值被硬编码到发布流水线中，防止流水线用于系统测试。

```
name: Build and deploy to production from tag
on:
  push:
    tags:
      - '*'
jobs:
  build-matchmaking-service-image:
    runs-on: ubuntu-latest
    outputs:
      built-image: ${{ steps.build-and-push.outputs.built-image }}
    steps:
      - uses: actions/checkout@v2
      - id: build-and-push
        run: |
          IMAGE_REGISTRY="10.10.10.10"
          IMAGE_NAME="petmatch/matchmaking"
          VERSION=$(echo ${{ github.ref }} | cut -d / -f 3)
          IMAGE_URL="$IMAGE_REGISTRY/$IMAGE_NAME:$VERSION"
          BUILT_IMAGE=$(./build.sh $IMAGE_URL)
          echo $BUILT_IMAGE
          echo "::set-output name=built-image::${BUILT_IMAGE}"
  deploy-matchmaking-service-image:
    runs-on: ubuntu-latest
    needs: build-matchmaking-service-image
    steps:
      - uses: actions/checkout@v2
      - id: deploy
        run: |
          ./update_config.sh ${{ needs.build-matchmaking-service-image.outputs.built-image }}
          ./deploy.sh
```

镜像仓库、镜像名称和版本的定义方式都是硬编码的。端到端测试需要将镜像推送到不同的镜像仓库，并且需要使用不同的版本控制方案对它们进行稍微不同的命名。

deploy.sh脚本被硬编码为部署到匹配服务的生产环境，但端到端测试需要部署到SUT环境。

为了能够从端到端测试流水线中使用发布流水线，必须修改如下所示的几个硬编码值。

- 推送到生产镜像仓库，或是用于系统测试的镜像仓库。
- 区分镜像的版本和名称的方式。在生产环境中，名称始终相同，版本来自标记。对于端到端测试，没有标签，镜像名称也不同。
- 部署到生产环境，或是CI流水线创建的SUT环境。

13.21 通过参数化复用流水线

为了能够使用CI流水线中的发布流水线，匹配服务团队进行了一些变更。工程师为部署创建了一个可重复使用的GitHub Actions工作流，该工作流采用参数，可用于端到端测试和最终的生产部署。

> **秘密在哪里？**
>
> 部署到SUT环境可能需要与部署到生产环境所不同的凭据。这些细节已被排除在本例之外，但能够参数化这些细节也很重要。

```
name: Build and deploy
on:
  workflow_call:
    inputs:
      image-registry:
        required: true
        type: string
      image-name:
        required: true
        type: string
      version-from-tag:
        required: true
        type: boolean
      deploy-target:
        required: true
        type: string
jobs:
  build-matchmaking-service-image:
    runs-on: ubuntu-latest
    outputs:
      built-image: ${{ steps.build-and-push.outputs.built-image }}
    steps:
      - uses: actions/checkout@v2
      - id: build-and-push
        run: |
          if [ "${{ inputs.version-from-tag }}" = "true" ]
          then
            VERSION=$(echo ${{ github.ref }} | cut -d / -f 3)
          else
            VERSION=${{ github.sha }}
          fi
          IMAGE_URL="${{ inputs.image-registry }}/${{ inputs.image-name }}:$VERSION"
          BUILT_IMAGE=$(./build.sh $IMAGE_URL)
          echo "::set-output name=built-image::${BUILT_IMAGE}"
  deploy-matchmaking-service-image:
    runs-on: ubuntu-latest
    needs: build-matchmaking-service-image
    steps:
      - uses: actions/checkout@v2
      - id: deploy
        run: |
          ./update_config.sh ${{ ... }}
          ./deploy.sh  ${{ inputs.deploy-target }}
```

此工作流配置为在workflow_call上运行，这意味着它可以从其他工作流中调用。

这些参数必须由调用工作流提供。这些参数使得可以将此工作流用于测试和生产部署。

工作流可以配置为从标记(从github.ref提取)或使用提交(通过github.sha提供)生成版本。生产构建将使用标记，测试将使用提交。

现在可以配置镜像仓库和镜像名称。

部署任务将接收被部署环境的IP，而不是被硬编码为始终部署到生产环境。

13.22 使用可重用的流水线

可重用的流水线(存储在名为.github/workflows/deployment.yaml的匹配服务存储库中)被设计为只能从其他工作流中调用，因此匹配服务团队更新他们现有的工作流(配置为在标记新版本时运行)来使用它。

```
name: Build and deploy to production from tag
on:
  push:
    tags:
      - '*'
jobs:
  deploy:
    uses: ./.github/workflows/deployment.yaml
    with:
      image-registry: '10.10.10.10'
      image-name: 'petmatch/matchmaking'
      version-from-tag: true
      deploy-target: '10.11.11.11'
```

标记新版本时，将使用参数调用部署工作流，以确保生产镜像将使用标记的版本构建，推送到生产镜像仓库，并部署到生产实例。

CI工作流也会被更新为使用可重用的部署工作流。以前的构建和部署任务(特定于端到端测试)将被删除，取而代之的是对可重用工作流的调用。

```
name: Run CI
..
jobs:
  setup-sut: ...
  deploy-to-sut:
    needs: setup-sut
    uses: ./.github/workflows/deployment.yaml
    with:
      image-registry: '10.12.12.12'
      image-name: 'petmatch/matchmaking-e2e-test'
      version-from-tag: false
      deploy-target: ${{ needs.setup-sut.outputs.env-ip}}
  end-to-end-tests: ...
  clean-up-sut: ...
```

当PR进行时，将使用参数调用部署工作流，这些参数确保使用预期名称构建测试镜像，使用提交进行版本控制，推送到测试镜像仓库，并部署到SUT。

setup-sut创建要部署到的SUT环境，并提供IP作为输出。这可以作为输入传递给可重用工作流。

13.23 更新后的流水线

CI流水线已更新为使用可重用的发布流水线(用于生产部署的流水线，但使用不同的参数调用)，现在看起来如下图所示。

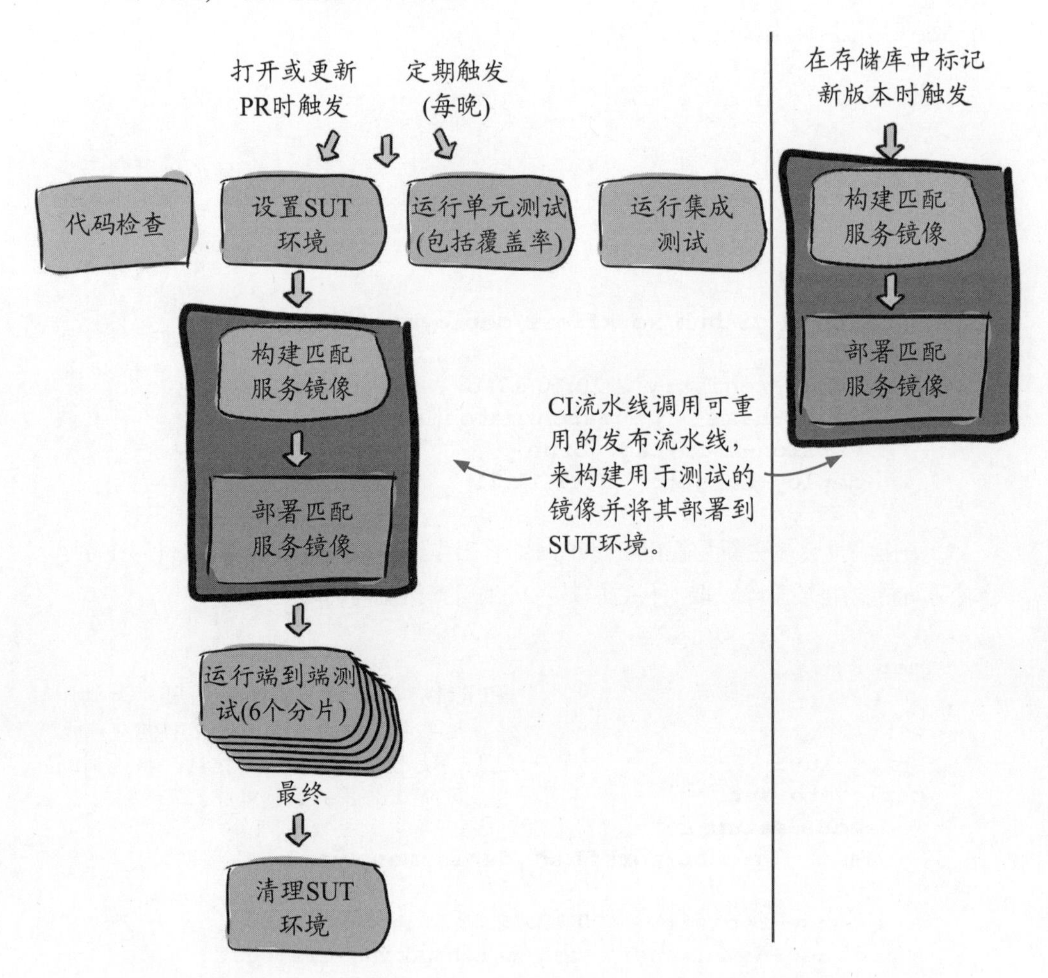

为了能够在不同的场景中使用流水线(例如被其他流水线调用时)，必须能够对它们进行参数化。

13.24 解决PetMatch的CD问题

随着发布流水线现在被用作每次PR的端到端测试的一部分，匹配服务工程师重新审视他们试图解决的流水线问题列表。

- ~~错误——端到端测试使测试环境处于不良状态。~~已修复！使用最终行为意味着测试清理将始终发生。
- ~~速度——端到端测试流水线太慢，无法在需要时运行。~~已修复！使用测试分片和矩阵执行，端到端流水线现在可以在每次的PR上运行。
- ~~信号——端到端测试流水线和发布流水线提供信号太晚。~~已修复！端到端测试流水线和发布流水线现在都在每次的PR上运行。发布流水线的问题现在很可能在CI运行时被发现。

由于所有的CI现在都在每次的PR上运行，并且他们使用发布流水线作为CI的一部分，因此PetMatch工程师已经最大限度地提升了他们可以获得的信号量。为了达到这一点，他们需要考虑一些权衡。

- 信号的速度——CI流水线提供的信号比以前更多，但现在运行需要近20分钟。如果没有端到端测试，流水线过去最多需要几分钟。
- 信号的频率——匹配服务团队用CI信号的速度换取了频率：他们更快地获得更多信号，但每次流水线运行都必须等待更长的时间，这可能意味着等待PR合并就绪的时间更长。
- 代码库不可发布的影响——他们之前的方法使代码库处于未知状态；直到夜间端到端测试运行，或者直到发布时，才会发现错误。正如我们在前几章中所看到的，处于这种状态会对CD的根基产生负面影响。
- 执行流水线所需的资源——CI流水线的每次调用(每次PR可能发生多次)现在都需要为其提供一个SUT环境，并将在六个独立的分片上运行测试。与每晚运行一次这些测试相比，匹配服务团队的CI将消耗更多的资源。

13.25 期待的CD功能

匹配服务工程师能够通过重新组织任务和流水线来解决CD问题。他们使用的CD系统具有以下功能。

- 同时支持任务和流水线——以某种形式同时支持小型并且内聚的功能包(任务)和这些可重复使用的包的编排(流水线)，可以实现CD流水线设计的灵活性。
- 输出——允许任务提供可供其他任务使用的输出，支持创建设计良好、高度内聚、松散耦合、可重用的任务。
- 输入——同样，允许任务和流水线使用输入也使得它们可重复使用。
- 条件执行——如果可以根据流水线的输入来限制任务的执行，那么流水线可以更具可重用性。
- 最终行为——即使流水线的其他部分失败，许多CD流水线也会有需要运行的任务。例如，为了在执行后使资源处于良好状态，或者通知开发人员成功和失败，这意味着能够指定必须始终运行的任务。
- 并行执行——并行执行互不依赖的任务是在流水线执行中立即获得速度提升的一种简单方法。
- 基于矩阵的执行——许多CD流水线都有需要为一组值的每一个组合运行的任务(例如用于测试分片)，并且为此使用矩阵(或循环)语法支持任务重用和并行化。
- 流水线调用流水线——使流水线本身可重复使用，不仅可以在需要时更容易地构建复杂的流水线，还可以确保在情况略有不同的情况下(例如，部署到测试环境与部署到生产环境)也可以更容易地全面使用相同的逻辑。

如果我的CD系统没有这些功能，该怎么办?

如果你的CD系统没有这些功能，你就必须要么保持你的流水线非常简单(限制你对其的使用)，要么自己构建这些功能。这通常意味着为循环等功能创建自己的库，但它限制了这些解决方案对性能的影响(例如，循环功能可能仅限于在一台机器内运行)。缺少这些功能通常意味着需要构建具有诸多职责的复杂任务，包括编排逻辑。如果可能的话，选择一个能为你做更多繁重工作的CD系统。有关一些常见CD系统的功能，请参阅附录A。

13.26 结论

修复CD流水线问题有时可以像重新设计流水线本身一样简单。匹配服务的工程师不需要改变他们的任务和流水线的功能。通过利用CD系统的流水线功能并重新组织现有的流水线，他们大大增加了流水线的价值——代价是速度和资源消耗，但这是他们非常愿意付出的代价。

13.27 本章小结

在你的CD系统中查找下述功能，当发现流水线没有提供所需的信号时，请考虑利用这些功能。

- 任务(可重复使用的功能单元)和流水线(协调任务)
- 输入和输出(作为任务和流水线的特性)
- 条件执行
- 最终行为
- 并行执行和矩阵支持
- 可重复使用的流水线

在设计流水线和决定何时运行时，还要考虑以下权衡：

- 信号速度(流水线运行速度)
- 信号频率(当运行它们时)
- 不可发布的代码库的影响
- 执行这些流水线所需(和可用)的资源

13.28 接下来……

你已经来到了全书的结尾！我希望你和我一样喜欢这次CD之旅。在本书末尾的附录中，我们将了解在常见的CD系统和版本控制系统中讨论的一些特性。

附 录

- 这两个附录分别介绍了本书所描述的持续交付和版本控制系统在本书撰写时主流的功能表现。
- 附录A检查了由 Argo Workflows、CircleCI、GitHub Actions、Google Cloud Build、Jenkins Pipelines 和 Tekton 提供的持续交付功能。
- 附录B着重介绍了版本控制系统，主要关注Git以及Bitbucket、GitHub和GitLab等托管的Git服务。

附录A — CD系统

本章内容：

- 本书讨论的CD系统特性的参考列表
- 常见CD系统的概述及其提供的功能

本附录将回顾本书讨论的所有CD系统特性，并了解在几个常见的CD系统中相关的功能特性。

本书使用GitHub Actions演示了许多功能特性。但是，在选择最适合你需求的CD系统时，重要的是考虑和权衡你的所有选项(包括根据需要构建自己的CD系统，请参见第11章)。我们将了解下面这几个CD系统：

- Argo Workflows
- CircleCI
- GitHub Actions
- Google Cloud Build
- Jenkins Pipeline
- Tekton

此列表并非详尽无遗。在评估未在此处涵盖的CD系统时，请使用“特性列表”部分中的CD系统特性参考列表。

正文中提及的CD系统特性

在本书的 13 个章节中，你已经了解了许多CD系统支持的功能，以便轻松定义强大、可重用的任务和流水线。在以下这些章节中所重点介绍的CD系统的功能特性如下。

- 第 2 章：概述 CD 流水线的基本要素，并定义了本书中用于描述流水线要素的术语(包括事件、触发器、webhook、任务和流水线)。
- 第 3 章：介绍了配置即代码的概念，以及将 CD 配置存储在版本控制中，将其视为代码的重要性。
- 第 7 章：展示了错误可能潜入我们代码的所有地方，并展示了定期触发的实用性。
- 第 9 章：展示了安全构建软件工件的重要性，并讨论了我们需要的特性。
- 第 12 章：特别关注了脚本方面的配置即代码，强调所有 CD 配置都应视为代码，并且 CD 流水线和任务需要可重用。
- 第 13 章：展示了我们需要构建有效流水线所需的所有流水线级别特性，以及我们需要这些特性的原因。

在评估CD系统时，上面这些都是需要关注的特性。如果它们不具备这些特性，并不意味着你不能使用该系统；这只是意味着你可能需要做更多的工作才能获得相同的功能。

特性列表

本附录将在常见的 CD 系统中研究以下特性。

触发器特性（见第 2 章和第 7 章）	
基于事件触发——流水线需要响应各种事件（例如 PR 的开启或合并）进行触发和执行。	定期触发——流水线的定期调度执行可以帮助发现诸如不稳定测试之类的问题，并可用于支持夜间发布等发布策略。

安全可靠的构建流程特性（见第 3 章和第 9 章）		
配置即代码（又称为构建即代码）——将 CD 流水线存储在版本控制中非常重要；你应将适用于业务逻辑的所有最佳实践应用于组成软件的所有数据。	作为服务运行——如果没有一个一致的服务执行你的 CD 流水线，就无法确保你的软件的构建一致性，并且几乎不可能对流水线流程进行审计。	临时环境——每次构建产品时都从一个干净的环境开始可以确保每次得到相同的结果。这通常是使用一次性虚拟机和容器来实现的。

执行单元（见第 2 章）	
流水线——基于图形的任务编排，具有特定于 CD 用例的控制流功能。	任务——理想情况下具有高内聚、松耦合、良好分解和可重用的逻辑单元。

任务和流水线特性（见第 12 章和第 13 章）		
输入和输出——要重用任务和流水线，必须提供支持自定义其行为的输入。输出使得可以将任务和流水线连接在一起，使它们的行为可以根据其他任务和管道的行为而变化。	条件执行——能够在运行时控制流水线的哪些部分执行，可以编写非常灵活、更易于重用的流水线。	最终行为——CD 流水线通常包含即使其他部分失败也必须执行的行为。清理环境和发送例如即时消息通知等，就是其中的例子。
并行执行——在流水线中运行没有相互依赖的任务可以减少整个流水线的执行时间。	矩阵式执行——这是并行执行的扩展版本，它允许任务针对输入的组合自动并行运行多次，支持诸如分片等复杂测试用例。	使用流水线的流水线——除了使任务可重用之外，定义可重用的流水线，将任务组合起来，链接它们的输入和输出，这样这些流水线可以在多种情况下重复使用。

Argo Workflows

Argo Workflows (https://argoproj.github.io/workflows/)是Argo项目下的几个项目之一。Argo Workflows是一个开源的Kubernetes本地工作流引擎，最初由Applatix公司创建，后来由Intuit捐赠给云原生计算基金会(Cloud Native Computing Foundation，CNCF)。它支持CD的应用场景，但更广泛地用于解决工作流自动化的场景。

触发特性
Argo Workflows 通过伴随项目 Argo Events，支持多种触发器 (包括版本控制系统，如 GitHub 和云集成)，从而实现触发功能。

安全可靠的构建流程特性	
你必须自己托管和运行 Argo，它可以用于为组织提供 CD 服务。	容器是执行的基本单位，它提供了临时环境特性。

执行单元	
Workflows(对应本书中的流水线) 执行 Workflow 模板。	Workflow 模板 (可重复使用的工作流) 包含步骤和 / 或有向无环图。

任务和流水线特性		
Workflow 模板是可重复使用的，它们通过输入参数并通过生成的工件产生结果。步骤可以声明输入和输出 (可以是参数或工件)。		
可以使用 when 语法实现条件执行。	通过循环功能支持矩阵式执行。	通过工作流模板调用其他工作流模板可以实现使用流水线的流水线行为。

CircleCI

CircleCI(https://circleci.com/docs/2.0/concepts/)是由同一公司提供的CD系统，其核心理念是使用代码仓库作为CD配置的真正来源(即配置即代码)。

<table>
<tr><th>触发特性</th></tr>
<tr><td>CircleCI 直接集成了版本控制系统，并可以触发针对这些系统的事件执行，包括 GitHub 和 Bitbucket，并且可以定期安排工作流程执行。</td></tr>
</table>

<table>
<tr><th colspan="3">安全可靠的构建流程特性</th></tr>
<tr><td>CircleCI 是围绕着“配置即代码”的思想构建的，它期望在你的项目根目录下的一个名为 .circleci 的文件夹中找到 CD 配置。</td><td>它可以通过公共托管服务使用，也可以作为服务器在自托管模式下运行。</td><td>构建环境 (称为 executors) 是临时的，可以由虚拟机或容器支持；如果需要，可以在作业之间重复使用虚拟机 (这意味着执行环境是有意不短暂的)；容器永远不会被重复使用。</td></tr>
</table>

<table>
<tr><th colspan="2">执行单元</th></tr>
<tr><td>Pipelines(在本书中对应流水线) 包含工作流以及触发信息。</td><td>Workflows(在本书中也大致对应于流水线) 编排作业。</td></tr>
<tr><td>Jobs(在本书中对应于作业) 包含顺序步骤。</td><td>Commands 可以在作业中的步骤中被重复使用。</td></tr>
<tr><td colspan="2">Orbs(在本书中大致对应于任务，但也稍微超出了此范围) 定义可重复使用的作业、命令和执行器。</td></tr>
</table>

<table>
<tr><th colspan="3">任务和流水线特性</th></tr>
<tr><td>参数可以由 jobs、commands 和 executors 声明。使用输出在作业之间实现，可以通过将数据持久化到工作区或使用 BASH_ENV 环境变量来实现。</td><td>作业内的步骤可以使用 when 和 unless 关键字来进行条件执行。</td><td>在步骤级别上，可以通过指定条件 always 来实现最终行为。</td></tr>
<tr><td colspan="2">工作流内的作业可以并发或顺序执行。要顺序执行作业，请使用 requires 关键字声明作业之间的依赖关系。使用 parallelism 关键字可以使作业中的步骤并行执行。</td><td>matrix 关键字允许作业多次执行，每次执行都基于矩阵中唯一组合的值。</td></tr>
</table>

GitHub Actions

GitHub Actions(https://docs.github.com/en/actions)是集成在GitHub中的CD系统(有关版本控制系统的更多信息，请参见附录B)。GitHub Actions已用于演示本书中的许多场景，因为你可以轻松创建自己的GitHub存储库并配置自己的GitHub Actions来尝试它们，而不需要任何费用。它作为其广泛功能的一部分支持本书中的各种特性。

触发特性
可以触发针对每个存储库的许多不同活动类型，从定期计划的 cron 事件，到 PR 更新，再到与 GitHub 问题的交互。

安全可靠的构建流程特性		
GitHub Actions 不仅支持使用配置即代码的方法，而且这是设置 GitHub 工作流的唯一方法。这些工作流的定义存储在触发它们的存储库中，可以引用存储在其他存储库中的工作流和操作。	使用公共 GitHub 时，CD 系统由 GitHub 自己托管和运行。如果你在自助式托管模式下使用 GitHub Enterprise，则负责配置和运行执行操作的平台。	每个 GitHub Actions job 都在一个临时的环境中运行，该环境被创建用于运行该任务，并在任务运行后被销毁。该任务可以作为整个虚拟机或虚拟机中的容器来运行。

执行单元		
Workflows (在本书中对应于流水线)，可以协调执行一系列任务。	Jobs(对应本书中的作业)包含按顺序执行的步骤。	Actions(也与任务相对应)是可重复使用的工作。

任务和流水线特性		
流水线中的 Jobs 可以声明和产生输出结果，这些结果可以作为后续任务的输入。可重用的工作流可以定义输入和输出。	GitHub 流水线中的 Jobs 可以使用 if 语句定义它们将执行的条件。	最终行为也可以使用这种语法进行支持，通过在作业的条件中指定 if always() 来表示它应该始终运行。
默认情况下，流水线中的所有作业将并行执行，除非使用 needs 语法来指示一个作业应在另一个作业之后执行。	matrix 关键字允许作业多次执行，每次执行时矩阵值会有一个唯一的组合。	Workflows 可以定义为可重用的流水线，可以被其他流水线使用。

Google Cloud Build

Google Cloud Build(GCB; https://cloud.google.com/build)是谷歌提供的CD平台，是谷歌云服务的一部分。最初作为构建容器映像的工具创建，很快扩展为通用的CD工具。

触发特性
基于来自集成版本控制系统的事件(包括 GitHub、GitLab 和 Bitbucket)，以及通过 GCP 的 Pub/Sub 和定期触发调度程序，支持触发执行。

安全可靠的构建流程特性		
GCB 的触发可以配置为从触发仓库中读取构建定义，支持配置即代码。	GCB 作为一个托管服务运行在由 Google 提供的 Google 云平台 (GCP) 之上。	GCB 中的步骤作为临时容器在 VM 上运行。

执行单元	
Builds 由步骤组成。Builds 对应于本书中的任务概念，并且在某种程度上也对应于流水线概念(因为步骤可以作为图形执行，步骤按顺序或并行执行)。	每个步骤都会以容器的形式执行。

任务和流水线特性	
Builds 可以使用用户定义的替换项功能在运行时提供输入。	默认情况下，构建中的步骤按顺序依次执行；可以使用 waitFor 关键字来明确声明步骤完成的顺序，并且可以用于创建一些步骤并行执行的图形。

Jenkins Pipeline

Jenkins(https://www.jenkins.io/doc/book/pipeline/)是最著名、最普遍的 CD 系统之一。Jenkins 是开源的，通过其庞大的插件生态系统可以实现几乎任何功能。在本节中，我们假设 Jenkins 使用 Jenkins Pipeline 插件套件，该套件专注于支持 Jenkins 中的 CD 流水线。

触发器特性
Jenkins Pipeline 可以配置在各种事件上触发，包括 pollSCM 触发器。该触发器可用于轮询各种版本控制系统 (如 GitHub)，以及触发允许你进行规划执行时间的 cron 触发器。

安全可靠的构建流程特性		
Jenkins pipeline 可以在 Jenkinsfiles 中定义，并且可以存储在版本控制中，直接被 Jenkins 读取，从而实现了流水线定义的配置即代码。	你必须自己托管和运行 Jenkins。它可以用于在组织内提供 CD 服务。	Jenkins 支持多种执行环境，包括可以用作临时环境的容器。

执行单元	
Pipelines(对应本书中的流水线) 由 stages 组成。	stages(对应本书中的任务) 由步骤组成。

任务和流水线特性		
Pipelines 可以使用 parameters 关键字来声明所需的输入。	when 指令可以用于有条件地执行阶段。	最终行为由流水线的 post 部分支持，该部分指示在其余阶段完成后运行步骤 (即使这些阶段失败也是如此)。
在 Pipeline 中，可以通过在嵌套的 parallel 块中声明 stages 来使它们并行运行。	matrix 关键字允许 stages 被执行多次，每次执行时会考虑已声明的每个 axes 的唯一组合。	Pipelines 可以使用在 Jenkins 共享库中声明的其他流水线。
Pipelines 可以是声明式的，也可以完全使用编程语言 Groovy 编写脚本。脚本流水线在支持条件执行和 finally 行为方面具有完全的灵活性 (通过 try/catch 语句)。		

Tekton

Tekton(https://tekton.dev/和https://github.com/tektoncd)是一个基于 Kubernetes 的开源 CD 系统，由 Google 捐赠给了CD基金会(CDF)。其使命是定义一个符合标准，并可以被许多 CD 系统兼容。本书介绍的功能主要由 Tekton Pipelines 和 Tekton Triggers 项目支持。作为此附录中列出的 CD 系统中最新的一个，其中一些功能是全新的或仍处于提案阶段。

Tekton是我参与创建的CD系统！

触发特性
通过 Tekton Triggers 项目，可以启用对任意事件的触发，该项目支持任何事件源，并具有 GitHub、GitLab 和 Bitbucket 触发功能的内置支持。

安全可靠的构建流程特性	
Tekton 可以作为一个服务在 Kubernetes 集群内部运行，可以直接使用或用作构建另一个 CD 服务的平台。	Tekton 中的执行基本单元是容器，因此执行环境是完全临时的。

执行单元		
Pipelines(与本书中的流水线相对应) 可以协调任务。	Tasks(对应本书中的任务) 按顺序执行步骤。	每个步骤都作为一个容器来执行。

<table>
<tr><th colspan="3">任务和流水线特性</th></tr>
<tr><td>Pipelines 和 Tasks 都可以定义输入 (参数) 和输出 (结果)。</td><td>使用 when 语法，可以在 Pipeline 中对 task 进行有条件的执行。</td><td>Pipeline 的最终行为可以通过 Pipeline 中的 finally 部分定义的任务来支持，这些任务必须始终执行。</td></tr>
<tr><td colspan="2">默认情况下，Pipeline 中的任何任务都将并行执行，除非它们之间存在依赖关系。依赖关系由任务自身声明它需要另一个任务的结果 (因此必须在该任务之后运行)，或者使用 runAfter 关键字来表达顺序。</td><td>Pipeline 中的 matrix 关键字可以用于为矩阵声明中指定的所有唯一组合执行 task。</td></tr>
</table>

在撰写本书时，正在进行支持这些功能的工作。	
提供开箱即用的配置即代码支持，通过直接引用版本控制中 (以及其他位置，例如 OCI 注册表中) 的管道和任务。	Pipeline 复用其他 Pipeline：就像流水线编排任务一样，它们也可以引用其他流水线。

附录B —— 版本控制系统

本章内容：

- 本书讨论的版本控制功能参考列表
- 流行的版本控制系统简要介绍
- 受托管的Git解决方案及其功能概述

在本附录中，我们将简要介绍一般的版本控制系统，并回顾本书讨论过的受托管的版本控制系统的功能。

本书在许多示例中使用了GitHub，但也有其他值得考虑的Git托管方案可供选择。我们将简要介绍其中几种以及它们提供的功能：

- Bitbucket
- GitHub
- GitLab

这个列表并不全面。在评估托管方案时，你可以参考托管版本控制系统功能列表，来决定是否需要托管方案，或者是否更倾向于为一些特性采取其他解决方案。

版本控制系统

请参阅第3章，了解更多有关使用版本控制系统以及为什么使用版本控制系统是执行持续交付所必需的信息。

使用版本控制系统(VCS)对定义软件的纯文本数据(包括配置)进行管理是实践CD所必需的。VCS可大致分为两类：

- 集中式版本控制系统——依赖于一个集中的服务器作为可信源，所有变更都会被推送到该服务器。这是旧式VCS 选项的默认模型。
- 分布式版本控制系统——VCS 的每个用户都有自己的代码库副本。就 VCS 而言，没有一台集中的服务器。但是，在实践中，某一台服务器通常被视为项目的可信源。这个模型是较新和流行的 VCS 的默认选项。

以下是一些集中式版本控制系统的例子：

- Apache Subversion (SVN; https://subversion.apache.org/)——开源项目，由CollabNet于2000年创建，于2004年发布了版本1.0
- Perforce Helix Core，前身为Perforce (https://www.perforce.com/products/helix-core)——由Perforce Software创建(公司成立于1995年)
- Concurrent Versions System (CVS; http://cvs.nongnu.org/)——于1986年创建，1990年发布了版本1.0

以下是一些分布式版本控制系统的例子：

- Git (https://git-scm.com/)——由Linus Torvalds于2005年发布的开源项目
- Mercurial (https://www.mercurial-scm.org/)——由Olivia Mackall于2005年创建的开源项目

目前，Git是一个非常流行的版本控制系统。如果没有很好的理由选择另一个系统，不妨选择Git。如果你习惯使用集中式版本控制系统，起初使用Git可能会感到复杂。在开始使用之前，学习Git的基础知识是值得的。

版本控制托管方案

假设你想使用Git，你可以选择自己运行Git或使用托管解决方案。托管的Git解决方案不仅提供了可以交互的Git实例，它们还在Git本身添加了功能。

如果你决定不使用托管的Git解决方案，则很可能需要在Git之上添加软件来进行项目管理和代码审查。此外，尽管你仍然可以连接CD流水线执行，但需要自己做更多的工作来管理触发的内容以及何时触发。在本书中，你已经了解了托管版本控制解决方案中应当具备的一些功能。

- 第2章——概述CD系统基础知识，包括托管版本控制系统提供的功能，例如webhook、通知、事件和触发器。
- 第3章——解释了配置即代码的重要性，将版本控制置于CD的核心，并展示了如何有效地将版本控制集成到CD中，需要基于版本控制中的数据更改触发流水线执行。
- 第7章——研究了变更的生命周期以及可以潜在产生错误的所有位置。有效消除这些错误需要基于来自版本控制系统的事件触发执行，并使用合并队列确保不会由于难以捕获的冲突而添加错误。
- 第8章——探讨了使用版本控制的方式如何影响你可以使更改快速到达客户的速度。它演示了基于主干开发和代码审查的重要性。
- 第9章——概述了有关构建的最佳实践，包括构建代码以及选择性地通过标签(在版本控制中)触发并创建发布版本。
- 第11章——展示了如何开始使用CD流水线，并简要介绍了私有代码存储库(这是托管版本控制有时支持的功能)。

托管版本控制与SCM

你可能会遇到使用术语SCM描述托管VCS的情况；现代使用这个首字母缩写的含义通常扩展为源代码管理。然而，这个术语的使用早于它的当前用法，可能会有些混淆。例如，在它们自己的文档中，Git和版本控制系统都称自己为SCM工具——这并不是指系统具备了其他特性，例如代码审查的托管VCS，这只是该术语今天经常使用的方式而已。详见第3章。

特性列表

以下是Git支持的版本控制系统常见的特性概述。

系统管理和系统实现本身		
托管/自托管——有些版本控制系统由提供方提供托管服务，有些则允许你自己托管和运行实例。安全和合规要求可能限制你仅能使用自托管的解决方案。	公共/私有存储库——托管版本控制系统通常支持公共代码仓库，但许多组织(可以说是大多数)不希望其源代码公开可用，因此需要具有私有存储库的能力。	开源——如果托管的版本控制系统本身是开源的，你将能够不仅查看源代码，还有可能向其提交更新和错误修复。能够查看源代码可能会增加你对该系统的信心。这可能对你和你的组织来说是一个重要的考虑因素，也可能不是。

项目规划和协作		
问题跟踪——项目跟踪和计划的最低要求是能够创建问题来描述和跟踪功能请求和错误。此外，将标签添加到问题以对其进行分类并将其分配给团队中的成员也很有用。	项目管理——问题记录很有用，但通常你需要更多的工具来规划何时处理哪些问题，例如使用项目看板查看问题和里程碑，以计划在哪些发布中解决哪些问题。	发布——通常情况下，Git存储库的发布是由标签(Git本身的一个功能)来标识的。如果你的托管Git解决方案允许你在标签上添加更多的元数据，例如发布说明和已发布的工件，则会更加有用。

CD 触发和执行	
webhooks——这些 webhook 允许在版本控制系统中发生事件后触发外部执行操作的功能。	合并队列 (merge queues)——也称为合并列车 (merge trains)，此功能可以确保潜在的更改与主要版本的最新版本进行验证，以避免冲突出现。
针对 CD 系统的钩子——除了通过 webhook 支持触发外部系统之外，重要的是这些外部系统能够回报状态(例如，如果CD流水线执行失败，那么应该阻止合并拉取请求)。	内置 CD 系统——有些版本控制系统除了支持外部 CD 系统的钩子之外，还会直接内置完整的 CD 系统。

代码合并和审查		
拉取请求 (pull requests)——当开发人员认为他们的代码已准备好合并到主分支时，通常的工作流程是创建一个请求来添加这些变更，有时称为 pull request 或合并请求。拥有这样一种机制是验证变更是否正确的基础，无论是自动化的 CD 还是手动的代码审核都可以使用这种机制。	分叉——在像 Git 这样的分布式版本控制系统中，通常会对源存储库上可创建的分支设置限制。同时，在开发时创建(短暂的)分支是很有用的。Git 存储库的常见解决方案是支持开发人员创建自己的存储库副本，称为分叉，并且他们对其具有完全控制权。	代码审查——为了保持代码库的健康和在开发人员之间分享知识，有一个良好的代码审查文化是非常重要的。这需要工具来区分变更(即查看相对于代码的当前状态的确切变更)，对变更进行评论(例如要求澄清和 / 或修改)以及批准变更以进行合并。

Bitbucket

Bitbucket(https://bitbucket.org/product/features)是由一家名为Bitbucket的创业公司创建的托管式版本控制系统，该公司于2010年被Atlassian收购。最初它支持Mercurial，但现在它专注于Git。

系统管理和系统实现本身		
托管/自托管——Bitbucket既提供自托管(self-hosted)的解决方案，也提供云托管(cloud-hosted)的解决方案。	公共/私有存储库——托管的Bitbucket支持公共和私有代码仓库。	虽然Bitbucket不是开源软件，但它确实向持有特定许可证的用户提供源代码。

项目规划和协作
问题跟踪和项目管理——这些功能是通过Bitbucket与Jira和Trello的集成实现的。

CD触发和执行	
webhooks——Bitbucket支持webhooks。	合并队列(merge queues)——这项功能并非内置于Bitbucket中，但可以通过一个名为Landkid的Atlassian开源项目实现。
针对CD系统的钩子——只有使用Bitbucket Premium，才可以在Bitbucket中强制要求检查通过才能进行合并。	内置CD系统——Bitbucket的Pipes功能提供了集成的CD管道支持。

代码合并和审查		
拉取请求——支持。	分叉——支持。	代码审查——支持。

GitHub

GitHub(https://github.com/features)是一个托管 Git 的服务，许多开源项目都在使用。GitHub 公司成立于2007年，并于2018年被微软收购。

系统管理和系统实现本身	
托管 / 自托管——许多人通过其托管的在线服务使用 GitHub。它还提供一个企业版产品，其中有自托管和云托管的选项。	公共 / 私有存储库——GitHub 提供公共存储库 (由许多开源项目使用) 以及同一托管服务上的私有存储库，以及通过其企业版提供的私有存储库。

项目规划和协作		
问题跟踪——GitHub 存储库可以与问题相关联。问题可以有标签和分配者，并且用户可以创建特定类型问题的模板 (例如错误与功能请求)	项目管理——可以使用项目板、项目表和里程碑进行组织和协调工作。	发布——GitHub 的存储库可以有与 Git 标签相关联的发布版本。发布版本可以包含发布说明和构件。

CD 触发和执行	
webhooks——GitHub 支持 webhooks，并通过 webhook 负载提供详细的事件数据。	合并队列——目前，GitHub 的公共测试版有限度支持合并队列。
针对 CD 系统的钩子——外部的 CD 系统和机器人可以通过 GitHub 的 checks 功能将详细的 (甚至是逐行的) 有关 pull request 更改的信息回传给 GitHub。	内置 CD 系统——GitHub 提供了内置的 CD 系统 GitHub Actions，本书中的许多概念都是用它做演示的 (见附录 A)

代码合并和审查		
拉取请求——支持。	分叉——支持。	代码审查——支持。

GitLab

GitLab(https://about.gitlab.com/features/)是一个由同名公司在2014年创建的开源托管Git的服务。

系统管理和系统实现本身		
托管 / 自托管——GitLab 可以自主托管或通过公司的托管服务使用。	公共 / 私有存储库——GitLab 的托管服务支持私有和公开项目。	开源——GitLab 是一个开源软件。

项目规划和协作		
问题跟踪——GitLab 的存储库可以定义问题。问题可以从不同类型的模板创建 (例如错误和功能请求)，并且可以标记。将多个负责人分配给问题并将问题分组到敏捷项目管理中的史诗任务中则需要 GitLab Premium 版本。	项目管理——在所有 GitLab 产品中，可以使用问题板和里程碑进行组织和协调工作。对于使用 GitLab Premium 版本的用户，可以使用路线图。	GitLab 仓库的发布物可以与 Git 标签关联，发布物可以包括发布说明和工件。

CD 触发和执行	
webhooks——GitLab 支持 webhooks。	合并队列——GitLab Premium 版本支持合并队列，称为 merge trains。
针对 CD 系统的钩子——GitLab Ultimate 版本支持通过外部状态检查功能来为 CD 系统设置钩子。	内置的 CD 系统——GitLab 在所有提供方案中都提供了内置的 CD。

代码合并和审查		
拉取请求——支持；GitLab 将这类请求称为合并请求 (merge request)。	分叉——支持。	代码审查——支持。